WebGIS 系列丛书

WebGIS 之 Cesium
三维软件开发

郭明强 张海雪 黄颖 朱军 赵长虹 刘华 ◎ 编著

电子工业出版社
Publishing House of Electronics Industry
北京·BEIJING

内 容 简 介

本书内容由浅入深、循序渐进，涵盖了 Cesium 提供的各个功能接口的使用方法。全书共 8 章，首先对三维 WebGIS 进行概述，然后依次讲解 Cesium 快速入门、Cesium 数据加载、Cesium 事件处理、Cesium 图形绘制、Cesium 三维模型、Cesium 材质特效，最后详细讲解 Cesium 工具应用，包括常用工具和三维分析等高级应用的功能开发。

本书适合作为计算机科学与技术、地理信息系统、WebGIS、互联网软件开发、地理空间信息工程等相关课程的教材和教辅书；也适合作为计算机、GIS、遥感、测绘等领域的科研工作者、高校师生及 IT 技术人员的技术参考书。

未经许可，不得以任何方式复制或抄袭本书之部分或全部内容。
版权所有，侵权必究。

图书在版编目（CIP）数据

WebGIS 之 Cesium 三维软件开发 / 郭明强等编著. —北京：电子工业出版社，2023.4
（WebGIS 系列丛书）
ISBN 978-7-121-41900-3

Ⅰ. ①W… Ⅱ. ①郭… Ⅲ. ①三维动画软件—教材 Ⅳ. ①TP391.414

中国国家版本馆 CIP 数据核字（2023）第 049857 号

责任编辑：田宏峰　　　特约编辑：田学清
印　　刷：北京虎彩文化传播有限公司
装　　订：北京虎彩文化传播有限公司
出版发行：电子工业出版社
　　　　　北京市海淀区万寿路 173 信箱　　邮编：100036
开　　本：787×1092　1/16　印张：20.25　字数：519 千字
版　　次：2023 年 4 月第 1 版
印　　次：2024 年 12 月第 4 次印刷
定　　价：99.00 元

凡所购买电子工业出版社图书有缺损问题，请向购买书店调换。若书店售缺，请与本社发行部联系，联系及邮购电话：（010）88254888，88258888。
质量投诉请发邮件至 zlts@phei.com.cn，盗版侵权举报请发邮件至 dbqq@phei.com.cn。
本书咨询联系方式：tianhf@phei.com.cn。

PREFACE 前言

随着航天航空遥感立体测绘技术、互联网、云计算、计算机软硬件的飞速发展，实景三维已经成为目前各个政府部门和企事业单位信息化、数字化业务发展的重点方向。Web 三维技术因为能够在互联网上发布和共享信息而成为大多数实景三维系统建设的优选技术方案。Cesium 是一种基于 WebGL 的三维 WebGIS 客户端开发库，与已经过时的基于浏览器控件的 Web 三维技术相比，它具有跨浏览器、跨平台、无须额外安装浏览器插件的优势。Cesium 提供了丰富的 Web 三维功能，包括在 Web 端进行全球多源数据加载、三维场景事件处理、三维场景图形绘制、三维模型渲染交互、材质特效设置和三维分析等，成为各个企事业单位和程序开发者的主要技术框架。另外，部分互联网企业基于 Cesium 进行二次封装和扩展，进一步扩大了 Cesium 的影响力。

笔者先后出版了《WebGIS 之 OpenLayers 全面解析》《WebGIS 之 Leaflet 全面解析》《WebGIS 之 Element 前端组件开发》《WebGIS 之 ECharts 大数据图形可视化》，对目前主流的 WebGIS 开发技术进行了详细介绍。在实景三维技术发展的当下，Cesium 已经成为国内外众多 GIS 企事业单位和开发爱好者的首选开发库。为了便于三维 WebGIS 开发爱好者快速、全面地掌握 Cesium 开发技术，笔者编写了本书，希望能够为业内科研工作者和程序爱好者提供知识讲解较为全面的参考书籍。

本书共 8 章，首先对三维 WebGIS 进行概述，然后依次讲解 Cesium 快速入门、Cesium 数据加载、Cesium 事件处理、Cesium 图形绘制、Cesium 三维模型、Cesium 材质特效，最后详细讲解 Cesium 工具应用，包括常用工具和三维分析等高级应用的功能开发。书中所有案例均结合实例代码，按开发过程进行讲述，通俗易懂，希望能够为广大 Web 开发爱好者提供关于 Cesium 的系统学习指导资料。

笔者长期从事网络地理信息系统的理论方法研究、教学和应用开发工作，是国内第一批 WebGIS 平台开发者，已经有 16 年的网络地理信息系统和互联网软件开发相关经验，为本书的编写打下了扎实的知识基础。本书涵盖了 Cesium 各种常用功能和三维特效的使用方法，内容按照实际开发步骤进行讲解，循序渐进，使读者更容易掌握知识点。同时，本书对开发过程中的核心代码进行了精讲，以便读者更加轻松地学习。

本书面向计算机、GIS、遥感、测绘等相关领域的工作者，内容编排遵循一般学习曲线，由浅入深、循序渐进地介绍了 Cesium 的常用控件和各个功能接口的二次开发，从基础功能到粒子特效再到三维分析，内容完整、实用性强，既有详尽的代码阐述，又有丰富的图形展示，使读者更加容易、快速、全面地掌握 Cesium 的开发过程。对于初学者来说，本书没有任何门槛，只需按部就班地跟着本书进行学习开发即可。无论读者是否拥有 Web 三维应用开发经验，都可以借助本书来系统了解和掌握基于 Cesium 开发三维 Web 应用所需的技术知识点，为开发新颖的实景三维互联网应用奠定良好的基础。

在本书的编辑、出版过程中，电子工业出版社田宏峰编辑提出了宝贵的建议，在此表示感谢。同时，本书的出版得到了国家自然科学基金（41971356）和自然资源部城市国土资源监测与仿真重点实验室开放基金资助课题的支持，在此表示诚挚的谢意。另外，向本书所涉及参考资料的所有作者表示衷心的感谢，部分参考资料引用如有缺失，请原作者见谅并反馈给出版社，我们将在下次修订时进行补正。

因笔者水平有限，书中难免存在不足之处，敬请读者批评指正。

郭明强

中国地质大学（武汉）　教授　博导

2023 年 1 月 8 日于武汉

CONTENTS 目录

第1章 三维 WebGIS 概述 ···1

1.1 Google Earth ···1
1.2 SkylineGlobe ···2
1.3 LocaSpace Viewer ···2
1.4 Cesium ··3
1.5 Cesium API 概要 ··4

第2章 Cesium 快速入门 ··7

2.1 Cesium 环境搭建 ··7
    2.1.1 安装 Node.js 环境 ···7
    2.1.2 配置 Cesium 依赖 ···8
2.2 搭建第一个 Cesium 程序 ··11
2.3 界面介绍 ···15
2.4 默认控件介绍 ··16
    2.4.1 Geocoder ···16
    2.4.2 HomeButton ···17
    2.4.3 SceneModePicker ···17
    2.4.4 BaseLayerPicker ··18
    2.4.5 NavigationHelpButton ··19
    2.4.6 Animation ··20
    2.4.7 TimeLine ···20
    2.4.8 FullscreenButton ··21

第3章 Cesium 数据加载 ···23

3.1 影像加载 ···23
    3.1.1 Bing 地图 ···23
    3.1.2 天地图 ···25
    3.1.3 ArcGIS 在线地图 ··27

- 3.1.4 高德地图 ··· 27
- 3.1.5 OSM 影像 ··· 28
- 3.1.6 MapBox 影像 ··· 29
- 3.2 OGC 地图服务 ·· 30
  - 3.2.1 WMS ··· 31
  - 3.2.2 WMTS ··· 35
  - 3.2.3 TMS ·· 38
- 3.3 GeoJSON 数据加载 ·· 40
- 3.4 KML 数据加载 ··· 40
- 3.5 TIFF 数据加载 ··· 41
- 3.6 点云数据加载 ·· 43
- 3.7 地形数据加载 ·· 45
  - 3.7.1 在线地形数据加载 ··· 45
  - 3.7.2 本地地形数据加载 ··· 45
- 3.8 倾斜摄影模型数据加载 ·· 49
- 3.9 glTF 数据加载 ··· 52
- 3.10 CZML 数据加载 ··· 53
- 3.11 单张图片底图加载 ·· 55

第 4 章 Cesium 事件处理 ·· 57

- 4.1 鼠标事件 ·· 57
  - 4.1.1 鼠标左键事件 ··· 58
  - 4.1.2 鼠标右键事件 ··· 60
  - 4.1.3 鼠标移动事件 ··· 62
  - 4.1.4 鼠标滚轮事件 ··· 62
- 4.2 键盘事件 ·· 65
  - 4.2.1 SHIFT ··· 65
  - 4.2.2 CTRL ·· 66
  - 4.2.3 ALT ·· 66
- 4.3 相机事件 ·· 67
- 4.4 场景渲染事件 ·· 68
  - 4.4.1 preUpdate ·· 69
  - 4.4.2 postUpdate ··· 69
  - 4.4.3 preRender ·· 69
  - 4.4.4 postRender ··· 70

第 5 章 Cesium 图形绘制 ·· 71

- 5.1 坐标系统 ·· 71

		5.1.1	WGS-84 坐标系	71

- 5.1.1 WGS-84 坐标系 71
- 5.1.2 世界坐标系 72
- 5.1.3 平面坐标系 72
- 5.1.4 坐标系统相互转换 73

5.2 几何图形绘制 77
- 5.2.1 Entity 绘制实体 77
- 5.2.2 Entity 绘制贴地图形 89
- 5.2.3 Entity 管理 96
- 5.2.4 Primitive 绘制图形 104
- 5.2.5 GroundPrimitive 绘制贴地图形 118
- 5.2.6 Primitive 管理 123
- 5.2.7 交互绘制 127

第 6 章 Cesium 三维模型 135

6.1 3D Tiles 模型高度调整 135
6.2 3D Tiles 模型旋转平移 139
6.3 3D Tiles 模型缩放 145
6.4 3D Tiles 模型单体化 149
- 6.4.1 矢量图层制作 150
- 6.4.2 矢量数据切片 153
- 6.4.3 单体化实现 155

6.5 3D Tiles 要素拾取 158
6.6 3D Tiles 要素风格 161
6.7 3D 模型着色 168
6.8 贴合 3D 模型 176
6.9 模拟小车移动 180

第 7 章 Cesium 材质特效 185

7.1 视频材质 185
7.2 分辨率尺度 189
7.3 云 192
7.4 雾 196
7.5 动态水面 200
7.6 雷达扫描 202
7.7 流动线 206
7.8 电子围栏 210
7.9 粒子烟花 214
7.10 粒子火焰 219

7.11 粒子天气 ·· 222

第8章 Cesium 工具应用 ·· 229

8.1 场景截图 ·· 229
8.2 卷帘对比 ·· 232
8.3 反选遮罩 ·· 236
8.4 鹰眼视图 ·· 238
8.5 指南针与比例尺 ·· 242
8.6 坐标测量 ·· 244
8.7 距离测量 ·· 249
8.8 面积测量 ·· 254
8.9 热力图 ··· 260
8.10 视频投影 ··· 264
8.11 日照分析 ··· 268
8.12 淹没分析 ··· 271
8.13 通视分析 ··· 275
8.14 可视域分析 ·· 279
8.15 缓冲区分析 ·· 282
8.16 地形开挖 ··· 287
8.17 要素聚合 ··· 292
8.18 开启地下模式 ··· 296
8.19 开启等高线 ·· 298
8.20 坡度坡向 ··· 301
8.21 填挖方量计算 ··· 305

参考文献 ·· 313

第1章

三维 WebGIS 概述

目前，随着 GIS（Geographic Information System，地理信息系统）应用不断渗入人们生活的方方面面，传统的二维 GIS 已经逐渐不能满足生产与生活需求，人们对于三维 GIS 的呼声越来越高，尤其是一些特别的行业（如矿产、地质等）更加地依赖三维 GIS。而现在市面上常见的三维 GIS 软件、框架等主要包括 Google Earth、SkylineGlobe、LocaSpace Viewer 及 Cesium 等。

1.1 Google Earth

Google Earth（谷歌地球）是一款由谷歌公司开发的虚拟地球软件。它将卫星照片、航空影像和 GIS 布置在一个三维地球模型上，可以让用户"前往"世界上的任何地方，以便用户查看卫星图像、地图、建筑、地形、街景视图等丰富的地理信息。同时，Google Earth 免费给用户提供 3D 地形和建筑信息，其浏览视角支持倾斜或旋转。Google Earth 页面如图 1-1 所示。

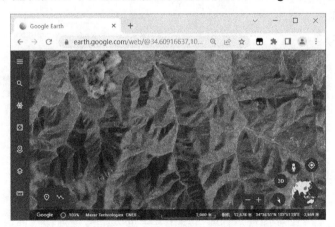

图 1-1　Google Earth 页面

Google Earth 提供的地图精确度很高，并且定位准确，地图标识详细，支持自主切换视角，具备强大的自定义组件和控件功能。

1.2 SkylineGlobe

SkylineGlobe 提供了集应用程序、生产工具和服务于一体的三维地理信息云服务平台，能够创建和发布逼真的交互式三维场景，以及进行倾斜全自动三维建模。SkylineGlobe 还提供了标准的三维桌面端和基于网络的应用程序。企业用户可以使用 SkylineGlobe 创建、编辑、导航、查询和分析真实的三维场景，并且可以快速、有效地将三维场景分发给其他用户[①]。

SkylineGlobe 通过 TerraBuilder、TerraExplorer 和 SkylineGlobe Server 三个系列产品，简便而有序地实现了数据生产、三维可视化和网络发布功能。

TerraExplorer for Web 是 Skyline 推出的针对 Web 端的轻量级三维 GIS 浏览器。用户可以不加载任何插件，在网页中使用 TerraExplorer 的专业工具对高精度的可交互三维地形场景进行浏览、分析等操作。SkylineGlobe 官网如图 1-2 所示。

图 1-2　SkylineGlobe 官网

1.3 LocaSpace Viewer

LocaSpace Viewer（图新地球）是新一代国产专业三维数字地球桌面软件，拥有超大规模地图数据的承载、强大的数据编辑与管理、地形高级分析、三维地图渲染等核心功能，能够

---

① 引自 http://www.skylineglobe.cn/。

帮助用户充分挖掘数据的潜能，在三维 GIS 领域为各行业及其应用提供强大的技术支持。

LocaSpace Viewer 集成多种在线地图资源，包括百度地图、影像、标注；天地图地图、影像、标注等，并且支持倾斜摄影数据的急速浏览[①]。LocaSpace Viewer 页面如图 1-3 所示。

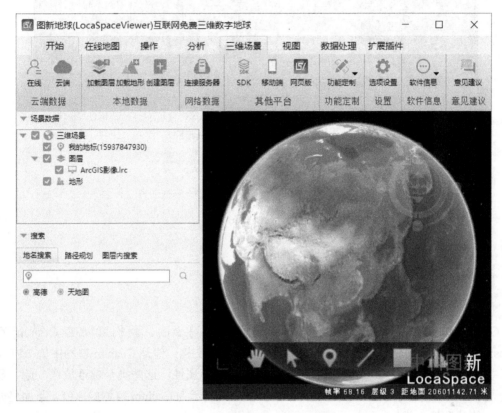

图 1-3　LocaSpace Viewer 页面

1.4　Cesium

Cesium 是一个基于 JavaScript 的开源三维 GIS 框架，可以用于创建具有绝佳性能、精度、视觉质量和易用性的世界级三维地球仪和地图[②]。

Cesium 支持多种数据可视化方式，可以用于绘制各种几何图形、导入图片及三维模型。其图形是通过 WebGL 加载的，不需要任何插件支持即可使用，只要用户使用的浏览器支持 WebGL，就可以直接使用。同时，Cesium 支持多种视图模式的地图显示，支持多种数据源、常用数据格式的加载。另外，它支持基于时间轴的动态流数据的显示，具有跨平台、跨浏览器的特性，使用起来非常方便、自由，可以用于快速地搭建各种三维可视化平台。

Cesium 官网如图 1-4 所示。

---

① 引自 http://www.locaspace.cn/。
② 引自 https://blog.csdn.net/shyjhyp11/article/details/118496780。

图 1-4　Cesium 官网

1.5　Cesium API 概要

Cesium API 对于学习 Cesium 的人来说是必不可少的，我们可以在 Cesium 官网（https://cesium.com/learn/cesiumjs/ref-doc/）中查看 API 文档。但是 Cesium 官网中的 API 文档类库中的类实在太多，每一个类中又包括大量的函数、属性。这些类全部堆放在一起，显得杂乱无章，往往使得初学者不知道从何下手。图 1-5 所示为 Cesium 官网的 API。下面将介绍 Cesium 的几个核心类。

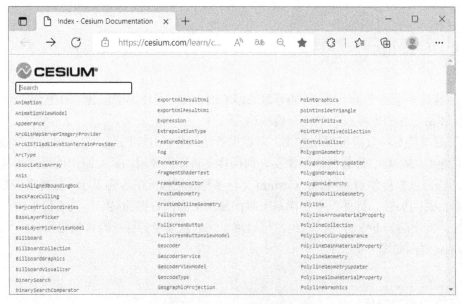

图 1-5　Cesium 官网的 API

任何一个 Cesium 程序都离不开 Viewer 类。可以说，Viewer 基本上代表了一个 Cesium 三维视窗的所有，是 Cesium 程序应用的切入口，其核心构成如图 1-6 所示。

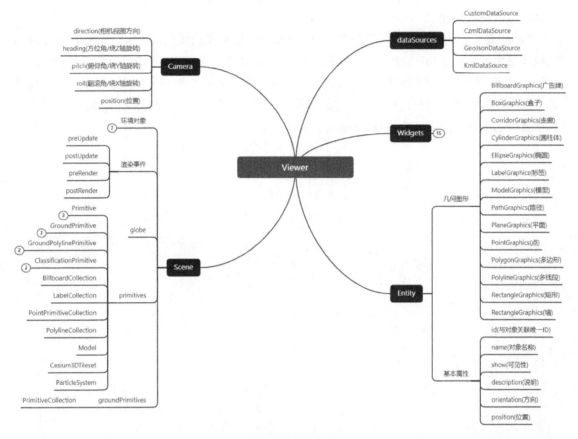

图 1-6 Viewer 的核心构成

Scene 类也是我们在使用 Cesium 时无法跳过的一个非常重要的类，是用来管理三维场景中的各种对象实体的核心类。其中，环境对象包括月亮、太阳、天空盒（用来表示星空）、大气圈等；渲染事件包括渲染前执行事件、渲染后执行事件、更新前执行事件及更新后执行事件等；globe 是用来表示整个地球表层的核心类，主要包括地形和图像图层两部分；primitives 表示加入场景中的各类几何三维对象，是 Primitive 的集合，一个 Primitive 代表 Cesium 三维场景中的一个基本图元[①]；groundPrimitives 表示贴地三维几何对象，同样地，它也是 GroundPrimitive 的集合。

Camera 类在 Cesium 中也是非常常用的类，主要用于控制场景的视图。相机主要由位置、方向和视锥台定义，我们可以通过定义相机的位置、方位角、俯仰角及翻滚角来调整视图。

在 Cesium 中，dataSources 可以被理解为要可视化的实例集，其强调的是整体、批量的可视化数据，相当于 GIS 中的 Layers（即图层集合）。使用 dataSources 可以加载指定数据格式

---

① 引自 https://zhuanlan.zhihu.com/p/80904975。

（如 GeoJSON、KML、CZML 及自定义格式）的数据。

  Widgets 组件中包含了用于构建程序的基本小部件，如搜索工具、时间轴工具、导航工具等。它将所有标准 Cesium 小部件组合到一个可重用的程序包中，使开发者在使用过程中可以对多种应用进行扩展。

  Entity 是 Cesium 中最常用的类型，也是 Cesium 推荐我们使用的类型。Cesium 对 Entity 的设计着实下了一番功夫。在 Cesium 定义中，Entity 代表一个可以随着时间动态变化的实体。为了让 Entity 能够被赋予时间的动态特性，Cesium 特别引入了 Property 类，用来记录实体在某个时间段的位置。另外，Entity 还有其他的一些属性，如 orientation 表示实体的方向变化，这个属性的内部使用四元数（Quaternion）来表示。

第 2 章 Cesium 快速入门

本章将从 Cesium 环境搭建开始，带领大家搭建自己的第一个 Cesium 程序 Hello World，并详细介绍 Cesium 程序界面及常用的控件。

2.1 Cesium 环境搭建

2.1.1 安装 Node.js 环境

由于 Cesium 环境需要在 Node.js 环境下才可以正常运行，因此要先安装 Node.js 环境。Node.js 是一个基于 Chrome V8 引擎的 JavaScript 运行时环境，使用了一个事件驱动、非阻塞式 I/O 模型，让 JavaScript 运行在服务端的开发平台。

1. 下载 Node.js 安装包

根据自己计算机或服务器的配置进入 Node.js 官网的下载页面（https://nodejs.org/en/）下载 Node.js 安装包及源码，如图 2-1 所示。

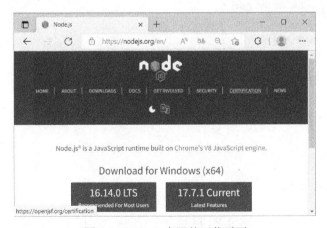

图 2-1　Node.js 官网的下载页面

2. 安装 Node.js

双击下载好的 Node.js 安装包，根据提示进行安装。在安装完成后，打开命令行，输入"node -v"，查看是否安装成功。若安装成功，则会显示所安装的 Node.js 版本号，如图 2-2 所示。由于新版的 Node.js 已经集成了 NPM，因此不需要另外安装 NPM。

图 2-2　显示 Node.js 版本号

2.1.2　配置 Cesium 依赖

1. 下载 Cesium 代码包

访问 Cesium 官网（https://cesium.com/downloads/），下载 Cesium 代码包，或者通过 npm install cesium 安装。Cesium 官网的下载页面如图 2-3 所示。

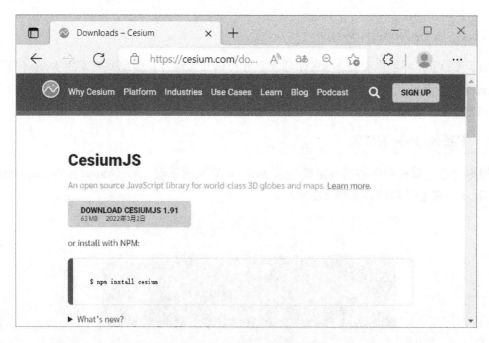

图 2-3　Cesium 官网的下载页面

2. 安装 Cesium 依赖

在安装包下载完成后，将其解压缩，打开命令行，进入解压缩后的目录，输入"npm install"，安装 Cesium 依赖，如图 2-4 所示。

图 2-4　安装 Cesium 依赖

3．启动服务

在 Cesium 依赖安装完成后，先输入"node server.cjs"（老版本为 server.js）来开启服务，然后复制所开启的服务网址，并在浏览器中打开（浏览器必须支持 WebGL，推荐使用 Chrome 浏览器），如图 2-5 和图 2-6 所示。

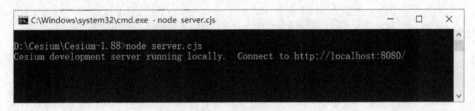

图 2-5　开启服务

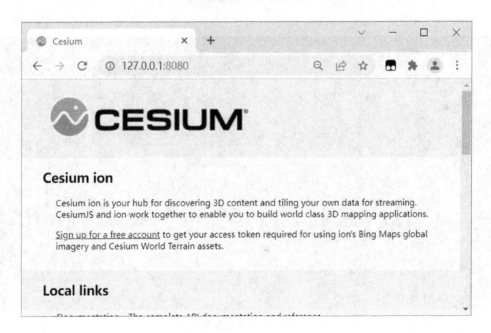

图 2-6　打开服务网址

4．通过 http-server 发布服务

如果通过 express 发布服务遇到问题，则推荐通过 http-server 发布服务：打开命令行，输入"npm install http-server -g"，如图 2-7 所示；安装完成后，通过命令行进入文件目录，

输入"http-server -g",即可发布服务,如图 2-8 所示。复制发布后的网址并在浏览器中打开,即可查看发布的服务。

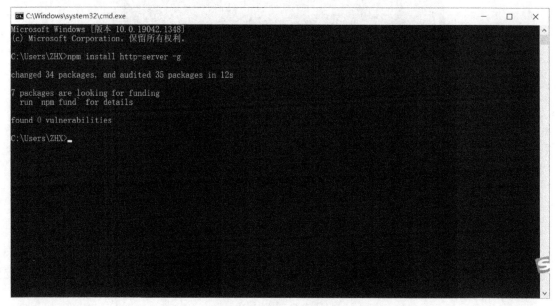

图 2-7　安装 http-server

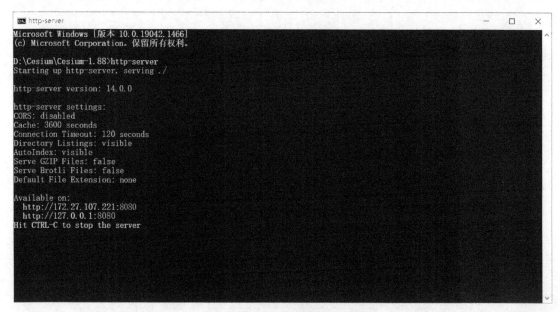

图 2-8　发布服务

Cesium 环境搭建完成后,在浏览器地址栏中输入本地发布的网址并打开,有两个链接非常重要,分别为 Documentation 和 Sandcastle。其中,Documentation 里面包括了 Cesium 的完整 API 说明,可以从中查看各个模块中的函数、属性、方法及部分调用代码示例,方便用户深入学习;Sandcastle 是一个沙盒,里面包括了当前版本的各种示例,可以进行代码测试并导出测试代码。建议用户先自己浏览一遍沙盒内所有的示例,对于 Cesium 能做什么及能做成什么样做到心中有数，在实现自己需要的功能时，可查找相关的示例代码及用到的模块 API。

2.2 搭建第一个 Cesium 程序

1. 引入源码编译成果

Cesium 程序开发的第一步就是创建一个新的文件夹，并在文件夹中引入 Cesium 源码中的编译成果，即 Cesium 源码中的 Build 文件夹，如图 2-9 所示。

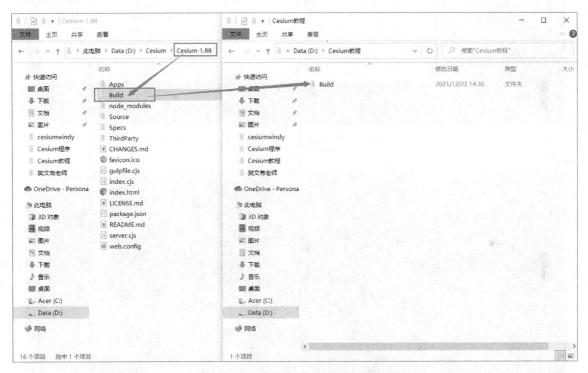

图 2-9　引入 Cesium 源码中的编译成果

2. 创建 HTML 文件

打开前端编辑器（如 Visual Studio Code），首先选择并打开我们新建的文件夹，然后新建文件名为 index、后缀为.html 的文件，如图 2-10、图 2-11 和图 2-12 所示。

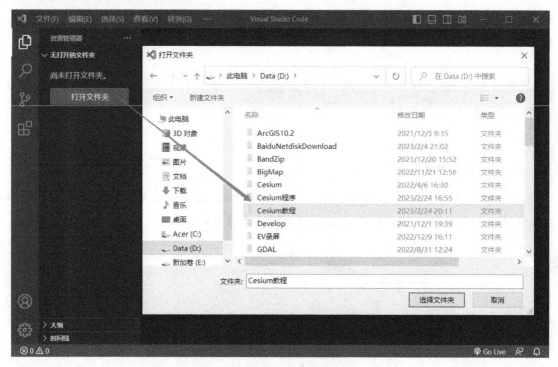

图 2-10　创建 HTML 文件（1）

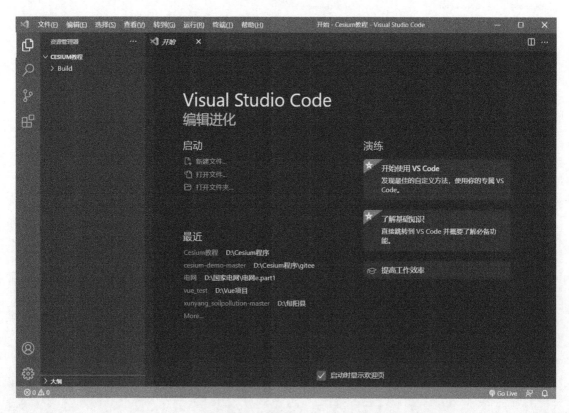

图 2-11　创建 HTML 文件（2）

第 2 章　Cesium 快速入门

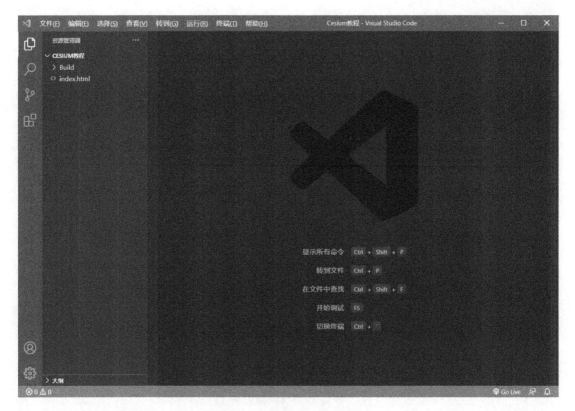

图 2-12　创建 HTML 文件（3）

3．编写第一个 Cesium 程序

（1）单击新建的 HTML 文件，在网页的<head>标签中引入 Cesium.js 库文件。该文件定义了 Cesium 的对象，几乎包含了我们需要的一切。

（2）为了能够使用 Cesium 的各个可视化控件，我们需要在网页的<head>标签中引入 widgets.css 文件。

（3）在 HTML 文件的 body 部分创建一个 Div 作为地图容器，并设置其 id 为"cesiumContainer"。

（4）在网页的<head>标签中添加<style>标签，并设置容器样式的高度和宽度均为 100%，边距为 0。

（5）在脚本区域编写代码，申请一个 token。首先登录网址 https://cesium.com/ion/signin/tokens，在注册后申请 token，然后创建一个 Cesium 对象，并使用我们创建的 Div 容器承载。

程序代码 2-1　编写第一个 Cesium 程序

```
<!DOCTYPE html>
<html lang="en">
<head>
```

```html
    <meta charset="UTF-8">
    <meta http-equiv="X-UA-Compatible" content="IE=edge">
    <meta name="viewport" content="width=device-width, initial-scale=1.0">
    <title>我的第一个Cesium程序</title>
    <script src="./Build/Cesium/Cesium.js"></script>
    <link rel="stylesheet" href="./Build//Cesium//Widgets/widgets.css">
    <style>
        html,
        body,
        #cesiumContainer {
            width: 100%;
            height: 100%;
            margin: 0;
            padding: 0;
            overflow: hidden;
        }
    </style>
</head>

<body>
    <div id="cesiumContainer">
    </div>
    <script>
        Cesium.Ion.defaultAccessToken = '你的token';
        var viewer = new Cesium.Viewer("cesiumContainer", {
            //是否显示位置查找工具(true表示是,false表示否,注释中其他地方的是否与此类似)
            geocoder:true,
            homeButton:true,              //是否显示首页位置工具
            sceneModePicker:true,         //是否显示视角模式切换工具
            baseLayerPicker:true,         //是否显示默认图层选择工具
            navigationHelpButton:true,    //是否显示导航帮助工具
            animation:true,               //是否显示动画工具
            timeline:true,                //是否显示时间轴工具
            fullscreenButton:true,        //是否显示全屏按钮工具
        });
    </script>
</body>
</html>
```

4. 发布 Cesium 程序服务

打开命令行，进入 Cesium 程序根目录，通过 http-server 发布本地服务，如图 2-13 所示。复制下方的网址，并在浏览器中打开，可以看到，第一个 Cesium 程序搭建成功，如图 2-14 所示。

第 2 章　Cesium 快速入门

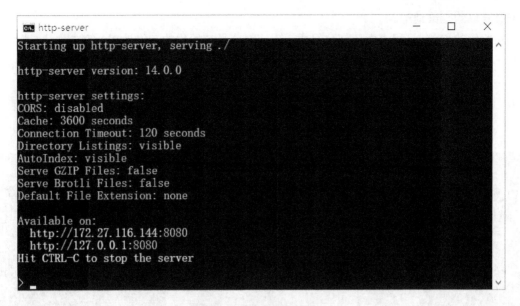

图 2-13　发布本地服务

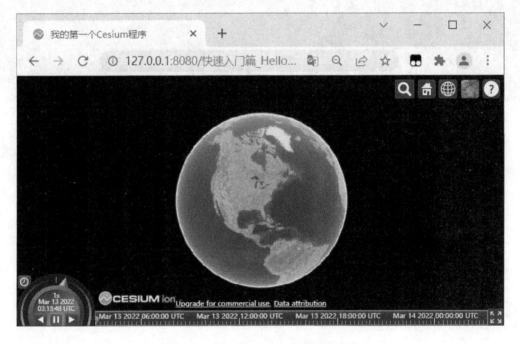

图 2-14　第一个 Cesium 程序搭建成功

2.3　界面介绍

在 Cesium 程序中，Viewer 是所有内容的基础。Viewer 是一个带有多种功能的可交互的三维数字地球容器，在此之前，我们已经通过 new Cesium.Viewer 初始化了一个视图窗口，即

15

一个最简单的三维地球。

初始化的 Cesium 程序由两部分组成：第一部分是初始化的三维地球；第二部分是默认自带的一些控件，如图 2-15 所示。

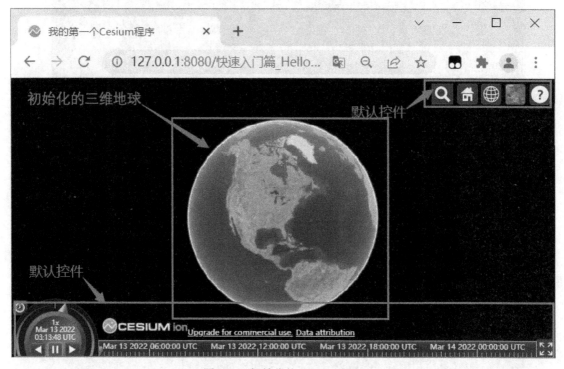

图 2-15 初始化的 Cesium 程序

三维地球场景支持采用鼠标（计算机端）和手指触摸（移动端）的方式进行交互，并默认支持以下几种相机漫游方式。

- 按住鼠标左键拖曳：拖动相机在三维地球平面平移。
- 按住鼠标右键拖曳：缩放相机。
- 使用鼠标滚轮（即鼠标中键）滑动：缩放相机。
- 按住鼠标滚轮拖曳：根据当前地球的屏幕中点，旋转相机。

2.4 默认控件介绍

2.4.1 Geocoder

Geocoder 是位置查找工具，如图 2-16 所示。使用该控件可以输入要查找的地址，且在找到后，会将相机跳转并对准找到的结果，默认使用的是微软 Bing 地图。在初始化 Viewer 时，将 geocoder 配置项设置为 false，即可隐藏该控件，详见程序代码 2-1。

第 2 章 Cesium 快速入门

图 2-16 位置查找工具

2.4.2 HomeButton

HomeButton 是首页位置工具，如图 2-17 所示。单击该控件后，会将相机跳转到默认全球视角，也可以通过代码修改跳转位置。在初始化 Viewer 时，将 homeButton 配置项设置为 false，即可隐藏该控件，详见程序代码 2-1。

图 2-17 首页位置工具

2.4.3 SceneModePicker

SceneModePicker 是视角模式切换工具。使用该控件可以设置视角模式为 3D、2D 及哥伦布视图（CV）。当切换为 2D 视角模式时，地图只可以平移，不可以旋转，如图 2-18 所示；当切换为哥伦布视图视角模式时，地图可以平移和旋转，但是始终保持平面显示，如图 2-19 所示。在初始化 Viewer 时，将 sceneModePicker 配置项设置为 false，即可隐藏该控件，详见程序代码 2-1。

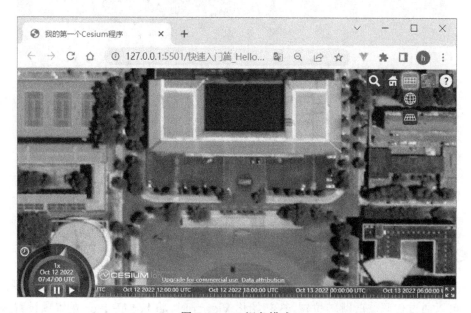

图 2-18　2D 视角模式

图 2-19　哥伦布视图视角模式

2.4.4　BaseLayerPicker

BaseLayerPicker 是默认图层选择工具，用于选择要显示的地图服务和地形服务，如图 2-20

所示,这里选择修改底图数据源为 ESRI World Imagery。在初始化 Viewer 时,将 baseLayerPicker 配置项设置为 false,即可隐藏该控件,详见程序代码 2-1。

图 2-20　默认图层选择工具

2.4.5　NavigationHelpButton

NavigationHelpButton 是导航帮助工具,用于显示默认的地图控制和帮助选项,如图 2-21 所示。在初始化 Viewer 时,将 navigationHelpButton 配置项设置为 false,即可隐藏该控件,详见程序代码 2-1。

图 2-21　导航帮助工具

2.4.6 Animation

Animation 是动画工具，用于控制视图动画的播放速度，如图 2-22 所示。在初始化 Viewer 时，将 animation 配置项设置为 false，即可隐藏该控件，详见程序代码 2-1。

图 2-22　动画工具

2.4.7 TimeLine

TimeLine 是时间轴工具，用于指示当前时间，并且允许用户跳转到指定时间，如图 2-23 所示。在初始化 Viewer 时，将 timeline 配置项设置为 false，即可隐藏该控件，详见程序代码 2-1。

图 2-23　时间轴工具

2.4.8 FullscreenButton

FullscreenButton 是全屏按钮工具，如图 2-24 所示。单击该控件，可以进入全屏模式，再次单击该控件，即可退出全屏模式。在初始化 Viewer 时，将 fullscreenButton 配置项设置为 false，即可隐藏该控件，详见程序代码 2-1。

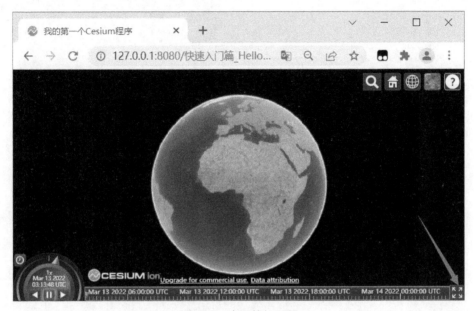

图 2-24　全屏按钮工具

第 3 章 Cesium 数据加载

对于各类 GIS 软件或框架来说，无论是开源的还是商业的，数据的加载与展示都是至关重要的。随着 Web 技术的不断发展，GIS 能够通过多种渠道获取更加丰富的空间信息。目前，由于网络地图应用的快速发展，国内外涌现了大量网络地图服务资源，包括 ArcGIS 在线地图、Bing 地图、天地图、高德地图、OpenStreetMap、MapBox 影像图等，ESRI、超图、中地数码等大型 GIS 厂商提供的自定义格式的 GIS 数据，以及 GeoJSON、TIFF、SHP、KML、点云、三维模型等各种格式的 GIS 数据。

Cesium 为广大 GIS 开发者提供了简单、便利的数据加载机制，并封装了多种高效、便捷的接口，以便更好地支持多源数据展示。

3.1 影像加载

Cesium 为用户提供了 ImageryLayerCollection 类、ImageryLayer 类及相关的 ImageryProvider 类来加载不同的影像图层。

ImageryLayer 类用于承载 Cesium 中的影像图层，并利用 ImageryProvider 类为其提供的丰富的数据源在场景中进行展示。而 ImageryProvider 类及其子类封装了加载各种网络影像图层的接口，可以用于加载 Bing 地图、天地图、ArcGIS 在线地图、高德地图、OSM 影像、MapBox 影像等数据源。

3.1.1 Bing 地图

Cesium 提供了 BingMapsImageryProvider 类来加载 Bing 地图，并且默认加载了微软公司的 Bing 地图。也就是说，在创建 Viewer 时，如果不指定 ImageryProvider 类，就默认加载 Bing 地图。

在加载 Bing 地图时，需要申请 Bing 地图密钥或者申请 Cesium 的 token，否则可能会出现加载完成后没有地图出现的情况。以申请 Cesium 的 token 为例，首先进入 Cesium ion 官网（https://cesium.com/ion/signin/tokens），注册账号并登录，Cesium ion 登录界面如图 3-1 所示。在注册并登录后，申请 token，如图 3-2 所示。

图 3-1　Cesium ion 登录界面

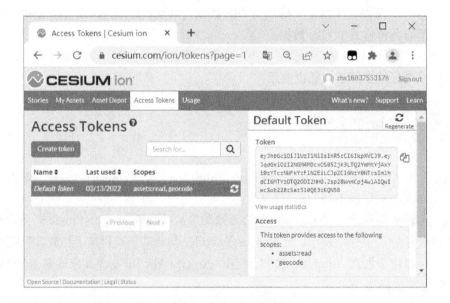

图 3-2　申请 token

在创建 Viewer 之前，添加一行代码"Cesium.Ion.defaultAccessToken = '你的 token'"，即可默认加载 Bing 地图。加载 Bing 地图的效果如图 3-3 所示。

程序代码 3-1　加载 Bing 地图的关键代码

```
Cesium.Ion.defaultAccessToken = '你的token';
var viewer = new Cesium.Viewer("cesiumContainer", {
    animation:false,          //是否显示动画工具
    timeline:false,           //是否显示时间轴工具
```

```
    fullscreenButton:false,    //是否显示全屏按钮工具
});
```

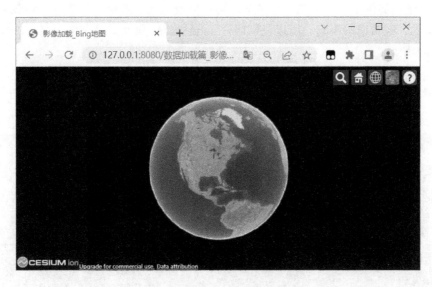

图 3-3　加载 Bing 地图的效果

3.1.2　天地图

天地图的地图服务采用 OGC Web Map Tile Service（WMTS）标准。Cesium 提供了 WebMapTileServiceImageryProvider 类来调用天地图的地图服务。

调用天地图的地图服务需要申请 Key，用户可以在天地图官网免费申请 Key，网址为 http://lbs.tianditu.gov.cn/home.html。在天地图官网中，可以查看矢量底图、矢量注记、影像底图、影像注记、地形渲染等多种地图的服务地址，如图 3-4 所示。

图 3-4　天地图官网的地图 API

在创建 Viewer 时，imageryProvider 配置项通过 WebMapTileServiceImageryProvider 类来调用天地图影像底图（可以根据传入的天地图的服务地址来调用不同的底图，这里以影像底图为例）。天地图提供了 t0~t7 共 8 个域名，可以供我们任意选用，但是考虑到服务端连接有时是有限制的，经常请求不到，所以我们通过 subdomains 属性提供全部域名。加载天地图的效果如图 3-5 所示。

图 3-5 加载天地图的效果

程序代码 3-2 加载天地图的关键代码

```
var viewer = new Cesium.Viewer("cesiumContainer", {
    baseLayerPicker:false,       //是否显示默认图层选择工具
    animation:false,              //是否显示动画工具
    timeline:false,               //是否显示时间轴工具
    fullscreenButton:false,       //是否显示全屏按钮工具
    //加载天地图
    imageryProvider: new Cesium.WebMapTileServiceImageryProvider({
        url: "http://t{s}.tianditu.com/img_w/wmts?service=wmts&request=GetTile&version=1.0.0&LAYER=img&tileMatrixSet=w&TileMatrix={TileMatrix}&TileRow={TileRow}&TileCol={TileCol}&style=default&format=tiles&tk="+你的token,
        subdomains: ['0','1','2','3','4','5','6','7'],  //服务负载子域
        layer: "tdtImgLayer",
        style: "default",
        format: "image/jpeg",
        tileMatrixSetID: "GoogleMapsCompatible",   //使用谷歌公司的瓦片切片方式
    })
});
```

3.1.3 ArcGIS 在线地图

Cesium 提供了 ArcGisMapServerImageryProvider 类来通过 ArcGIS Server REST API 访问托管在 ArcGIS MapServer 上的地图瓦片。

在创建 Viewer 时,imageryProvider 配置项通过 ArcGisMapServerImageryProvider 类传入 ArcGIS 在线地图 URL 来访问托管在 ArcGIS MapServer 上的地图瓦片。加载 ArcGIS 在线地图的效果如图 3-6 所示。

图 3-6 加载 ArcGIS 在线地图的效果

程序代码 3-3 加载 ArcGIS 在线地图的关键代码

```
var viewer = new Cesium.Viewer("cesiumContainer", {
    baseLayerPicker:false,      //是否显示默认图层选择工具
    animation:false,            //是否显示动画工具
    timeline:false,             //是否显示时间轴工具
    fullscreenButton:false,     //是否显示全屏按钮工具
    //加载 ArcGIS 在线地图
    imageryProvider : new Cesium.ArcGisMapServerImageryProvider({
        url: "http://services.arcgisonline.com/ArcGIS/rest/services/World_Imagery/MapServer",
    })
});
```

3.1.4 高德地图

Cesium 提供了 UrlTemplateImageryProvider 类来通过指定的 URL 模板请求地图。在创建 Viewer 时,用户可以通过指定高德地图服务 URL 来访问高德地图。加载高德地图的效果如图 3-7 所示。

图 3-7 加载高德地图的效果

程序代码 3-4 加载高德地图的关键代码

```
var viewer = new Cesium.Viewer("cesiumContainer", {
  baseLayerPicker:false,      //是否显示默认图层选择工具
  animation:false,            //是否显示动画工具
  timeline:false,             //是否显示时间轴工具
  fullscreenButton:false,     //是否显示全屏按钮工具
//加载高德地图，UrlTemplateImageryProvider 接口是加载谷歌地图或其他网络地图的接口
  imageryProvider : new Cesium.UrlTemplateImageryProvider({
     url: "https://webst02.is.autonavi.com/appmaptile?style=6&x={x}&y={y}&z={z}",
  })
});
```

3.1.5 OSM 影像

Cesium 提供了 OpenStreetMapImageryProvider 类来加载 OSM 数据，只需直接指定 OSM 数据 URL 即可。另外，还可以通过 UrlTemplateImageryProvider 类构建 xyz 形式的 URL 来请求影像瓦片。加载 OSM 影像的效果如图 3-8 所示。

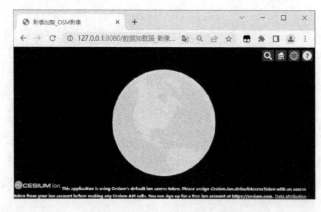

图 3-8 加载 OSM 影像的效果

程序代码 3-5　加载 OSM 影像的关键代码 1

```
var viewer = new Cesium.Viewer("cesiumContainer", {
    baseLayerPicker:false,        //是否显示默认图层选择工具
    animation:false,              //是否显示动画工具
    timeline:false,               //是否显示时间轴工具
    fullscreenButton:false,       //是否显示全屏按钮工具
    imageryProvider : new Cesium.OpenStreetMapImageryProvider({
        url : 'https://a.tile.openstreetmap.org/'
    })
});
```

程序代码 3-6　加载 OSM 影像的关键代码 2（xyz 形式）

```
var viewer = new Cesium.Viewer("cesiumContainer", {
    baseLayerPicker:false,        //是否显示默认图层选择工具
    animation:false,              //是否显示动画工具
    timeline:false,               //是否显示时间轴工具
    fullscreenButton:false,       //是否显示全屏按钮工具
    //xyz 形式
    imageryProvider : new Cesium.UrlTemplateImageryProvider({
        url : 'http://{s}.tile.openstreetmap.org/{z}/{x}/{y}.png',
        subdomains: ['a', 'b', 'c']
    })
});
```

3.1.6　MapBox 影像

在请求 MapBox 影像时，首先需要进入 MapBox 官网申请密钥，网址为 https://www.mapbox.com/maps/。在进入 MapBox 官网后，申请账户并创建 token，如图 3-9 所示。

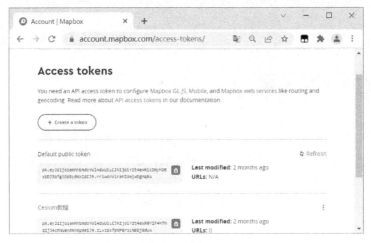

图 3-9　创建 token

在创建 Viewer 时，imageryProvider 配置项通过 UrlTemplateImageryProvider 类指定 URL 模板来请求地图。加载 MapBox 影像的效果如图 3-10 所示。

图 3-10　加载 MapBox 影像的效果

程序代码 3-7　加载 MapBox 影像的关键代码

```
var viewer = new Cesium.Viewer("cesiumContainer", {
    baseLayerPicker:false,       //是否显示默认图层选择工具
    animation:false,             //是否显示动画工具
    timeline:false,              //是否显示时间轴工具
    fullscreenButton:false,      //是否显示全屏按钮工具
    //加载 MapBox 影像
    imageryProvider : new Cesium.UrlTemplateImageryProvider({
        url: https://a.tiles.mapbox.com/v4/mapbox.satellite/{z}/{x}/{y}.png?access_token=你的token",
    })
});
```

3.2　OGC 地图服务

OGC 全称为 Open Geospatial Consortium（开放地理空间信息联盟），是一个非营利性的国际标准组织。它制定了数据和服务的一系列标准，GIS 厂商按照这个标准进行开发即可保证空间数据的可互操作性。

本书采用开源软件 GeoServer 来进行 OGC 地图服务的发布，并通过 Cesium 加载 WMS、WMTS 和 TMS。

3.2.1 WMS

网络地图服务（Web Map Service，WMS）利用具有地理空间位置信息的数据制作地图，将地图定义为地理数据的可视化表现，能够根据用户的请求返回相应的地图，包括 PNG、GIF、JPEG 等栅格格式，以及 Web CGM 等矢量格式。

这里以 GeoServer 发布中国地质大学（武汉）影像图为例来演示 Cesium 如何加载 WMS，所需软件和数据包括 GeoServer、ArcGIS 及 TIFF 影像图，具体步骤如下。

（1）启动 GeoServer，打开 GeoServer 服务主页面，如图 3-11 所示。

图 3-11　GeoServer 服务主页面

（2）在页面左侧选择"工作区"→"添加新的工作区"选项，在弹出的"新建工作区"页面中输入工作区名称及命名空间 URI（可以随意输入一个），并单击"保存"按钮。这里将工作区名称设置为"Cesium"，随意填写一个命名空间 URI，如图 3-12 所示。

图 3-12　"新建工作区"页面

（3）在页面左侧选择"数据存储"→"添加新的数据存储"选项，在弹出的"新建数据源"页面中选择"GeoTIFF"选项（这个可以根据自己的数据源来选择）。

（4）跳转到"添加栅格数据源"页面，设置"工作区"为我们刚刚创建的"Cesium"，"数据源名称"为"dida"，"连接参数 URL"为本地数据源所在路径（注意，GeoServer 只支持地理坐标系，如果坐标系是投影坐标系，则 GeoServer 会报错，需要将坐标系转换为地理坐标系后进行发布），如图 3-13 所示。

图 3-13 "添加栅格数据源"页面

（5）在栅格数据源添加完成后，先单击"保存"按钮，跳转到"新建图层"页面，然后单击"发布"按钮，跳转到"编辑图层"页面，如图 3-14 所示。

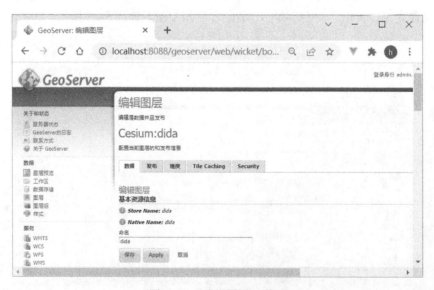

图 3-14 "编辑图层"页面

（6）在"编辑图层"页面中，检查基本信息（可以手动修改这些信息），之后单击"保存"按钮，即可进入"图层"页面，如图 3-15 所示。

图 3-15　"图层"页面

（7）在页面左侧选择"图层预览"选项，找到刚刚发布的图层"dida"，单击"OpenLayers"按钮进行预览，如图 3-16 所示。

图 3-16　预览图层

（8）在预览图层时，按"F12"键，在弹出的窗口中选择"Network"选项卡，随意选择一个 WMS 请求，查看详细信息，并记录 URL、LAYERS、SRS 等几个参数，如图 3-17 所示。

图 3-17 查看 WMS 请求的详细信息

（9）Cesium 加载 WMS。Cesium 提供了 WebMapServiceImageryProvider 类来加载由 Web 地图服务服务器托管的切片影像，并传入步骤（8）中查看的参数。加载 WMS 的效果如图 3-18 所示。

图 3-18 加载 WMS 的效果

程序代码 3-8　加载 WMS 的关键代码

```
var wmsImageryProvider = new Cesium.WebMapServiceImageryProvider({
```

```
        url: 'http://localhost:8088/geoserver/Cesium/wms',  //服务地址
        layers: 'Cesium:dida',                              //图层名称
        parameters: {
            transparent: true,                              //是否透明
            format: 'image/png',                            //返回格式
            srs: 'EPSG:4326',                               //坐标系
        }
    })
    viewer.imageryLayers.addImageryProvider(wmsImageryProvider)
```

3.2.2 WMTS

Web 地图瓦片服务（Web Map Tile Server，WMTS）提供了一种采用预定义图块方法发布数字地图服务的标准化解决方案，并且弥补了 WMS 不能提供分块地图的不足。

这里以 GeoServer 发布中国地质大学（武汉）影像图为例来演示 Cesium 如何加载 WMTS，所需软件和数据包括 GeoServer、ArcGIS 及 TIFF 影像图，具体步骤如下。

（1）在 GeoServer 服务主页面左侧选择"切片图层"选项，在"切片图层"页面中找到想要生产瓦片的图层条目，此处我们找到刚刚发布的"Cesium:dida"图层条目，如图 3-19 所示。

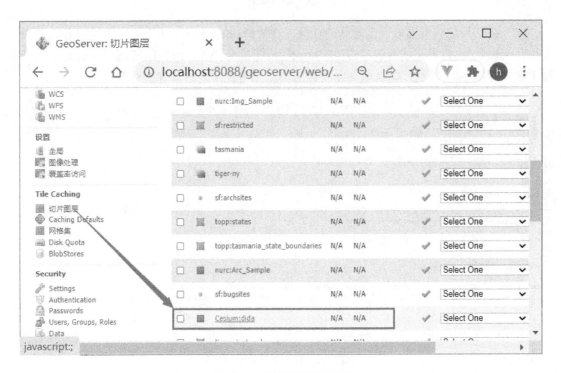

图 3-19 "切片图层"页面

（2）在"Cesium:dida"图层条目右侧单击"seed/Truncate"按钮，打开切片配置页面，进行瓦片的生产，如图 3-20 所示。

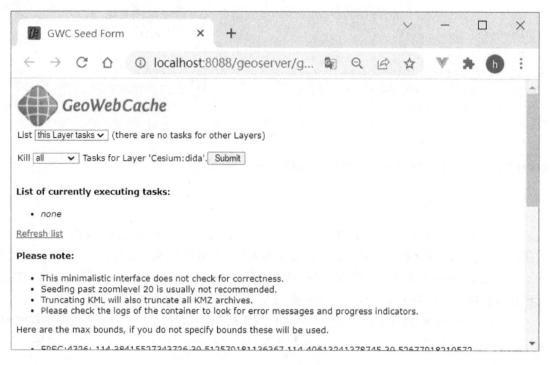

图 3-20　切片配置页面

（3）在切片配置页面中，创建新的任务，在"Create a new task"弹窗中设置各选项（可使用默认设置）。设置完成后，单击"Submit"按钮提交任务，即可跳转到对应的瓦片生产进程页面，如图 3-21 所示。如果该页面没有出现，则可能是因为瓦片生产数过少。

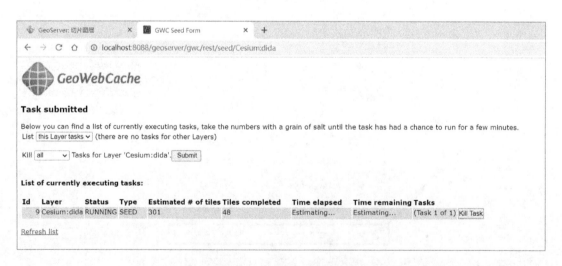

图 3-21　瓦片生产进程页面

（4）在瓦片生产完成后，在 GeoServer 安装目录下找到 gwc 文件夹，并找到以对应服务命名的文件夹，即可查看瓦片生产结果，如图 3-22 所示。

第 3 章　Cesium 数据加载

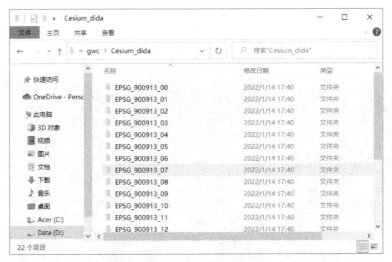

图 3-22　瓦片生产结果

（5）启动 GeoServer，打开 GeoServer 服务主页面，在页面右侧选择"服务能力"→"WMTS"→"1.0.0"选项，查看 WMTS 相关参数，如图 3-23 所示，找到对应的工作空间名称和图层名，查看图层名、坐标系及对应的服务链接。

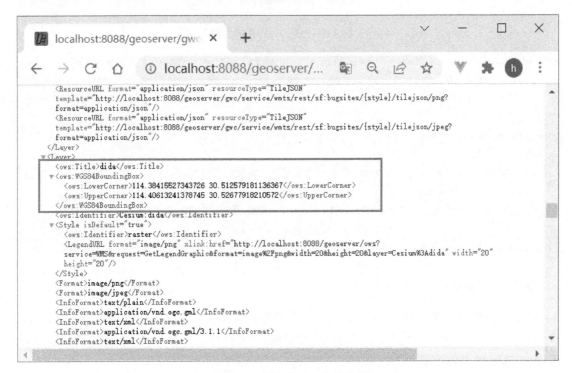

图 3-23　查看 WMTS 相关参数

（6）Cesium 加载 WMTS。Cesium 提供了 WebMapTileServiceImageryProvider 类来加载 GeoServer 发布的 WMTS 切片影像，并传入步骤（5）中查看的参数。加载 WMTS 的效果如图 3-24 所示。

37

图 3-24 加载 WMTS 的效果

程序代码 3-9 加载 WMTS 的关键代码

```
var wmtsImageryProvider = new Cesium.WebMapTileServiceImageryProvider({
    url: 'http://localhost:8088/geoserver/gwc/service/wmts/rest/Cesium:dida/
{style}/{TileMatrixSet}/{TileMatrixSet}:{TileMatrix}/{TileRow}/{TileCol}?forma
t=image/png',
    layer: 'Cesium:dida',
    style: '',
    //不能使用 JPEG 格式,因为 JPEG 格式不能设置透明背景,若设置透明背景,则背景会变成白色的
    format: 'image/png',
    tileMatrixSetID: 'EPSG:900913'          //一般使用 EPSG:3857 坐标系
});
viewer.imageryLayers.addImageryProvider(wmtsImageryProvider);
```

3.2.3 TMS

切片地图服务（Tile Map Server，TMS）又叫缓冲服务区，它定义了一些操作，而这些操作允许用户按需访问切片地图，不仅访问速度更快，还支持修改坐标系。Cesium 加载 GeoServer 发布的 TMS 的具体步骤如下。

（1）启动 GeoServer，打开 GeoServer 服务主页面，在页面右侧选择"服务能力"→"TMS"→"1.0.0"选项，查看 TMS 相关参数，如图 3-25 所示，找到想要加载的 TMS 的服务 URL 地址，这里找到"title="dida""的服务 URL 地址。

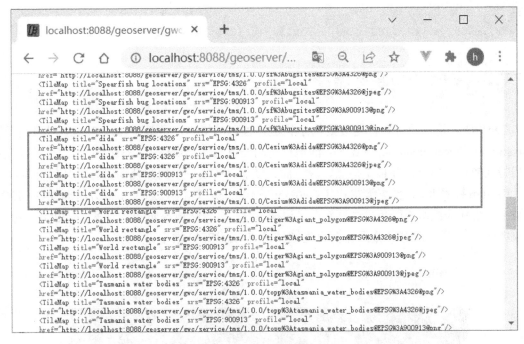

图 3-25　查看 TMS 相关参数

（2）Cesium 加载 TMS。Cesium 提供了 UrlTemplateImageryProvider 类，用于通过指定的 URL 来加载 GeoServer 发布的 TMS。需要注意的是，要在 TMS 的服务 URL 地址后加上 /{z}/{x}/{reverseY}.png 才可以访问切片数据。加载 TMS 的效果如图 3-26 所示。

图 3-26　加载 TMS 的效果

程序代码 3-10　加载 TMS 的关键代码

```
var urlTemplateImageryProvider = new Cesium.UrlTemplateImageryProvider({
    url : "http://localhost:8088/geoserver/gwc/service/tms/1.0.0/Cesium%3Adida@EPSG%3A900913@png/{z}/{x}/{reverseY}.png"
```

```
});
viewer.imageryLayers.addImageryProvider(urlTemplateImageryProvider);
```

3.3 GeoJSON 数据加载

GeoJSON 是一种对各种地理数据结构进行编码的格式，是基于 JavaScript 对象表示法（JavaScript Object Notation，JSON）的地理空间信息数据交换格式。GeoJSON 对象可以表示几何特征或特征集合，并且支持点、线、面、多点、多线、多面和几何集合等几何类型。

Cesium 针对 JSON 数据源提供了 GeoJsonDataSource 类，可以通过 load 方法加载 GeoJSON 对象并设置相应的填充颜色、边框颜色、边框宽度、是否贴地等属性。加载 GeoJSON 数据的效果如图 3-27 所示。SHP 数据也需要先被转换成 GeoJSON 数据再加载。

图 3-27 加载 GeoJSON 数据的效果

程序代码 3-11 加载 GeoJSON 数据的关键代码

```
viewer.dataSources.add(
    Cesium.GeoJsonDataSource.load("./矢量文件/merge.json",{
        fill: Cesium.Color.PINK,                //填充色
        stroke: Cesium.Color.HOTPINK,           //轮廓颜色
        strokeWidth: 5,                         //轮廓宽度
    })
);
```

3.4 KML 数据加载

KML 是 Keyhole Markup Language（标记语言）的缩写，最初由 Keyhole 公司开发，是一

种基于 XML 语法与格式的,用于描述和保存地理信息(如点、线、图像、多边形和模型等)的编码规范。

Cesium 提供了 KmlDataSource 类来处理 KML 数据,可以通过 load 方法加载 KML 数据,效果如图 3-28 所示。

图 3-28　加载 KML 数据的效果

程序代码 3-12　加载 KML 数据的关键代码

```
var kmlData = viewer.dataSources.add(Cesium.KmlDataSource.load(
    './矢量文件/road.kml',
    {
        camera: viewer.scene.camera,
        canvas: viewer.scene.canvas
    })
);
```

3.5　TIFF 数据加载

TIFF 格式是图形图像处理中常用的格式之一,虽然该图像格式很复杂,但是由于它对图像信息的存放灵活多变,可以支持多种色彩系统,而且独立于操作系统,因此得到了广泛应用,特别是在各种地理信息系统、摄影测量与遥感等行业中,TIFF 格式的应用更为广泛。

Cesium 并不能直接加载本地 TIFF 格式的影像数据,而是需要对其进行切片处理后才能加载,其数据处理及加载过程如下。

(1) 使用 Cesium 实验室对 TIFF 影像进行切片。打开 Cesium 实验室,选择"数据处理"→"影像切片"选项。

(2) 单击"添加"按钮,添加需要切片的 TIFF 影像,还可以单击"设置"按钮来设置文件的属性。

（3）设置"储存类型"为"散列文件"，并设置输出文件的路径，如图 3-29 所示。完成后单击"确认"按钮，即可开始对影像数据进行切片。

（4）Cesium 加载影像瓦片。使用 UrlTemplateImageryProvider 类指定瓦片文件路径并通过 xyz 方式加载瓦片数据（瓦片文件路径后加/{z}/{x}/{y}.png）。加载 TIFF 数据的效果如图 3-30 所示。

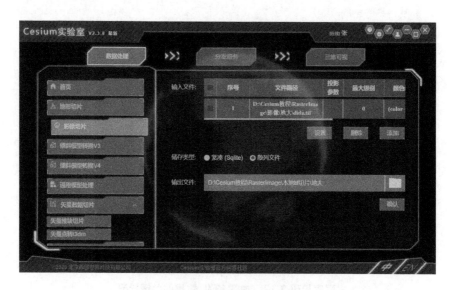

图 3-29　设置影像切片参数

图 3-30　加载 TIFF 数据的效果

程序代码 3-13　加载 TIFF 数据的关键代码

```
var localImage = viewer.scene.imageryLayers.addImageryProvider(
    new Cesium.UrlTemplateImageryProvider({
        url: './RasterImage/本地tif切片/地大/{z}/{x}/{y}.png',
```

```
        fileExtension: "png"
    })
)
```

3.6 点云数据加载

点云数据（Point Cloud Data）是指在一个三维坐标系统中的一组向量的集合。扫描资料以点的形式被记录，每一个点都包含三维坐标，有些可能包含颜色信息（RGB）或反射强度信息（Intensity）。这里以 LAS 格式的点云数据为例介绍 Cesium 加载点云数据的过程。

（1）使用 Cesium 实验室对点云数据进行切片。打开 Cesium 实验室，选择"数据处理"→"点云切片"选项。

（2）单击"添加"按钮，添加需要切片的 LAS 格式的点云数据，并单击"设置"按钮，设置文件的空间参考、切片最大级别等属性，如图 3-31 所示。

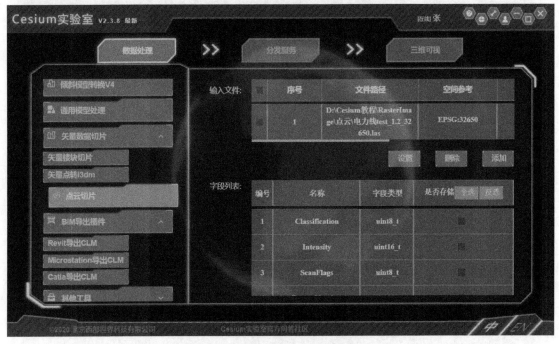

图 3-31 添加点云数据并设置文件属性

（3）设置"颜色存储""可平移""储存类型"等参数，并设置切片输出目录，如图 3-32 所示。完成后单击"确认"按钮，即可开始对点云数据进行切片。

（4）Cesium 加载点云数据。首先创建一个 Cesium3D 切片集，并指定点云切片数据的 JSON 文件路径 URL，然后将其添加至场景 primitives 中。加载点云数据的效果如图 3-33 所示。

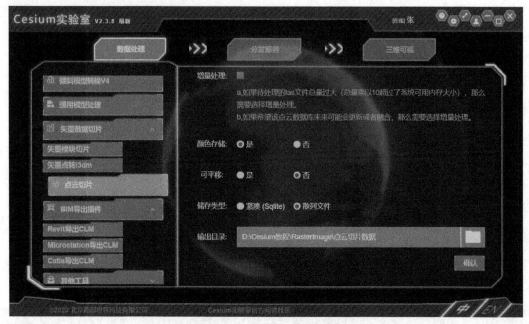

图 3-32　设置点云切片参数

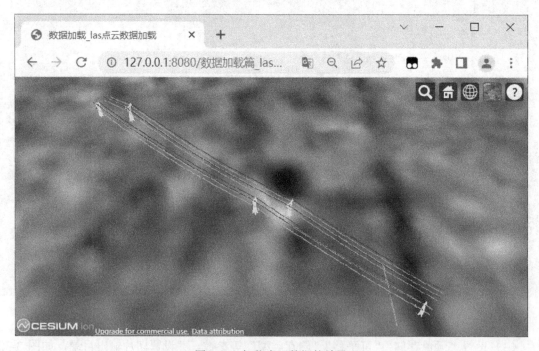

图 3-33　加载点云数据的效果

程序代码 3-14　加载点云数据的关键代码

```
var tileset = viewer.scene.primitives.add(
  new Cesium.Cesium3DTileset({
    url: './RasterImage/点云切片数据/点云切片 2/tileset.json',//文件的路径
```

```
    })
);
viewer.zoomTo(tileset);//定位过去
```

3.7 地形数据加载

地形是地物形状和地貌的总称,具体是指地表以上分布的固定物体共同呈现出的高低起伏的各种状态。本节主要介绍 Cesium 的在线地形数据加载及本地地形数据加载。

3.7.1 在线地形数据加载

Cesium 封装了现成的操作地形的接口 createWorldTerrain,该接口可以提供全球在线地形数据,只需在创建 Viewer 时,设置 terrainProvider 配置项为 Cesium.createWorldTerrain(),即可加载全球在线地形数据。加载在线地形数据的效果如图 3-34 所示。

图 3-34 加载在线地形数据的效果

程序代码 3-15 加载在线地形数据的关键代码

```
var viewer = new Cesium.Viewer("cesiumContainer", {
    terrainProvider: Cesium.createWorldTerrain(),
    animation: false,              //是否显示动画工具
    timeline: false,               //是否显示时间轴工具
    fullscreenButton: false,       //是否显示全屏按钮工具
});
```

3.7.2 本地地形数据加载

由于我们下载的大部分地形原始数据都是 TIFF 格式的,而 Cesium 支持的是 TERRAIN

格式的数据，因此需要先处理数据。本地地形数据加载的过程如下。

（1）下载 DEM 地形数据，登录地理空间数据云，网址为 http://www.gscloud.cn，进入高级检索页面，如图 3-35 所示。

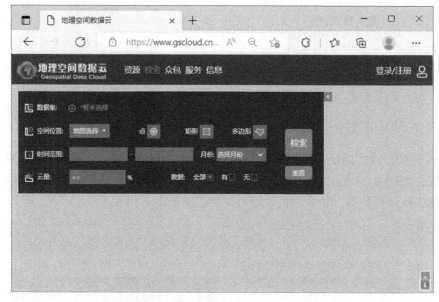

图 3-35　地理空间数据云的高级检索页面

（2）设置"数据集"为 DEM 数字高程数据中的"GDEMV3 30M 分辨率数字高程数据"（可根据需求自行调整），如图 3-36 所示。

图 3-36　设置"数据集"

（3）设置"空间位置"并检索数据集，在检索到的数据集中选择一个进行下载，如图 3-37

所示。注意，下载的数据集是压缩包，需要解压缩之后才能使用。

图 3-37　检索并下载数据集

（4）使用 Cesium 实验室对地形数据进行切片。打开 Cesium 实验室，选择"数据处理"→"地形切片"选项，并添加刚刚下载的 DEM 地形数据，设置"储存类型"为"散列文件"，并设置输出文件的路径，如图 3-38 所示。

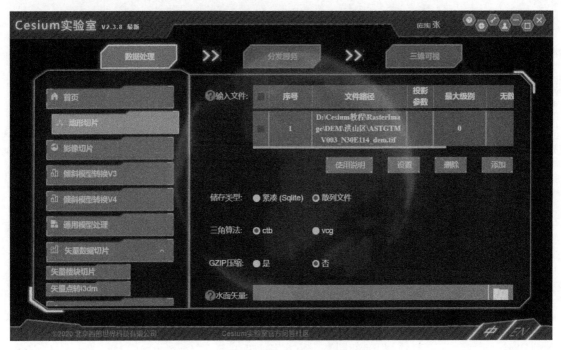

图 3-38　设置 DEM 地形数据的切片参数

（5）IIS 服务器搭建及数据发布。首先打开 IIS 管理器，选择"网站"选项并右击该选项，在弹出的快捷菜单中选择"添加网站"命令。然后在弹出的对话框中输入网站名称，设置"物理路径"为地形切片数据所在路径，并分配端口"8082"（可自行更改），如图 3-39 所示。

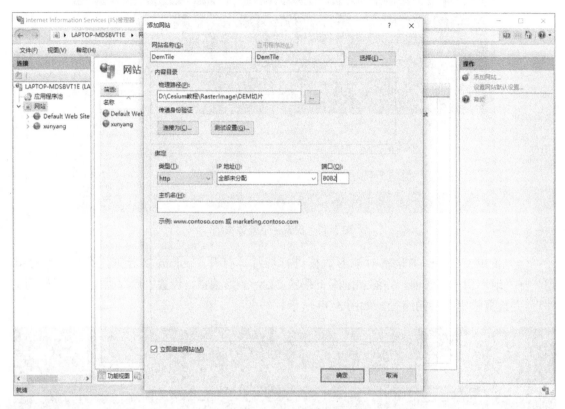

图 3-39 "添加网站"对话框

（6）由于地形图需要被加载到 Cesium 前端中，因此会存在跨域的问题。解决办法是：在新添加的网站中，进入 HTTP 响应标头页面，添加一个 HTTP 标头（名称为"Access-Control-Allow-Origin"，值为"*"）；接着在该网站中，进入 MIME 类型页面，添加一个类型（文件扩展名为".terrain"，MIME 类型为"application/vnd.quantized-mesh"）。

（7）加载本地 IIS 服务器发布的地形数据。Cesium 提供了 CesiumTerrainProvider 接口，支持以 Cesium 地形格式访问地形数据。在创建 Viewer 时，设置地图配置项中的 terrainProvider。需要注意的是，地形服务 URL 为"http://localhost:网站端口+地形瓦片所在文件夹"。加载本地地形数据的效果如图 3-40 所示。

第 3 章　Cesium 数据加载

图 3-40　加载本地地形数据的效果

程序代码 3-16　加载本地地形数据的关键代码

```
var viewer = new Cesium.Viewer("cesiumContainer", {
   //加载本地地形切片数据
   terrainProvider: new Cesium.CesiumTerrainProvider({
       url: 'http://localhost:8082/洪山区'    //注意指定到地形瓦片所在文件夹即可
}),
animation: false,                        //是否显示动画工具
timeline: false,                         //是否显示时间轴工具
fullscreenButton: false,                 //是否显示全屏按钮工具
});
```

3.8　倾斜摄影模型数据加载

目前，市面上生产的倾斜摄影模型，特别是使用 Smart3D 软件处理的倾斜摄影三维模型的数据组织方式一般是二进制存储的、带有嵌入式链接纹理数据（.jpg）的 OSGB 格式。本节以 OSGB 格式的倾斜摄影三维模型数据为例介绍 Cesium 加载倾斜摄影三维模型数据的过程。

（1）将 OSGB 格式数据转换为 Cesium 所支持的 3D Tiles 格式数据。首先，将 OSGB 格式数据组织起来，其中，数据目录中必须包括一个 data 目录，用作 OSGB 格式数据总入口；一个与 data 目录同级放置的 metadata.xml 文件，用于记录模型的位置信息。OSGB 格式数据的组织形式如图 3-41 所示。

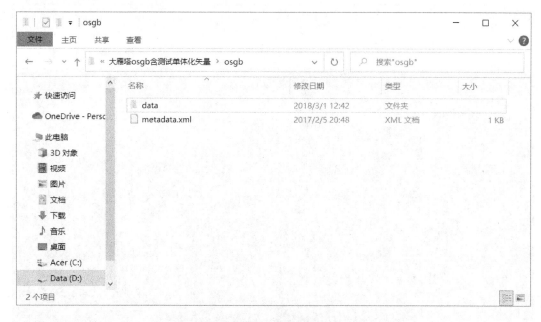

图 3-41　OSGB 格式数据的组织形式

（2）使用 Cesium 实验室对 OSGB 格式数据进行处理。打开 Cesium 实验室，选择"数据处理"→"倾斜模型转换 V3"选项，进入倾斜摄影模型转换页面如图 3-42 所示。

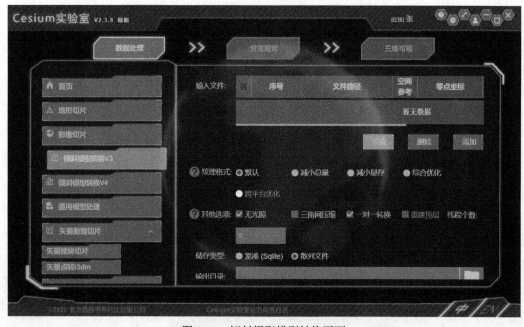

图 3-42　倾斜摄影模型转换页面

（3）单击"添加"按钮，选择 OSGB 格式数据目录中的 data 目录，会自动读取与 data 目录同级放置的 metadata.xml 文件所包含的模型数据的空间参考等信息，保持其他参数的默认设置不变，并设置输出目录，如图 3-43 所示。单击"确认"按钮即可开始转换，数据转换结果如图 3-44 所示。

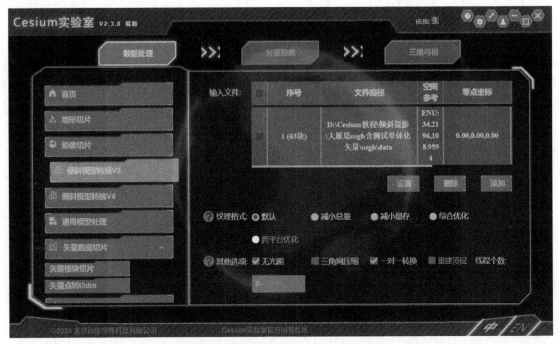

图 3-43 添加待转换的 OSGB 格式数据

图 3-44 数据转换结果

（4）使用 Cesium.Cesium3DTileset 接口指定转换后的 3D Tiles 数据的 URL 来进行 3D Tiles 数据的加载。加载倾斜摄影三维模型数据的效果如图 3-45 所示。

图 3-45　加载倾斜摄影三维模型数据的效果

程序代码 3-17　加载倾斜摄影三维模型数据的关键代码

```
var tileset = this.viewer.scene.primitives.add(
    new Cesium.Cesium3DTileset({
        url: './倾斜摄影/大雁塔 3DTiles/tileset.json',//文件的路径
    })
);
viewer.zoomTo(tileset);
```

3.9　glTF 数据加载

glTF（GL Transmission Format），即图形语言交换格式，是一种 3D 内容的格式标准，其本质是一个 JSON 文件。该文件描述了整个 3D 场景的内容，包含了对场景结构进行描述的场景图。场景中的 3D 对象通过场景节点引用网格进行定义[①]。材质定义了 3D 对象的外观，动画定义了 3D 对象的变换操作（如选择、平移操作）。

Cesium 通过 Model.fromGltf 接口指定 glTF 数据 URL 来进行 glTF 数据加载，并且可以通过 modelMatrix、scale 等配置项调整 glTF 数据的加载位置、缩放比例等。加载 glTF 数据的效果如图 3-46 所示。

---

① 引自 https://zhuanlan.zhihu.com/p/65265611。

图 3-46 加载 glTF 数据的效果

程序代码 3-18 加载 glTF 数据的关键代码

```
var origin = Cesium.Cartesian3.fromDegrees(114.39278, 30.52357, 0.0);
var modelMatrix = Cesium.Transforms.eastNorthUpToFixedFrame(origin);
var model = viewer.scene.primitives.add(Cesium.Model.fromGltf({
   url: './3D格式数据/glTF/CesiumMilkTruck.gltf',
   modelMatrix : modelMatrix,    //glTF 数据的加载位置
   scale : 5                     //放大倍数
}));
//移动相机
viewer.camera.flyTo({
   //相机飞入点
   destination : Cesium.Cartesian3.fromDegrees(114.39278, 30.52357, 60.0)
});
```

3.10 CZML 数据加载

　　CZML 是一种用来描述动态场景的 JSON 架构的语言，主要用于在浏览器中展示 Cesium。它可以用来描述点、线、布告板、模型及其他的图元，同时定义它们是如何随时间变化的。CZML 可以被理解为 Cesium Language 的简写，是 Cesium 中的一个十分重要的概念。CZML 文档包含一个 JSON 数组，且该数组中的每个元素都是一个 CZML 数据包（packet）。CZML 数据包描述了场景中单个对象（如单个飞机）的图形属性。

　　Cesium 具有一套操作、处理 CZML 的 API，可以简单、便捷地操作 CZML 中的各个对象来完成各种任务。首先使用 CzmlDataSource 对象处理 CZML 数据，并通过 load 函数返回一个 CzmlDataSource 对象的 Promise。然后将其加入到 Viewer 成员变量 dataSources 中，该成员变量是一个 DataSource 数据源的集合 DataSourceCollection。本节以加载飞机模型为例来演示 Cesium 加载 CZML 数据的过程。加载 CZML 数据的效果如图 3-47 所示。

图 3-47　加载 CZML 数据的效果

程序代码 3-19　加载 CZML 数据的关键代码

```
var czml = [
  {
    id: "document",
    name: "CZML Model",
    version: "1.0",
  },
  {
    id: "aircraft model",
    name: "Cesium Air",
    position: {
      cartographicDegrees: [114.39278, 30.52357, 10.0],    //数据的加载位置
    },
    model: {
      gltf: "./3D 格式数据/CZML/Cesium_Air.glb",           //模型路径 URL
      scale: 2.0,                                          //缩放比例
    },
  },
];
```

```
var dataSourcePromise = viewer.dataSources.add(
   Cesium.CzmlDataSource.load(czml)
);
dataSourcePromise.then(function (dataSource) {
   entity = dataSource.entities.getById("aircraft model");
})
```

3.11 单张图片底图加载

Cesium 提供了 SingleTileImageryProvider 类来加载局部地区的单张图片底图。该类可以通过指定图片资源 URL 及图片所覆盖的矩形范围来自定义局部底图。

在创建 Viewer 时，imageryProvider 配置项通过 SingleTileImageryProvider 类来传入本地单张图片资源 URL 及图片所覆盖的矩形范围。加载单张图片底图的效果如图 3-48 所示。

图 3-48 加载单张图片底图的效果

程序代码 3-20 加载单张图片底图的关键代码

```
//图片左下角坐标,图片右上角坐标
var rectangle=Cesium.Rectangle.fromDegrees(114.38004,30.51667,114.40471,
30.53045);
viewer.imageryLayers.addImageryProvider(new Cesium.SingleTileImageryProvider({
```

```
    url:"./RasterImage/图片/single.jpg",
    rectangle: rectangle
}))
viewer.camera.setView({
    destination: Cesium.Rectangle.fromDegrees(114.38304,30.51667,114.40471,
30.52345)
});
```

第4章 Cesium 事件处理

无论是二维 GIS 应用系统还是三维 GIS 应用系统，都离不开各种事件的应用，特别是鼠标左键单击事件、鼠标左键双击事件等。根据事件的类型、用途，Cesium 将事件大致分成了三大类，即屏幕空间事件处理程序（Screen Space Event Handler）、屏幕空间相机控制器（Screen Space Camera Controller）和场景渲染事件。各个类别的事件都有其特定的使用场景与方法，下面将分门别类地对这些常用事件进行介绍。

4.1 鼠标事件

鼠标事件属于屏幕空间事件处理程序中的一种。所谓屏幕空间事件处理程序，官方的解释是处理用户输入事件，可以添加自定义函数，以便在用户输入时执行；也可以将其理解为我们常说的鼠标事件（或键盘事件），是与鼠标和键盘输入相关的事件处理程序[①]。

可以说，鼠标事件是 GIS 应用系统中最常用的事件。例如，我们想要单击地图上某一个要素或实体，并获取其属性信息，这就是典型的鼠标事件应用。在 Cesium 中，鼠标事件的类型主要包括鼠标左键按下、弹起、单击、双击，鼠标右键按下、弹起、单击，鼠标移动，鼠标滚轮按下、弹起、单击及滚动，以及触控屏上双指开始、移动、结束等 15 种事件，如表 4-1 所示。

表 4-1 鼠标事件的类型

名　　称	描　　述
LEFT_DOWN	表示鼠标左键按下事件
LEFT_UP	表示鼠标左键弹起事件
LEFT_CLICK	表示鼠标左键单击事件
LEFT_DOUBLE_CLICK	表示鼠标左键双击事件
RIGHT_DOWN	表示鼠标右键按下事件

---

① 引自 https://blog.csdn.net/u010358183/article/details/121610901。

续表

名 称	描 述
RIGHT_UP	表示鼠标右键弹起事件
RIGHT_CLICK	表示鼠标右键单击事件
MOUSE_MOVE	表示鼠标移动事件
MIDDLE_DOWN	表示鼠标滚轮按下事件
MIDDLE_UP	表示鼠标滚轮弹起事件
MIDDLE_CLICK	表示鼠标滚轮单击事件
WHEEL	表示鼠标滚轮滚动事件
PINCH_START	表示触控屏上双指开始事件
PINCH_MOVE	表示触控屏上双指移动事件
PINCH_END	表示触控屏上双指结束事件

下面主要介绍鼠标左键事件、鼠标右键事件、鼠标移动事件及鼠标滚轮事件。

4.1.1 鼠标左键事件

Cesium 的鼠标左键事件包括鼠标左键按下、弹起、单击及双击事件。我们可以在这些事件中添加自定义函数，以便用户在输入时执行某些操作。在使用鼠标左键事件前，我们需要先通过 ScreenSpaceEventHandler 类进行实例化，然后注册或删除相应的事件。

1. 鼠标左键按下事件

首先实例化一个 ScreenSpaceEventHandler 对象，然后注册鼠标左键按下事件 LEFT_DOWN，并通过 setInputAction 设置要在鼠标左键按下事件上执行的功能。例如，在鼠标左键按下事件上打印当前单击点的屏幕坐标位置，则当鼠标左键被按下时，无须弹起即可打印单击点的坐标位置，结果如图 4-1 所示。如果需要删除在输入事件上执行的功能，则可以通过 removeInputAction 删除注册的鼠标事件。

图 4-1　注册左键按下事件的结果

程序代码 4-1　注册鼠标左键按下事件的关键代码

```
var handler = new Cesium.ScreenSpaceEventHandler(viewer.scene.canvas);
handler.setInputAction(function (event) {
    console.log('左键按下：', event.position);
}, Cesium.ScreenSpaceEventType.LEFT_DOWN);
```

程序代码 4-2　删除鼠标左键按下事件的关键代码

```
//删除鼠标左键按下事件
handler.removeInputAction(Cesium.ScreenSpaceEventType.LEFT_DOWN)
```

2. 鼠标左键弹起事件

首先实例化一个 ScreenSpaceEventHandler 对象，然后注册鼠标左键弹起事件 LEFT_UP，并通过 setInputAction 设置要在鼠标左键弹起事件上执行的功能。例如，在鼠标左键弹起事件上打印当前单击点的坐标位置，则当鼠标左键被按下并弹起后，会打印单击点的坐标位置；当鼠标左键被按下但未弹起时，不会打印单击点的坐标位置，结果和图 4-1 所示类似。如果需要删除在输入事件上执行的功能，则可以通过 removeInputAction 删除注册的鼠标事件。

程序代码 4-3　注册鼠标左键弹起事件的关键代码

```
var handler = new Cesium.ScreenSpaceEventHandler(viewer.scene.canvas);
handler.setInputAction(function (event) {
    console.log('左键弹起：', event.position);
}, Cesium.ScreenSpaceEventType.LEFT_UP);
```

程序代码 4-4　删除鼠标左键弹起事件的关键代码

```
//删除鼠标左键弹起事件
handler.removeInputAction(Cesium.ScreenSpaceEventType.LEFT_UP)
```

3. 鼠标左键单击事件

首先实例化一个 ScreenSpaceEventHandler 对象，然后注册鼠标左键单击事件 LEFT_CLICK，并通过 setInputAction 设置要在鼠标左键单击事件上执行的功能。例如，我们在鼠标左键单击事件上打印当前单击点的坐标位置，则当单击鼠标左键后，会打印单击点的坐标位置，结果和图 4-1 所示类似。如果需要删除在输入事件上执行的功能，则可以通过 removeInputAction 删除注册的鼠标事件。

程序代码 4-5　注册鼠标左键单击事件的关键代码

```
let handler = new Cesium.ScreenSpaceEventHandler(viewer.scene.canvas);
handler.setInputAction(function (event) {
```

```
    console.log('左键单击: ', event.position);
}, Cesium.ScreenSpaceEventType.LEFT_CLICK);
```

程序代码 4-6　删除鼠标左键单击事件的关键代码

```
//删除鼠标左键单击事件
handler.removeInputAction(Cesium.ScreenSpaceEventType.LEFT_ CLICK)
```

4．鼠标左键双击事件

首先实例化一个 ScreenSpaceEventHandler 对象，然后注册鼠标左键双击事件 LEFT_DOUBLE_CLICK，并通过 setInputAction 设置要在鼠标左键双击事件上执行的功能。例如，在鼠标左键双击事件上打印当前双击点的坐标位置，则当双击鼠标左键后，会打印双击点的坐标位置，结果和图 4-1 所示类似。如果需要删除在输入事件上执行的功能，则可以通过 removeInputAction 删除注册的鼠标事件。

程序代码 4-7　注册鼠标左键双击事件的关键代码

```
let handler = new Cesium.ScreenSpaceEventHandler(viewer.scene.canvas);
handler.setInputAction(function (event) {
    console.log('左键双击: ', event.position);
}, Cesium.ScreenSpaceEventType.LEFT_DOUBLE_CLICK);
```

程序代码 4-8　删除鼠标左键双击事件的关键代码

```
//删除鼠标左键双击事件
handler.removeInputAction(Cesium.ScreenSpaceEventType. LEFT_DOUBLE_CLICK)
```

4.1.2　鼠标右键事件

Cesium 的鼠标右键事件包括鼠标右键按下、弹起及单击事件。我们可以在这些事件中添加自定义函数，以便用户在输入时执行某些操作。在使用鼠标右键事件前，我们需要先通过 ScreenSpaceEventHandler 类进行实例化，然后注册或删除相应的事件。

1．鼠标右键按下事件

首先实例化一个 ScreenSpaceEventHandler 对象，然后注册鼠标右键按下事件 RIGHT_DOWN，并通过 setInputAction 设置要在鼠标右键按下事件上执行的功能。例如，在鼠标右键按下事件上打印当前单击点的坐标位置，则当鼠标右键被按下时，无须弹起即可打印单击点的坐标位置，结果和图 4-1 所示类似。如果需要删除在输入事件上执行的功能，则可以通过 removeInputAction 删除注册的鼠标事件。

程序代码 4-9　注册鼠标右键按下事件的关键代码

```
let handler = new Cesium.ScreenSpaceEventHandler(viewer.scene.canvas);
handler.setInputAction(function (event) {
```

```
    console.log('右键按下：', event.position);
}, Cesium.ScreenSpaceEventType.RIGHT_DOWN);
```

程序代码 4-10　删除鼠标右键按下事件的关键代码

```
//删除鼠标右键按下事件
handler.removeInputAction(Cesium.ScreenSpaceEventType. RIGHT_DOWN)
```

2．鼠标右键弹起事件

首先实例化一个 ScreenSpaceEventHandler 对象，然后注册鼠标右键弹起事件 RIGHT_UP，并通过 setInputAction 设置要在鼠标右键弹起事件上执行的功能。例如，在鼠标右键弹起事件上打印当前单击点的坐标位置，则当鼠标右键被按下并弹起后，会打印单击点的坐标位置；当鼠标右键被按下但未弹起时，不会打印单击点的坐标位置，结果和图 4-1 所示类似。如果需要删除在输入事件上执行的功能，则可以通过 removeInputAction 删除注册的鼠标事件。

程序代码 4-11　注册鼠标右键弹起事件的关键代码

```
let handler = new Cesium.ScreenSpaceEventHandler(viewer.scene.canvas);
handler.setInputAction(function (event) {
    console.log('右键弹起：', event.position);
}, Cesium.ScreenSpaceEventType.RIGHT_UP);
```

程序代码 4-12　删除鼠标右键弹起事件的关键代码

```
//删除鼠标右键弹起事件
handler.removeInputAction(Cesium.ScreenSpaceEventType. RIGHT_UP)
```

3．鼠标右键单击事件

首先实例化一个 ScreenSpaceEventHandler 对象，然后注册鼠标右键单击事件 RIGHT_CLICK，并通过 setInputAction 设置要在鼠标右键单击事件上执行的功能。例如，在鼠标右键单击事件上打印当前单击点的坐标位置，则当单击鼠标右键后，会打印单击点的坐标位置，结果和图 4-1 所示类似。如果需要删除在输入事件上执行的功能，则可以通过 removeInputAction 删除注册的鼠标事件。

程序代码 4-13　注册鼠标右键单击事件的关键代码

```
let handler = new Cesium.ScreenSpaceEventHandler(viewer.scene.canvas);
handler.setInputAction(function (event) {
    console.log('右键单击：', event.position);
}, Cesium.ScreenSpaceEventType.RIGHT_CLICK);
```

程序代码 4-14　删除鼠标右键单击事件的关键代码

```
//删除鼠标右键单击事件
handler.removeInputAction(Cesium.ScreenSpaceEventType.RIGHT_CLICK)
```

4.1.3 鼠标移动事件

首先实例化一个 ScreenSpaceEventHandler 对象，然后注册鼠标移动事件 MOUSE_MOVE，并通过 setInputAction 设置要在鼠标移动事件上执行的功能。例如，在鼠标移动事件上打印"鼠标正在移动"这句话，则只要鼠标移动，控制台就会不断打印这句话，结果如图 4-2 所示。

图 4-2　鼠标移动事件的结果

程序代码 4-15　注册鼠标移动事件的关键代码

```
var handler = new Cesium.ScreenSpaceEventHandler(viewer.scene.canvas);
handler.setInputAction(function (event) {
    console.log('鼠标正在移动');
}, Cesium.ScreenSpaceEventType.MOUSE_MOVE);
```

程序代码 4-16　删除鼠标移动事件的关键代码

```
//删除鼠标移动事件
handler.removeInputAction(Cesium.ScreenSpaceEventType. MOUSE_MOVE)
```

4.1.4 鼠标滚轮事件

Cesium 的鼠标滚轮事件包括鼠标滚轮按下、弹起、单击及滚动事件。我们可以在这些事件中添加自定义函数，以便用户在输入时执行某些操作。在使用鼠标滚轮事件前，我们需要先通过 ScreenSpaceEventHandler 类进行实例化，然后注册或删除相应的事件。

1. 鼠标滚轮按下事件

首先实例化一个 ScreenSpaceEventHandler 对象，然后注册鼠标滚轮按下事件

MIDDLE_DOWN，并通过 setInputAction 设置要在鼠标滚轮按下事件上执行的功能。例如，在鼠标滚轮按下事件上打印当前单击点的坐标位置，则当鼠标滚轮被按下时，无须弹起即可打印单击点的坐标位置，结果和图 4-1 所示类似。如果需要删除在输入事件上执行的功能，则可以通过 removeInputAction 删除注册的鼠标事件。

程序代码 4-17　注册鼠标滚轮按下事件的关键代码

```
let handler = new Cesium.ScreenSpaceEventHandler(viewer.scene.canvas);
handler.setInputAction(function (event) {
    console.log('鼠标滚轮按下：', event.position);
}, Cesium.ScreenSpaceEventType.MIDDLE_DOWN);
```

程序代码 4-18　删除鼠标滚轮按下事件的关键代码

```
//删除鼠标滚轮按下事件
handler.removeInputAction(Cesium.ScreenSpaceEventType. MIDDLE_DOWN)
```

2. 鼠标滚轮弹起事件

首先实例化一个 ScreenSpaceEventHandler 对象，然后注册鼠标滚轮弹起事件 MIDDLE_UP，并通过 setInputAction 设置要在鼠标滚轮弹起事件上执行的功能。例如，在鼠标滚轮弹起事件上打印当前单击点的坐标位置，则当鼠标滚轮被按下并弹起后，会打印单击点的坐标位置；当鼠标滚轮被按下但未弹起时，不会打印单击点的坐标位置，结果和图 4-1 所示类似。如果需要删除在输入事件上执行的功能，则可以通过 removeInputAction 删除注册的鼠标事件。

程序代码 4-19　注册鼠标滚轮弹起事件的关键代码

```
let handler = new Cesium.ScreenSpaceEventHandler(viewer.scene.canvas);
handler.setInputAction(function (event) {
    console.log('鼠标滚轮弹起：', event.position);
}, Cesium.ScreenSpaceEventType.MIDDLE_UP);
```

程序代码 4-20　删除鼠标滚轮弹起事件的关键代码

```
//删除鼠标滚轮弹起事件
handler.removeInputAction(Cesium.ScreenSpaceEventType. MIDDLE_UP)
```

3. 鼠标滚轮单击事件

首先实例化一个 ScreenSpaceEventHandler 对象，然后注册鼠标滚轮单击事件 MIDDLE_CLICK，并通过 setInputAction 设置要在鼠标滚轮单击事件上执行的功能。例如，在鼠标滚轮单击事件上打印当前单击点的坐标位置，则当单击鼠标滚轮后，会打印单击点的坐标位置，结果和图 4-1 所示类似。如果需要删除在输入事件上执行的功能，则可以通过 removeInputAction 删除注册的鼠标事件。

程序代码 4-21　注册鼠标滚轮单击事件的关键代码

```
let handler = new Cesium.ScreenSpaceEventHandler(viewer.scene.canvas);
handler.setInputAction(function (event) {
    console.log('鼠标滚轮单击：', event.position);
}, Cesium.ScreenSpaceEventType.MIDDLE_CLICK);
```

程序代码 4-22　删除鼠标滚轮单击事件的关键代码

```
//删除鼠标滚轮单击事件
handler.removeInputAction(Cesium.ScreenSpaceEventType. MIDDLE_CLICK)
```

4．鼠标滚轮滚动事件

首先实例化一个 ScreenSpaceEventHandler 对象，然后注册鼠标滚轮滚动事件 WHEEL，并通过 setInputAction 设置要在鼠标滚轮滚动事件上执行的功能。例如，在鼠标滚轮滚动事件中打印"鼠标滚轮正在滚动"这句话，则只要鼠标滚轮滚动，控制台就会不断打印这句话，结果如图 4-3 所示。如果需要删除在输入事件上执行的功能，则可以通过 removeInputAction 删除注册的鼠标事件。

图 4-3　鼠标滚轮滚动事件的结果

程序代码 4-23　注册鼠标滚轮滚动事件的关键代码

```
let handler = new Cesium.ScreenSpaceEventHandler(viewer.scene.canvas);
handler.setInputAction(function (event) {
    console.log('鼠标滚轮正在滚动');
}, Cesium.ScreenSpaceEventType.WHEEL);
```

程序代码 4-24　删除鼠标滚轮滚动事件的关键代码

```
//删除鼠标滚轮滚动事件
handler.removeInputAction(Cesium.ScreenSpaceEventType. WHEEL)
```

4.2 键盘事件

键盘事件也属于屏幕空间事件处理程序中的一种,但是它们不能单独使用,而是需要配合鼠标事件一起使用,如鼠标左键+Shift 键、鼠标右键+Alt 键等。

在 Cesium 中,键盘事件主要包括 Shift 键被按住、Ctrl 键被按住及 Alt 键被按住 3 种类型,如表 4-2 所示。

表 4-2 键盘事件

名 称	描 述
SHIFT	表示 Shift 键被按住
CTRL	表示 Ctrl 键被按住
ALT	表示 Alt 键被按住

4.2.1 SHIFT

首先实例化一个 ScreenSpaceEventHandler 对象,然后因为键盘事件需要配合鼠标事件一起使用,所以需要同时注册键盘事件 SHIFT 及鼠标左键单击事件且中间用逗号隔开,并通过 setInputAction 设置要在 SHIFT+鼠标左键单击事件上执行的功能。例如,当按住 Shift 键和鼠标左键单击地球时,会打印当前单击点的位置,此时如果不按住 Shift 键,将不会触发该事件,结果如图 4-4 所示。如果需要删除在输入事件上执行的功能,则可以通过 removeInputAction 同时删除注册的键盘事件和鼠标事件。

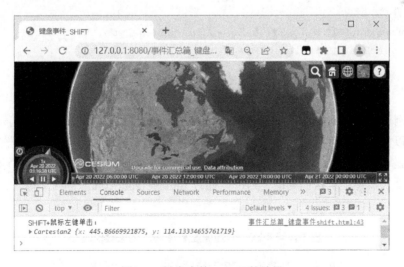

图 4-4 键盘事件 SHIFT 的结果

程序代码 4-25 注册键盘事件 SHIFT 的关键代码

```
var handler = new Cesium.ScreenSpaceEventHandler(viewer.scene.canvas);
```

```
handler.setInputAction(function (event) {
    console.log('SHIFT+鼠标左键单击: ', event.position);
}, Cesium.ScreenSpaceEventType.LEFT_CLICK,Cesium.KeyboardEventModifier.SHIFT);
```

程序代码 4-26　删除键盘事件 SHIFT 的关键代码

```
//删除键盘事件 SHIFT
handler.removeInputAction(Cesium.ScreenSpaceEventType.LEFT_CLICK,
    Cesium.KeyboardEventModifier.SHIFT);
```

4.2.2　CTRL

首先实例化一个 ScreenSpaceEventHandler 对象，然后因为键盘事件需要配合鼠标事件一起使用，所以需要同时注册键盘事件 CTRL 及鼠标左键单击事件且中间用逗号隔开，并通过 setInputAction 设置要在 CTRL+鼠标左键单击事件上执行的功能，结果和图 4-4 所示类似。如果需要删除在输入事件上执行的功能，则可以通过 removeInputAction 同时删除注册的键盘事件和鼠标事件。

程序代码 4-27　添加键盘事件 CTRL 的关键代码

```
var handler = new Cesium.ScreenSpaceEventHandler(viewer.scene.canvas);
handler.setInputAction(function (event) {
    console.log('CTRL+鼠标左键单击: ', event.position);
}, Cesium.ScreenSpaceEventType.LEFT_CLICK,Cesium. KeyboardEventModifier.CTRL);
```

程序代码 4-28　删除键盘事件 CTRL 的关键代码

```
//删除键盘事件 CTRL
handler.removeInputAction(Cesium.ScreenSpaceEventType.LEFT_CLICK,
    Cesium.KeyboardEventModifier.CTRL);
```

4.2.3　ALT

首先实例化一个 ScreenSpaceEventHandler 对象，然后因为键盘事件需要配合鼠标事件一起使用，所以需要同时注册键盘事件 ALT 及鼠标左键单击事件且中间用逗号隔开，并通过 setInputAction 设置要在 ALT+鼠标左键单击事件上执行的功能，结果和图 4-4 所示类似。如果需要删除在输入事件上执行的功能，则可以通过 removeInputAction 同时删除注册的键盘事件和鼠标事件。

程序代码 4-29　添加键盘事件 ALT 的关键代码

```
var handler = new Cesium.ScreenSpaceEventHandler(viewer.scene.canvas);
handler.setInputAction(function (event) {
    console.log('ALT+鼠标左键单击: ', event.position);
}, Cesium.ScreenSpaceEventType.LEFT_CLICK,Cesium. KeyboardEventModifier.ALT);
```

程序代码 4-30　删除键盘事件 ALT 的关键代码

```
//删除键盘事件 ALT
handler.removeInputAction(Cesium.ScreenSpaceEventType.LEFT_CLICK,
Cesium.KeyboardEventModifier.ALT);
```

4.3 相机事件

根据画布上的鼠标移动或键盘输入修改摄像机的位置和方向，可被理解为我们常说的相机事件，它是与屏幕空间相机控制器相关的事件处理程序。

相机事件与之前所说的鼠标事件、键盘事件不同，它不需要先实例化，而是在 Viewer 类的实例化过程中就将实例化结果赋给了 viewer.scene.screenSpaceCameraController，所以，我们直接操作 viewer.scene.screenSpaceCameraController 即可。相机事件类型如表 4-3 所示，默认操作模式如表 4-4 所示。

表 4-3　相机事件类型

名　　称	描　　述
LEFT_DRAG	按住鼠标左键，然后移动鼠标并松开按键
RIGHT_DRAG	按住鼠标右键，然后移动鼠标并松开按键
MIDDLE_DRAG	按住鼠标滚轮，然后移动鼠标并松开滚轮
WHEEL	滚动鼠标滚轮

表 4-4　默认操作模式

操　　作	3D 视图	2.5D 视图	2D 视图
LEFT_DRAG	绕地球旋转	地图上平移	地图上平移
RIGHT_DRAG	地图缩放	地图缩放	地图缩放
MIDDLE_DRAG	倾斜地球	倾斜地球	无
WHEEL	地图缩放	地图缩放	地图缩放
CTRL + LEFT_DRAG	倾斜地球	倾斜地球	无
CTRL + RIGHT_DRAG	倾斜地球	倾斜地球	无

如果用户需要自定义设置相机的默认操作模式，则可以在初始化地球之后，通过改变 ScreenSpaceCameraController 的几个属性来实现。相机默认操作属性如表 4-5 所示。

表 4-5　相机默认操作属性

属 性 名 称	属 性 描 述
lookEventTypes	3D 视图、2.5D 视图，改变相机观察方向
rotateEventTypes	3D 视图，相机绕地球旋转

续表

属性名称	属性描述
tiltEventTypes	3D 视图、2.5D 视图，倾斜视角
translateEventTypes	2.5D 视图、2D 视图，地图上平移
zoomEventTypes	地图缩放

例如，相机默认鼠标右键为缩放操作、鼠标滚轮为倾斜视角操作，可以通过 tiltEventTypes 和 zoomEventTypes 属性修改鼠标右键为倾斜视角操作，鼠标滚轮为缩放操作，关键代码如下。

程序代码 4-31　修改相机默认操作的关键代码

```
//修改鼠标右键为倾斜视角操作
viewer.scene.screenSpaceCameraController.tiltEventTypes = [
   Cesium.CameraEventType.RIGHT_DRAG,
   Cesium.CameraEventType.PINCH,
   {
      eventType: Cesium.CameraEventType.LEFT_DRAG,
      modifier: Cesium.KeyboardEventModifier.CTRL,
   },
   {
      eventType: Cesium.CameraEventType.RIGHT_DRAG,
      modifier: Cesium.KeyboardEventModifier.CTRL,
   },
];
//修改鼠标滚轮为缩放操作
viewer.scene.screenSpaceCameraController.zoomEventTypes = [
   Cesium.CameraEventType.MIDDLE_DRAG,
   Cesium.CameraEventType.WHEEL,
   Cesium.CameraEventType.PINCH,
];
```

4.4　场景渲染事件

场景渲染事件是 Cesium 中十分重要的事件，特别是当我们需要实时监听场景渲染时，这几个事件是必不可少的。例如，我们要实时监听标签位置或者实时动态更新实体坐标时，就需要在场景渲染事件中进行回调。

Cesium 的场景渲染事件主要包括 4 种，如表 4-6 所示。

表 4-6　场景渲染事件

事件名称	描述
Scene.preUpdate	场景更新前事件，即更新或呈现场景之前将引发的事件
Scene.postUpdate	场景更新后事件，即更新场景之后及渲染场景之前立即引发的事件

续表

事件名称	描述
Scene.preRender	场景渲染前事件，即更新场景之后及渲染场景之前将引发的事件
Scene.postRender	场景渲染后事件，即渲染场景之后立即引发的事件

4.4.1　preUpdate

preUpdate 用于获取更新场景之前将引发的事件，并通过 addEventListener 方法来注册一个在事件发生时执行的回调函数，通过 removeEventListener 方法来注销之前注册的回调函数，用法如下。

程序代码 4-32　场景更新前事件使用的关键代码

```
//需要回调的函数
function callbackFunc(event) {
   console.log("执行了回调函数");
}
//注册更新之前执行的回调函数
viewer.scene.preUpdate.addEventListener(callbackFunc);
//注销之前注册的回调函数
viewer.scene.preUpdate.removeEventListener (callbackFunc);
```

4.4.2　postUpdate

postUpdate 用于获取更新场景之后将引发的事件，并通过 addEventListener 方法来注册一个在事件发生时执行的回调函数，通过 removeEventListener 方法来注销之前注册的回调函数，用法如下。

程序代码 4-33　场景更新后事件使用的关键代码

```
//需要回调的函数
function callbackFun(event) {
   console.log("执行了回调函数");
}
//注册更新之后执行的回调函数
viewer.scene.postUpdate.addEventListener(callbackFun);
//注销之前注册的回调函数
viewer.scene.postUpdate.removeEventListener (callbackFun);
```

4.4.3　preRender

preRender 用于获取渲染场景之前将引发的事件，并通过 addEventListener 方法来注册一个在事件发生时执行的回调函数，通过 removeEventListener 方法来注销之前注册的回调函数，用法如下。

程序代码 4-34　场景渲染前事件使用的关键代码

```
//需要回调的函数
function callbackFun(event) {
    console.log("执行了回调函数");
}
//注册渲染之前执行的回调函数
viewer.scene.preRender.addEventListener(callbackFun);
//注销之前注册的回调函数
viewer.scene.preRender.removeEventListener (callbackFun);
```

4.4.4　postRender

postRender 用于获取渲染场景之后将引发的事件，并通过 addEventListener 方法来注册一个在事件发生时执行的回调函数，通过 removeEventListener 方法来注销之前注册的回调函数，用法如下。

程序代码 4-35　场景渲染后事件使用的关键代码

```
//需要回调的函数
function callbackFun(event) {
    console.log("执行了的回调函数");
}
//注册渲染之后执行的回调函数
viewer.scene.postRender.addEventListener(callbackFun);
//注销之前注册的回调函数
viewer.scene.postRender.removeEventListener (callbackFun);
```

第 5 章 Cesium 图形绘制

在之前的篇章中，我们已经介绍了 Cesium 加载各类影像数据、地形数据、模型数据的过程，以及 Cesium 中常用的鼠标事件、键盘事件、相机事件、场景渲染事件等。然而，Cesium 能做的远不止这些。下面我们将介绍 Cesium 中的坐标系统及相互转换关系，讲解如何在构造的三维场景中交互绘制点、线、面、体等多种空间对象并对这些空间对象进行管理，这也是我们目前的迫切需求。

5.1 坐标系统

Cesium 中经常会涉及各类数据的加载、浏览，以及不同数据之间的坐标转换，所以我们不得不弄清楚 Cesium 中常用的坐标系统，以及不同坐标系统之间的转换关系和转换方法等。这里主要介绍 Cesium 中常用的 WGS-84 坐标系（包括弧度和度的形式）、世界坐标系（笛卡儿空间直角坐标系）及平面坐标系，并介绍这些坐标系统之间的转换关系和转换方法。

5.1.1 WGS-84 坐标系

WGS-84 坐标系（World Geodetic System-1984 Coordinate System）是一种国际上采用的地心坐标系，坐标原点为地球质心，其地心空间直角坐标系的 Z 轴指向 BIH（国际时间服务机构）1984.0 定义的协议地球极（CTP）方向，X 轴指向 BIH 1984.0 的零子午面和 CTP 赤道的交点，Y 轴与 Z 轴、X 轴垂直构成右手坐标系，称为 1984 年世界大地坐标系统，如图 5-1 所示。

由于 Cesium 中并没有实际的对象用来描述 WGS-84 坐标，所以都是以弧度的形式来运用的，也就是使用 Cartographic 类，通过 new Cesium.Cartographic (longitude, latitude, height) 创建对象，其中的 longitude、latitude、height 分别对应经度、纬度和高度。

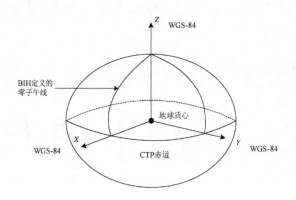

图 5-1　WGS-84 坐标系

5.1.2　世界坐标系

世界坐标系是系统的绝对坐标系。在没有建立用户坐标系之前，画面上所有点的坐标都是以该坐标系的原点来确定各自的位置的。Cesium 中的绝对坐标系为笛卡儿空间直角坐标系（Cartesian3）。笛卡儿空间直角坐标系的原点就是椭球体的中心点。由于我们在计算机上绘图时不方便参照经纬度直接进行绘制，所以通常会先将坐标系转换为笛卡儿空间直角坐标系，再进行绘制。如图 5-2 所示，笛卡儿空间直角坐标系的 3 个分量 x、y、z，可以被看作以椭球体中心点为原点的空间直角坐标系中的某一个点的坐标。

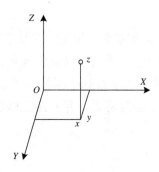

图 5-2　笛卡儿空间直角坐标系

在 Cesium 中，使用 Cartesian3 类，通过 new Cesium.Cartesian3(x,y,z)创建对象，其中的(x,y,z)代表笛卡儿空间直角坐标系中的坐标。

5.1.3　平面坐标系

平面坐标系就是平面直角坐标系（Cartesian2），是一个二维的笛卡儿直角坐标系，与笛卡儿空间直角坐标系（Cartesian3）相比少了一个分量 z。一般来说，平面坐标系用来描述屏幕坐标系，例如，我们通过鼠标单击计算机屏幕的某一点，这一点就是屏幕坐标，可以获取该位置的 x、y 像素点分量，如图 5-3 所示。

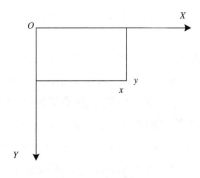

图 5-3　平面坐标系

在 Cesium 中，使用 Cartesian2 类，通过 new Cesium.Cartesian2(x,y)创建对象，其中的(x,y)代表平面坐标系中的坐标。

5.1.4　坐标系统相互转换

在实际应用中，我们经常会遇到需要对坐标系进行转换操作的情况。例如，我们在获取鼠标左键单击位置的经纬度坐标后需要得到该点在屏幕中的坐标，此时就需要将获取的经纬度坐标通过某种方法或接口转换为需要的屏幕坐标。本节将介绍经纬度、弧度、笛卡儿空间直角坐标系及平面坐标系之间的相互转换方法。

1．获取鼠标左键单击位置的屏幕坐标

首先创建变量 handler 并实例化一个 ScreenSpaceEventHandler 对象，然后使用该对象的 setInputAction 方法设置要在输入事件上执行的功能。

该方法需要传入 3 个参数，分别为 action、type 及 modifier（可选）。其中，action 参数类型为 function，是事件触发时的回调函数，这里需要打印 movement.position 屏幕坐标，指的是鼠标左键单击位置距离 canvas 左上角的像素值；type 参数类型为 Number，代表输入事件的 ScreenSpaceEventType，这里设置为鼠标左键单击事件 LEFT_CLICK，此时使用鼠标左键单击，就会触发回调函数，并打印鼠标左键单击位置的屏幕坐标，如程序代码 5-1 所示。

程序代码 5-1　获取鼠标左键单击位置的关键代码

```
var handler = new Cesium.ScreenSpaceEventHandler(viewer.scene.canvas);
handler.setInputAction(function (movement) {
    //打印单击位置屏幕坐标
    console.log('屏幕坐标：', movement.position);
}, Cesium.ScreenSpaceEventType.LEFT_CLICK);
```

2．屏幕坐标转世界坐标

在实际应用中，我们经常会遇到拾取单击要素的位置的功能需求，而我们注册的鼠标事件获取的单击位置 movement.position 是屏幕坐标，此时就需要通过某种方法将屏幕坐标转换为世界坐标。针对我们单击的位置所拾取的要素类型不同，有不同的转换方法。例如，单击

地形上的位置和单击倾斜摄影模型上的位置所使用的转换方法就不同，下面将分别介绍几种方法。

1）获取倾斜摄影模型或其他三维模型单击位置的场景坐标

我们可以通过 viewer.scene.pickPosition 方法，根据屏幕坐标返回按照深度缓冲区和窗口位置重构的笛卡儿空间位置。注意，单击位置的屏幕坐标一定要在球体上，否则转换结果为 undefined，若屏幕坐标处没有模型、倾斜摄影模型表面，则获取的笛卡儿坐标不准，此时需要开启地形深度检测（viewer.scene.globe.depthTestAgainstTerrain = true）。

首先创建变量 handler 并实例化一个 ScreenSpaceEventHandler 对象，然后使用该对象的 setInputAction 方法设置要在输入事件上执行的功能并注册鼠标左键单击事件，接着创建变量 cartesian3，将单击位置的屏幕坐标当作参数传入 viewer.scene.pickPosition 方法，并将结果赋给 cartesian3，此时该变量的值就是单击位置的场景坐标，如程序代码 5-2 所示。

程序代码 5-2　获取场景坐标的关键代码

```
var handler = new Cesium.ScreenSpaceEventHandler(viewer.scene.canvas);
handler.setInputAction(function (movement) {
    var cartesian3= viewer.scene.pickPosition(movement.position);
}, Cesium.ScreenSpaceEventType.LEFT_CLICK);
```

2）获取地表坐标

这里的地表包括地形，不包括模型、倾斜摄影模型表面等，我们可以通过 viewer.scene.globe.pick 方法将单击位置的屏幕坐标转换为地球表面的世界坐标。

viewer.scene.globe.pick 方法需要传入两个参数，分别为 ray 和 scene。其中，scene 就是当前场景，ray 是用于测试相交的射线，可以根据单击位置的屏幕坐标并利用 viewer.camera.getPickRay 方法来获得，代码如下。

```
ray=viewer.camera.getPickRay(movement.position)
```

首先创建变量 handler 并实例化一个 ScreenSpaceEventHandler 对象，然后使用该对象的 setInputAction 方法设置要在输入事件上执行的功能并注册鼠标左键单击事件，接着创建变量 cartesian3，将 ray 及 scene 两个参数传入 viewer.scene.globe.pick 方法，并将结果赋给 cartesian3，此时该变量的值就是单击位置的地表坐标，如程序代码 5-3 所示。

程序代码 5-3　获取地表坐标的关键代码

```
var handler = new Cesium.ScreenSpaceEventHandler(viewer.scene.canvas);
handler.setInputAction(function (movement) {
    var ray = viewer.camera.getPickRay(movement.position);
    var cartesian3= viewer.scene.globe.pick(ray , viewer.scene);
}, Cesium.ScreenSpaceEventType.LEFT_CLICK);
```

3）获取椭球面坐标

这里的椭球面坐标是参考椭球体的 WGS-84 坐标，不包含地形、模型、倾斜摄影模型表面。我们可以通过 viewer.scene.camera.pickEllipsoid 方法将单击位置的屏幕坐标转换为椭球面的世界坐标。

首先创建变量 handler 并实例化一个 ScreenSpaceEventHandler 对象，然后使用该对象的 setInputAction 方法设置要在输入事件上执行的功能并注册鼠标左键单击事件，接着创建变量 cartesian3，将单击位置的屏幕坐标当作参数传入 viewer.scene.camera.pickEllipsoid 方法，并将结果赋给 cartesian3，此时该变量的值就是单击位置的椭球面坐标，如程序代码 5-4 所示。

程序代码 5-4　获取椭球面坐标的关键代码

```
var handler = new Cesium.ScreenSpaceEventHandler(viewer.scene.canvas);
handler.setInputAction(function (movement) {
    var cartesian3= viewer.scene.camera.pickEllipsoid(movement.position)
}, Cesium.ScreenSpaceEventType.LEFT_CLICK);
```

3．世界坐标转屏幕坐标

我们可以通过 Cesium.SceneTransforms.wgs84ToWindowCoordinates 方法将世界坐标系转换为平面坐标系。该方法需要传入两个参数，分别为 scene 和 position，其中：scene 为当前场景，即 viewer.scene；position 为世界坐标系中的坐标。

首先创建变量 cartesian2，然后将当前场景 viewer.scene 和待转换的世界坐标位置 cartesian3 当作参数传入 Cesium.SceneTransforms.wgs84ToWindowCoordinates 方法，并将结果赋给 cartesian3，此时该变量的值就是将世界坐标转换后的屏幕坐标，如程序代码 5-5 所示。

程序代码 5-5　世界坐标转屏幕坐标的关键代码

```
var cartesian2 = Cesium.SceneTransforms.wgs84ToWindowCoordinates (viewer.scene,
cartesian3);
```

4．世界坐标转 WGS-84 坐标

将世界坐标转换为 WGS-84 坐标可以通过 Cesium.Cartographic.fromCartesian 方法直接在笛卡儿空间位置创建一个制图对象，此方法需要传入一个类型为 Cartesian3 的参数，转换得到的结果是以弧度的形式表示的。

首先创建变量 cartographic，然后将待转换的世界坐标对象当作参数传入 Cesium.Cartographic.fromCartesian 方法，并将结果赋给 cartographic，此时该变量的值就是弧度形式的 WGS-84 坐标对象，如程序代码 5-6 所示。

程序代码 5-6　世界坐标转 WGS-84 坐标的关键代码

```
var cartographic = Cesium.Cartographic.fromCartesian(cartesian3);
```

5．弧度和经纬度相互转换

弧度和经纬度可以通过数学方法进行转换，原理为：弧度=π/180×经纬度的角度；经纬度的角度=180/π×弧度。Cesium 的 Math 类中有封装好的方法，可以被直接调用，如程序代码 5-7 所示。

程序代码 5-7　弧度和经纬度相互转换的关键代码

```
var radians=Cesium.CesiumMath.toRadians(degrees);   //经纬度转弧度
var degrees=Cesium.CesiumMath.toDegrees(radians);   //弧度转经纬度
```

经纬度也可以通过 Cesium.Cartographic.fromDegrees 方法直接转换为弧度。该方法需要传入两个参数，分别为 longitude（经度）、latitude（纬度）。首先创建变量 cartographic，然后将 longitude、latitude 传入 Cesium.Cartographic.fromDegrees 方法，并将结果赋给 cartographic，此时该变量的值就是弧度形式的 WGS-84 坐标对象，如程序代码 5-8 所示。

程序代码 5-8　经纬度直接转换为弧度的关键代码

```
var cartographic= Cesium.Cartographic.fromDegrees(longitude, latitude, height);
```

6．经纬度坐标转世界坐标

经纬度坐标可以通过 Cesium.Cartesian3.fromDegrees 方法直接转换为世界坐标。该方法至少需要传入两个参数，分别为 longitude（经度，以度为单位）、latitude（纬度，以度为单位）。

首先创建变量 cartesian3，然后将 longitude、latitude 传入 Cesium.Cartesian3.fromDegrees 方法，并将结果赋给 cartesian3，此时该变量的值就是世界坐标对象，如程序代码 5-9 所示。

程序代码 5-9　经纬度坐标转世界坐标的关键代码

```
var cartesian3= Cesium.Cartesian3.fromDegrees(longitude, latitude, height);
```

7．弧度坐标转世界坐标

弧度坐标可以通过 Cesium.Cartesian3.fromRadians 方法直接转换为世界坐标。该方法至少需要传入两个参数，分别为 longitude（经度，以弧度为单位）、latitude（纬度，以弧度为单位）。

首先创建变量 cartesian3，然后将 longitude、latitude 传入 Cesium.Cartesian3.fromRadians 方法，并将结果赋给 cartesian3，此时该变量的值就是世界坐标对象，如程序代码 5-10 所示。

程序代码 5-10　经纬度坐标转世界坐标的关键代码

```
var cartesian3= Cesium.Cartesian3.fromRadians(
    cartographic.longitude, cartographic.latitude, cartographic.height);
```

以上从获取鼠标左键单击位置的屏幕坐标开始，介绍了屏幕坐标和世界坐标相互转换的方法，世界坐标转 WGS-84 坐标的方法，弧度和经纬度相互转换的方法，以及经纬度坐标和弧度坐标转世界坐标的方法，转换效果如图 5-4 所示。实际上，Cesium 对各种坐标系统之间的相互转换提供了多种方法，以上仅展示了一些常用的方法，如果读者有兴趣，可以通过

Cesium API 了解其他的转换方法，这里不再赘述。

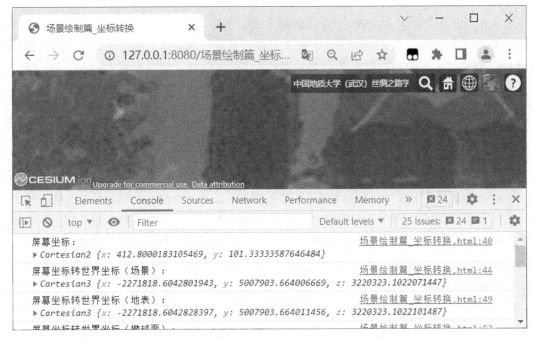

图 5-4　坐标转换效果

5.2 几何图形绘制

几何图形绘制一直以来都是 GIS 必备的基础功能之一，例如，点、线、面的绘制在各种 GIS 中屡见不鲜，而 Cesium 不仅支持点、线、面的绘制，还支持柱体、椭球体、盒子及三维模型等几何图形的绘制。

Cesium 在几何图形绘制方面提供了两种不同类型的 API：一种是较为高级的，不需要使用者对计算机图形学有很深的理解，可以直接拿来使用的 API，即 Entity API；另一种是面向图形开发人员的，更为复杂的 API，即 Primitive API。对于新手来说，本书推荐使用 Entity API，因为 Entity API 本质上是对 Primitive API 的二次封装，目的是让使用者不必对计算机图形学有多么高深的理解，就能轻松绘制出各式各样的几何图形。

5.2.1 Entity 绘制实体

Entity 通过 Entity 类实现实体绘制，支持点、线、面、椭球体、广告牌、盒子、标签、模型、墙等多种实体的绘制。用户可以手动创建实体并将它们添加到场景中，或者由数据源（如 CzmlDataSource 和 GeoJsonDataSource）进行添加。此处以手动创建并添加实体为例来介绍各种类型的实体绘制方式。

1. 点

首先，创建一个对象 addPoint，并添加属性 id，值为"'point'"，该属性为此对象的唯一标识符；添加属性 name，值为"'点'"，该属性是显示给用户的可读名称，不是唯一的；添加属性 show，值为"true"，用于控制是否显示实体及其子代实体。

```
var addPoint = {
   id:'point',
   name:'点',
   show: true,   //显示
}
```

然后，添加属性 position，用于指定实体的位置。由于 Cesium 采用笛卡儿空间直角坐标系，因此需要通过 Cartesian3 类中的方法将坐标转换为笛卡儿空间直角坐标。我们在此通过 Cesium.Cartesian3.fromDegrees(118, 32, 0.0)将经纬度坐标转换为笛卡儿空间直角坐标。

```
var addPoint = {
   id:'point',
   name:'点',
   show: true,   //显示
   position: Cesium.Cartesian3.fromDegrees(118, 32, 0.0),
}
```

接着，在 addPoint 对象中添加 point 对象，用于描述点，并为 point 对象添加属性 color，值为"Cesium.Color.BLUE"，用于指定点的颜色；添加属性 pixelSize，值为"5"，用于以像素为单位指定点的大小。

```
var addPoint = {
   id:'point',
   name:'点',
   show: true,                              //显示
   position: Cesium.Cartesian3.fromDegrees(118, 32, 0.0),
   point: {
      color: Cesium.Color.BLUE,      //颜色
      pixelSize: 5,                  //点大小
   }
}
```

最后，通过 viewer.entities.add 方法将该实体添加到场景中。

```
viewer.entities.add(addPoint);
```

2. 线

首先，创建一个对象 addLine，并添加属性 id，值为"'line'"，该属性为此对象的唯一标识符；添加属性 name，值为"'点'"，该属性是显示给用户的可读名称，不是唯一的；添加属性

show，值为"true"，用于控制是否显示实体及其子代实体。

```
var addLine = {
   id: 'line',
   name:'线',
   show: true,   //显示
}
```

然后，在 addLine 对象中添加 polyline 对象，用于描述折线，并为 polyline 对象添加属性 positions，用于指定定义线的笛卡儿空间直角坐标点数组，前两个坐标点位置定义了一条线段，之后的每一个坐标点位置都根据前一个坐标点位置定义一条线段，此处通过 Cesium.Cartesian3.fromDegreesArray([118, 30, 119, 32, 116,35])将经纬度坐标点数组转换为笛卡儿空间直角坐标点数组；添加属性 width，值为"1"，用于定义线条宽度；添加属性 material，值为"Cesium.Color.RED"，用于指定绘制折线的线条材质。

```
var addLine = {
        id: 'line',
        name:'线',
        show: true,                        //显示
        polyline: {
            positions: Cesium.Cartesian3.fromDegreesArray([118, 30, 119, 32, 116,35]),
            width: 1,                      //线条宽度
            material: Cesium.Color.RED,    //线条材质
            //clampToGround: true
        }
}
```

最后，通过 viewer.entities.add 方法将该实体添加到场景中。

```
viewer.entities.add(addLine);
```

3. 面

首先，创建一个对象 addPolygon，并添加属性 id，值为"'polygon'"，该属性为此对象的唯一标识符；添加属性 name，值为"面"，该属性是显示给用户的可读名称，不是唯一的；添加属性 show，值为"true"，用于控制是否显示实体及其子代实体。

```
var addPolygon = {
   id:'polygon',
   name: '面',
   show:true,
}
```

然后，在 addPolygon 对象中添加 polygon 对象，用于描述多边形，并为 addPolygon 对象添加属性 hierarchy，该属性为一个笛卡儿空间直角坐标点数组，用于指定多边形的边界，此

处通过 Cesium.Cartesian3.fromDegreesArray([118, 30, 119, 32,116,32,116,30])将经纬度坐标点数组转换为笛卡儿空间直角坐标点数组；添加属性 material，值为"Cesium.Color.RED.withAlpha(0.4)"，用于指定绘制多边形的线条材质。

```
var addPolygon = {
   id:'polygon',
   name: '面',
   show:true,
   polygon: {
         hierarchy: Cesium.Cartesian3.fromDegreesArray([118, 30, 119,
32,116,32,116,30]),
         //outline: false,
         material: Cesium.Color.RED.withAlpha(0.4),
   }
}
```

最后，通过 viewer.entities.add 方法将该实体添加到场景中。

```
viewer.entities.add(addPolygon);
```

4．矩形

首先，创建一个对象 addRectangle，并添加属性 id，值为"'rectangle'"，该属性为此对象的唯一标识符；添加属性 name，值为"'矩形'"，该属性是显示给用户的可读名称，不是唯一的；添加属性 show，值为"true"，用于控制是否显示实体及其子代实体。

```
var addRectangle = {
   id:'rectangle',
   name: '矩形',
   show:true,
}
```

然后，在 addRectangle 对象中添加 rectangle 对象，用于描述矩形，并为 rectangle 对象添加属性 coordinates，用于指定矩形端点坐标，格式要求为笛卡儿空间直角坐标系下的坐标点数组，此处通过 Cesium.Rectangle.fromDegrees(80.0, 30.0, 100.0, 35.0)将经纬度坐标点数组转换为笛卡儿空间直角坐标点数组；添加属性 material，值为"Cesium.Color.BLUE.withAlpha(0.5)"，用于指定绘制矩形的线条材质。

```
var addRectangle = {
   id:'rectangle',
   name: '矩形',
   show:true,
   rectangle: {
      coordinates: Cesium.Rectangle.fromDegrees(80.0, 30.0, 100.0, 35.0),
      material: Cesium.Color.BLUE.withAlpha(0.5),
```

```
   }
}
```

最后，通过 viewer.entities.add 方法将该实体添加到场景中。

```
viewer.entities.add(addRectangle);
```

5. 椭圆

首先，创建一个对象 addEllipse，并添加属性 id，值为 "'ellipse'"，该属性为此对象的唯一标识符；添加属性 name，值为 "'椭圆'"，该属性是显示给用户的可读名称，不是唯一的；添加属性 show，值为 "true"，用于控制是否显示实体及其子代实体；添加属性 position，用于指定椭圆圆心所在的位置，此处通过 Cesium.Cartesian3.fromDegrees(103.0, 40.0)将经纬度坐标转换为笛卡儿空间直角坐标。

```
var addEllipse = {
   id:'ellipse',
   name: '椭圆',
   show:true,
   position: Cesium.Cartesian3.fromDegrees(103.0, 40.0),
}
```

然后，在 addEllipse 对象中添加 ellipse 对象，用于描述椭圆，并为 ellipse 对象添加属性 semiMinorAxis，值为 "250000.0"，用于指定椭圆的短半轴长度；添加属性 semiMajorAxis，值为 "400000.0"，用于指定椭圆的长半轴长度，当长半轴和短半轴的长度相等时，绘制的图形就是圆；添加属性 material，值为 "Cesium.Color.RED.withAlpha(0.5)"，用于指定绘制椭圆的线条材质。

```
var addEllipse = {
   id:'ellipse',
   name: '椭圆',
   show:true,
   position: Cesium.Cartesian3.fromDegrees(103.0, 40.0),
   ellipse: {
      semiMinorAxis: 250000.0,     //短半轴长度
      semiMajorAxis: 400000.0,     //长半轴长度
      material: Cesium.Color.RED.withAlpha(0.5),
   }
}
```

最后，通过 viewer.entities.add 方法将该实体添加到场景中。

```
viewer.entities.add(addEllipse);
```

6. 圆柱体

首先，创建一个对象 addCylinder，并添加属性 id，值为 "'cylinder'"，该属性为此对象的

唯一标识符；添加属性 name，值为"'圆柱体'"，该属性是显示给用户的可读名称，不是唯一的；添加属性 show，值为"true"，用于控制是否显示实体及其子代实体；添加属性 position，用于指定圆柱体柱心所在的位置，此处通过 Cesium.Cartesian3.fromDegrees(100.0, 40.0, 200000.0)将经纬度坐标转换为笛卡儿空间直角坐标，柱心高度为200000.0。

```
var addCylinder = {
    id:'cylinder',
    name: '圆柱体',
    show:true,
    position: Cesium.Cartesian3.fromDegrees(100.0, 40.0, 200000.0),
}
```

然后，在 addCylinder 对象中添加 cylinder 对象，用于描述圆柱体，并为 cylinder 对象添加属性 length，值为"400000.0"，用于指定圆柱体高度，这样柱心的高度刚好为200000.0，能够保证圆柱体刚好贴地；添加属性 topRadius，值为"200000.0"，用于指定圆柱体顶面半径；添加属性 bottomRadius，值为"200000.0"，用于指定圆柱体底面半径；当底面半径或者顶面半径为 0 时，绘制出来的实体为圆锥体；添加属性 material，值为"Cesium.Color.GREEN.withAlpha(0.6)"，用于指定绘制圆柱体的线条材质；添加属性 outline，值为"true"，以及属性 outlineColor，值为"Cesium.Color.DARK_GREEN"，用于为圆柱体绘制外轮廓线。

```
var addCylinder = {
    id:'cylinder',
    name: '圆柱体',
    show:true,
    position: Cesium.Cartesian3.fromDegrees(100.0, 40.0, 200000.0),
    cylinder: {
        length: 400000.0,          //圆柱体高度
        topRadius: 200000.0,       //圆柱体顶面半径
        bottomRadius: 200000.0,    //圆柱体底面半径
        material: Cesium.Color.GREEN.withAlpha(0.6),
        outline: true,
        outlineColor: Cesium.Color.DARK_GREEN
    }
}
```

最后，通过 viewer.entities.add 方法将该实体添加到场景中。

```
viewer.entities.add(addCylinder);
```

7. 走廊

首先，创建一个对象 addCorridor，并添加属性 id，值为"'corridor'"，该属性为此对象的唯一标识符；添加属性 name，值为"'走廊'"，该属性是显示给用户的可读名称，不是唯一的；

添加属性 show，值为"true"，用于控制是否显示实体及其子代实体。

```
var addCorridor = {
   id:'corridor',
   name: '走廊',
   show:true,
}
```

然后，在 addCorridor 对象中添加 corridor 对象，用于描述走廊，并为 corridor 对象添加属性 positions，用于指定定义走廊中心线的笛卡儿空间直角坐标点数组，此处通过 Cesium.Cartesian3.fromDegreesArray([100.0, 40.0,105.0, 40.0,105.0, 35.0])将经纬度坐标点数组转换为笛卡儿空间直角坐标点数组；添加属性 width，值为"200000.0"，用于指定道路边缘之间的距离；添加属性 material，值为"Cesium.Color.YELLOW.withAlpha(0.5)"，用于指定绘制走廊的线条材质。

```
var addCorridor = {
   id:'corridor',
   name: '走廊',
   show:true,
   corridor: {
      positions: Cesium.Cartesian3.fromDegreesArray([
         100.0, 40.0,
         105.0, 40.0,
         105.0, 35.0
      ]),
      width: 200000.0,
      material: Cesium.Color.YELLOW.withAlpha(0.5),
   }
}
```

最后，通过 viewer.entities.add 方法将该实体添加到场景中。

```
viewer.entities.add(addCorridor);
```

8. 墙

首先，创建一个对象 addWall，并添加属性 id，值为"'wall'"，该属性为此对象的唯一标识符；添加属性 name，值为"'墙'"，该属性是显示给用户的可读名称，不是唯一的；添加属性 show，值为"true"，用于控制是否显示实体及其子代实体。

```
var addWall = {
   id:'wall',
   name: '墙',
   show:true,
}
```

然后，在 addWall 对象中添加 wall 对象，用于描述墙，并为 wall 对象添加属性 positions，用于指定定义墙顶的笛卡儿空间直角坐标点数组，此处通过 Cesium.Cartesian3.fromDegreesArrayHeights([107.0, 43.0, 200000.0, 97.0, 43.0, 200000.0, 97.0, 40.0, 200000.0, 107.0, 40.0, 200000.0, 107.0, 43.0, 200000.0])将经纬度坐标点数组转换为笛卡儿空间直角坐标点数组，其中每两组坐标点位置可直接绘制成墙；添加属性 material，值为"Cesium.Color.GREEN"，用于指定绘制墙的线条材质。

```
var addWall = {
   id:'wall',
   name: '墙',
   show:true,
   wall: {
      positions: Cesium.Cartesian3.fromDegreesArrayHeights([
         107.0, 43.0, 200000.0,
         97.0, 43.0, 100000.0,
         97.0, 40.0, 100000.0,
         107.0, 40.0, 100000.0,
         107.0, 43.0, 100000.0]),
      material: Cesium.Color.GREEN
   }
}
```

最后，通过 viewer.entities.add 方法将该实体添加到场景中。

```
viewer.entities.add(addWall);
```

9. 方盒

首先，创建一个对象 addBox，并添加属性 id，值为"'box'"，该属性为此对象的唯一标识符；添加属性 name，值为"'方盒'"，该属性是显示给用户的可读名称，不是唯一的；添加属性 show，值为"true"，用于控制是否显示实体及其子代实体；添加属性 position，用于指定方盒中心点位置，此处通过 Cesium.Cartesian3.fromDegrees(110, 35, 200000.0)将经纬度坐标转换为笛卡儿空间直角坐标。

```
var addBox = {
   id:'box',
   name: '方盒',
   show:true,
   position: Cesium.Cartesian3.fromDegrees(110, 35, 200000.0),
}
```

然后，在 addBox 对象中添加 box 对象，用于描述方盒，并为 box 对象添加属性 dimensions，值为一个笛卡儿空间直角坐标点数组，此处直接使用 new Cesium.Cartesian3(400000.0, 300000.0, 400000.0)创建一个 Cartesian3 数组，分别指定方盒的长度、宽度和高度，其中，高度 400000.0 正好使得方盒中心点的高度为 200000.0；添加属性 material，值为

"Cesium.Color.BLUE",用于指定绘制方盒的线条材质。

```
var addBox = {
    id:'box',
    name: '方盒',
    show:true,
    position: Cesium.Cartesian3.fromDegrees(110, 35, 200000.0),
    box: {
        //指定方盒的长度、宽度和高度
        dimensions: new Cesium.Cartesian3(400000.0, 300000.0, 400000.0),
        material: Cesium.Color.BLUE
    }
}
```

最后，通过 viewer.entities.add 方法将该实体添加到场景中。

```
viewer.entities.add(addBox);
```

10．椭球体

首先，创建一个对象 addEllipsoid，并添加属性 id，值为 "'ellipsoid'"，该属性为此对象的唯一标识符；添加属性 name，值为 "'椭球体'"，该属性是显示给用户的可读名称，不是唯一的；添加属性 show，值为 "true"，用于控制是否显示实体及其子代实体；添加属性 position，用于指定椭球体中心点的位置，此处通过 Cesium.Cartesian3.fromDegrees(107.0, 40.0, 300000.0) 将经纬度坐标转换为笛卡儿空间直角坐标。

```
var addEllipsoid = {
    id:'ellipsoid',
    name: '椭球体',
    show:true,
    position: Cesium.Cartesian3.fromDegrees(107.0, 40.0, 300000.0),
}
```

然后，在 addEllipsoid 对象中添加 ellipsoid 对象，用于描述椭球体，并为 ellipsoid 对象添加属性 radii，该属性为一个笛卡儿空间直角坐标点数组，分别指定椭球体的 X 轴半径、Y 轴半径、Z 轴半径，此处直接使用 new Cesium.Cartesian3(200000.0, 200000.0, 300000.0) 创建一个 Cartesian3 数组，分别指定椭球体的 X 轴半径、Y 轴半径及 Z 轴半径；添加属性 material，值为 "Cesium.Color.BLUE.withAlpha(0.5)"，用于指定绘制椭球体的线条材质；添加属性 outline，值为 "true"，用于指定是否勾勒出椭球体的外轮廓线；添加属性 outlineColor，值为 "Cesium.Color.WHITE"，用于指定轮廓线的颜色。

```
var addEllipsoid = {
    id:'ellipsoid',
    name: '椭球体',
    show:true,
```

```
        position: Cesium.Cartesian3.fromDegrees(107.0, 40.0, 300000.0),
        ellipsoid: {
            radii: new Cesium.Cartesian3(200000.0, 200000.0, 300000.0),   //椭球体半径
            material: Cesium.Color.BLUE.withAlpha(0.5),
            outline: true,
            outlineColor: Cesium.Color.WHITE
        }
}
```

最后，通过 viewer.entities.add 方法将该实体添加到场景中。

```
viewer.entities.add(addEllipsoid);
```

11. 模型

首先，定义变量 degree、heading、pitch 及 roll，分别代表度数、模型航向（围绕负 Z 轴）、俯仰角（围绕负 Y 轴）及翻滚角（围绕正 X 轴），此外设置模型航向为 60°，俯仰角和翻滚角均为 0°。因为 Cesium 中都是以弧度的形式来进行计算的，所以我们需要将模型航向（60°）通过 Cesium.Math.toRadians(60)转换为弧度后进行使用。

```
var degree = 60;
var heading = Cesium.Math.toRadians(degree);        //模型航向
var pitch = 0;                                       //俯仰角
var roll = 0;                                        //翻滚角
```

然后，定义变量 hpr，创建一个 HeadingPitchRoll 对象并传入 heading、pitch 及 roll 参数进行计算。

```
var hpr = new Cesium.HeadingPitchRoll(heading, pitch, roll);
```

接着，创建一个对象 addModel，并添加属性 id，值为 "'model'"，该属性为此对象的唯一标识符；添加属性 name，值为 "'小车模型'"，该属性是显示给用户的可读名称，不是唯一的；添加属性 show，值为 "true"，用于控制是否显示实体及其子代实体；添加属性 position，用于指定模型的位置，值为 "Cesium.Cartesian3.fromDegrees(118, 30, 5000)"。

```
var addModel = {
    id: 'model',                                            //id唯一
    name: '小车模型',                                        //名称
    show: true,                                              //显示
    position: Cesium.Cartesian3.fromDegrees(118, 30, 5000),  //小车位置
}
```

然后，在 addModel 对象中添加属性 orientation，用于指定实体的方向，值是四元数（Quaternion）类型的一组四维坐标。此处通过 Transforms 类中的 headingPitchRollQuaternion 方法并根据参考系计算该四元数。该方法需要传入两个参数：第一个参数为本地参考系的中心点，此处取模型的位置作为中心点；第二个参数为 HeadingPitchRoll 类型，用于描述模型航

向、俯仰角及翻滚角，此处取前面计算得来的 hpr。

```
var addModel = {
    id: 'model',                                            //id 唯一
    name: '小车模型',                                        //名称
    show: true,                                             //显示
    position: Cesium.Cartesian3.fromDegrees(118, 30, 5000), //小车位置
    orientation: Cesium.Transforms.headingPitchRollQuaternion(Cesium.Cartesian3.
fromDegrees(118, 30, 5000), hpr),                           //小车方向
}
```

接着，在 addModel 对象中添加 model 对象，用于描述模型，并为 model 对象添加属性 uri，值为模型所在 URL 地址；添加属性 minimumPixelSize，值为"300"，用于指定模型的最小像素大小；添加属性 maximumScale，值为"50000"，用于指定模型的最大比例尺大小；添加属性 scale，值为"30000"，用于指定模型按照该比例进行加载。

```
var addModel = {
    id: 'model',                                            //id 唯一
    name: '小车模型',                                        //名称
    show: true,                                             //显示
    position: Cesium.Cartesian3.fromDegrees(118, 30, 5000), //小车位置
    orientation: Cesium.Transforms.headingPitchRollQuaternion(Cesium.
Cartesian3.fromDegrees(118, 30, 5000), hpr),                //小车方向
    model: {
        uri: './3D 格式数据/glTF/CesiumMilkTruck.gltf',
        minimumPixelSize: 300,                              //模型最小
        maximumScale: 50000,                                //模型最大
        //color: Cesium.Color.ORANGE,                       //模型颜色
        scale: 30000,                                       //当前比例
    }
}
```

最后，通过 viewer.entities.add 方法将该实体添加到场景中。

```
viewer.entities.add(addModel);
```

12. 广告牌

首先，创建一个对象 addBillboard，并添加属性 id，值为"'billboard'"，该属性为此对象的唯一标识符；添加属性 name，值为"'广告牌'"，该属性是显示给用户的可读名称，不是唯一的；添加属性 show，值为"true"，用于控制是否显示实体及其子代实体；添加属性 position，该属性是一个笛卡儿空间直角坐标，用于指定实体的位置，值为"Cesium.Cartesian3.fromDegrees(118, 30, 50)"。

```
var addBillboard = {
```

```
    id: 'billboard',
    name:'广告牌',
    show: true,
    position: Cesium.Cartesian3.fromDegrees(118, 30, 50),
}
```

然后，在 addBillboard 对象中添加 billboard 对象，用于描述广告牌，并为 billboard 对象添加属性 image，用于指定广告牌的图像；添加属性 scale，值为"0.1"，用于指定要应用于图像的尺寸比例。

```
var addBillboard = {
    id: 'billboard',
    name:'广告牌',
    show: true,
    position: Cesium.Cartesian3.fromDegrees(108, 30, 50),
    billboard: {
        image: './RasterImage/图片/single.jpg',
        scale: 0.1, //尺寸比例
    }
}
```

最后，通过 viewer.entities.add 方法将该实体添加到场景中。

```
viewer.entities.add(addBillboard);
```

至此，Entity 绘制实体基本介绍完毕，结果如图 5-5 所示。当然，目前绘制的实体样式都比较简单。Cesium 支持对实体样式、材料等进行更加复杂的处理，如果读者对此感兴趣，则可以查阅相关 API 并自行尝试。

图 5-5　Entity 绘制实体的结果

5.2.2 Entity 绘制贴地图形

上一节介绍了 Entity 在三维平面上（不包含地形、倾斜摄影模型）绘制实体，但是在实际应用中，往往会遇到以下需求，例如，要求绘制的实体（通常指的是平面图形而不是立体几何图形）贴合在地形表面或者倾斜摄影模型表面上，这时就必须设置 Entity 的某个属性以满足这个要求。对于 Entity 绘制的实体，除 polyline 对象必须通过设置 clampToGround 属性为 true 来控制实体贴地之外，其余的对象都通过 heightReference 或 classificationType 属性来控制实体贴地。

在 Entity 绘制的实体中，有的包括 heightReference 属性，有的包括 classificationType 属性，也有的两者都包括。heightReference 属性表示绘制的实体相对于地形的位置；classificationType 属性表示针对地形或 3D Tiles 进行分类，分别如表 5-1 和表 5-2 所示。

表 5-1 heightReference 属性介绍

取 值	说 明
Cesium.HeightReference.NONE	该位置是绝对的
Cesium.HeightReference.CLAMP_TO_GROUND	该位置固定在地形上
Cesium.HeightReference.RELATIVE_TO_GROUND	该位置高度是指地形上方的高度

表 5-2 classificationType 属性介绍

取 值	说 明
Cesium.ClassificationType.CESIUM_3D_TILE	仅 3D Tiles 被分类
Cesium.ClassificationType.TERRAIN	仅地形被分类
Cesium.ClassificationType.BOTH	地形和 3D Tiles 均被分类

要想绘制贴地图形，就必须加载地形数据。首先，使用 Cesium.createWorldTerrain 方法创建 Cesium 在线地形数据并赋给变量 terrainModels。

```
var terrainModels = Cesium.createWorldTerrain();
```

然后，在实例化 Viewer 对象时，传入配置项 terrainProvider 的值 "terrainModels"，即可加载 Cesium 自己封装的全球在线地形数据。

```
var viewer = new Cesium.Viewer("cesiumContainer", {
    terrainProvider: terrainModels,    //加载全球在线地形数据
    animation: false,                  //是否显示动画工具
    timeline: false,                   //是否显示时间轴工具
fullscreenButton: false,               //是否显示全屏按钮工具
});
```

1. 贴地点

5.2.1 节已经详细介绍过如何绘制各类实体，下面将不再赘述整个绘制过程。要想绘制贴

地点，只需在绘制点时先为 point 对象添加属性 heightReference，并将其值设置为
"Cesium.HeightReference.CLAMP_TO_GROUND"，即可开启贴地。

```
var addPoint = {
   id:'point',
   name:'点',
   show: true,                                              //显示
   position: Cesium.Cartesian3.fromDegrees(118, 32),
   point: {
      color: Cesium.Color.BLUE,                             //颜色
      pixelSize: 50,                                        //点大小
      disableDepthTestDistance:Number.POSITIVE_INFINITY,
      heightReference:Cesium.HeightReference.CLAMP_TO_GROUND //贴地
   }
}
```

然后，通过 viewer.entities.add 方法将该实体添加到场景中，效果如图 5-6 所示。

```
viewer.entities.add(addPoint);
```

图 5-6 贴地点效果

2. 贴地线

要想绘制贴地线，只需在绘制线时先为 polyline 对象添加属性 clampToGround，并将其值设置为"true"，即可开启贴地。

```
var addLine = {
   id: 'line',
   name:'线',
   show: true,                              //显示
```

```
polyline: {
    positions: Cesium.Cartesian3.fromDegreesArray([118, 30, 119, 32, 116,35]),
    width: 2,                          //线条宽度
    material: Cesium.Color.RED,        //线条材质
    clampToGround: true                //贴地
 }
}
```

然后，通过 viewer.entities.add 方法将该实体添加到场景中，效果如图 5-7 所示。

```
viewer.entities.add(addLine);
```

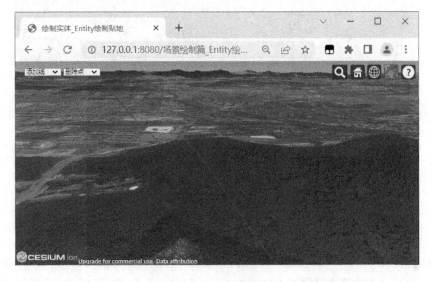

图 5-7 贴地线效果

3．贴地面

要想绘制贴地面，只需在绘制面时先为 polygon 对象添加属性 classificationType，并将其值设置为"Cesium.ClassificationType.BOTH"（表示绘制的面既可以贴合地形也可以贴合 3D Tiles），或者设置为"Cesium.ClassificationType.TERRAIN"（表示仅贴合地形），即可开启贴地。

```
var addPolygon = {
    id:'polygon',
    name: '面',
    show:true,
    polygon: {
         hierarchy: Cesium.Cartesian3.fromDegreesArray([118, 30, 119, 32,116, 32,116,30]),
         //outline: false,
         material: Cesium.Color.RED.withAlpha(0.4),
         classificationType:Cesium.ClassificationType.BOTH ,  //贴地
```

```
    }
}
```

然后，通过 viewer.entities.add 方法将该实体添加到场景中，效果如图 5-8 所示。

```
viewer.entities.add(addPolygon);
```

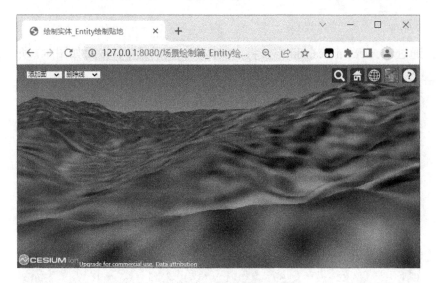

图 5-8　贴地面效果

4．贴地矩形

绘制贴地矩形和绘制贴地面一样，只需在绘制矩形时先为 rectangle 对象添加属性 classificationType，并将其值设置为"Cesium.ClassificationType.BOTH"，或者设置为"Cesium. ClassificationType.TERRAIN"，即可开启贴地。

```
var addRectangle = {
    id:'rectangle',
    name: '矩形',
    show:true,
    rectangle: {
        coordinates: Cesium.Rectangle.fromDegrees(80.0, 30.0, 100.0, 35.0),
        material: Cesium.Color.BLUE.withAlpha(0.5),
        classificationType:Cesium.ClassificationType.BOTH , //贴地
    }
}
```

然后，通过 viewer.entities.add 方法将该实体添加到场景中，效果如图 5-9 所示。

```
viewer.entities.add(addRectangle);
```

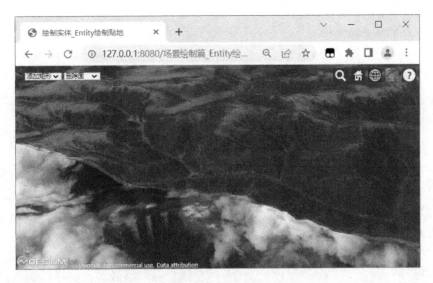

图 5-9　贴地矩形效果

5. 贴地椭圆

绘制贴地椭圆也和绘制贴地面一样，只需在绘制椭圆时先为 ellipse 对象添加属性 classificationType，并将其值设置为"Cesium.ClassificationType.BOTH"，或者设置为"Cesium.ClassificationType.TERRAIN"，即可开启贴地。

```
var addEllipse = {
    id:'ellipse',
    name: '椭圆',
    show:true,
    position: Cesium.Cartesian3.fromDegrees(103.0, 40.0),
    ellipse: {
        semiMinorAxis: 250000.0,                              //短半轴长度
        semiMajorAxis: 400000.0,                              //长半轴长度
        material: Cesium.Color.RED.withAlpha(0.5),
        classificationType:Cesium.ClassificationType.BOTH ,   //贴地
    }
}
```

然后，通过 viewer.entities.add 方法将该实体添加到场景中，效果如图 5-10 所示。

```
viewer.entities.add(addEllipse);
```

6. 贴地走廊

绘制贴地走廊也和绘制贴地面一样，只需在绘制走廊时先为 corridor 对象添加属性 classificationType，并将其值设置为"Cesium.ClassificationType.BOTH"，或者设置为"Cesium.ClassificationType.TERRAIN"，即可开启贴地。

图 5-10 贴地椭圆效果

```
var addCorridor = {
   id:'corridor',
   name: '走廊',
   show:true,
   corridor: {
      positions: Cesium.Cartesian3.fromDegreesArray([
         100.0, 40.0,
         105.0, 40.0,
         105.0, 35.0
      ]),
      width: 200000.0,
      material: Cesium.Color.YELLOW.withAlpha(0.5),
      classificationType:Cesium.ClassificationType.BOTH , //贴地
   }
}
```

然后，通过 viewer.entities.add 方法将该实体添加到场景中，效果如图 5-11 所示。

```
viewer.entities.add(addCorridor);
```

7. 贴地模型

在加载 glb、glTF 模型时，如果需要绘制贴地模型，则只需在添加模型时先为 model 对象添加属性 heightReference，并将其值设置为 "Cesium.HeightReference.CLAMP_TO_GROUND"，即可开启贴地。

图 5-11 贴地走廊效果

```
var heading = Cesium.Math.toRadians(60);                    //模型航向
var pitch = 0;                                              //俯仰角
var roll = 0;                                               //翻滚角
var hpr = new Cesium.HeadingPitchRoll(heading, pitch, roll);
var addModel = {
   id: 'model',                                             //id 唯一
   name: '小车模型',                                        //名称
   show: true,                                              //显示
   position: Cesium.Cartesian3.fromDegrees(118, 32),        //模型位置
     orientation: Cesium.Transforms.headingPitchRollQuaternion(
       Cesium.Cartesian3.fromDegrees(118, 32), hpr),        //小车方向
   model: {
     uri: './3D 格式数据/glTF/CesiumMilkTruck.gltf',
     minimumPixelSize: 30,                                  //模型最小
     maximumScale: 50000,                                   //模型最大
     scale: 30,                                             //当前比例
     heightReference:Cesium.HeightReference.CLAMP_TO_GROUND //贴地
   }
}
```

然后，通过 viewer.entities.add 方法将该实体添加到场景中，效果如图 5-12 所示。
```
viewer.entities.add(addModel);
```

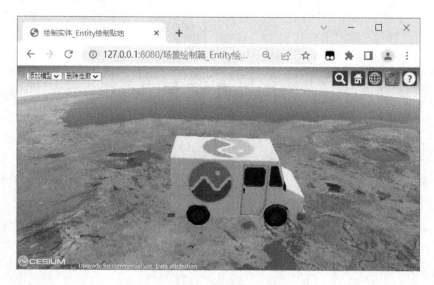

图 5-12　贴地模型效果

5.2.3　Entity 管理

对于 Entity 绘制的几何对象来说,默认的材质样式都比较简单,可能并不能满足实际需求,这时就需要我们手动设置想要的材质以满足需求。材质通常可以被认为是几何对象表面的样式,例如,绘制出来的几何对象颜色或者某种特殊的纹理图案等。Cesium 为 Entity 绘制的几何对象提供了 MaterialProperty 类,以供用户对材质进行修改和设置。

MaterialProperty 类是一个抽象类,我们不能直接对它进行实例化,只能通过实例化它的子类(如 ColorMaterialProperty 类、ColorMaterialProperty 类等)来对 Entity 材质进行自定义设置。下面将举例说明 Entity 材质修改及针对 Entity 进行增删管理等。

本节的 Entity 管理是在 5.2.1 节中绘制的 Entity 实体基础上进行的,由于 5.2.1 节已经介绍了各种实体的绘制,因此本节将直接使用已经绘制好的 Entity 实体进行材质修改、实体管理等。

首先,在 HTML 的<style></style>中添加样式 toolbar,用于控制工具栏的位置及样式。

```
<style>
.toolbar {
    position: absolute;
    top: 10px;
    left: 20px;
    background-color: rgb(0, 0, 0, 0);
}
</style>
```

然后,创建一个 Div,将 id 设置为"menu",class 设置为"toolbar"。

```
<div id="menu" class="toolbar">
</div>
```

1. 虚线

首先,在 Div 中添加一个 select(下拉列表),将 id 设置为"dropdown",并绑定 onchange 事件回调函数 edit。

```
<select id="dropdown" onchange="edit()">
</select>
```

然后,在 select 中添加两个 option(选项):第一个 option 的 value 为"edit0",文本值为 "null",作为 select 默认选项;第二个 option 的 value 为"edit1",文本值为"虚线"。

```
<select id="dropdown" onchange="edit()">
    <option value="edit0">null</option>
    <option value="edit1">虚线</option>
</select>
```

接着,定义变量 dropdown,通过 document.getElementById('dropdown')获取创建的 Div。

```
var dropdown = document.getElementById('dropdown');
```

最后,定义回调函数 edit。当选择 option 时,判断选择的 option 的 value 并执行相应的代码,如果选择的 option 的 value 为"edit1",则修改已绘制好的线条(即 5.2.1 节中的 addLine 对象)材质为虚线。Cesium 为用户提供了 PolylineDashMaterialProperty 类来设置虚线,只需在修改线条材质时实例化一个 PolylineDashMaterialProperty 对象即可。虚线效果如图 5-13 所示。

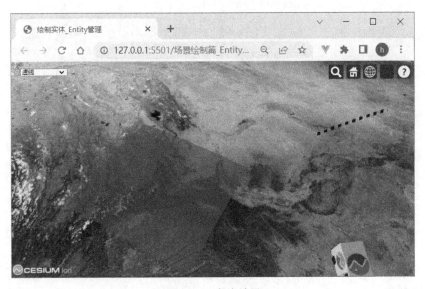

图 5-13 虚线效果

```
function edit(){
    switch (dropdown.value){
        case 'edit1':
```

```
            addLine.polyline.material = new Cesium.PolylineDashMaterialProperty({
                color: Cesium.Color.BLUE,
            });
            break;
        default:break;
    }
}
```

2. 箭头线

首先，在 select 中添加一个 option，设置其 value 为"edit2"，文本值为"箭头线"。

```
<option value="edit2">箭头线</option>
```

然后，在回调函数中添加相应的执行代码。当选择的 option 的 value 为"edit2"时，修改已绘制好的线条（即 5.2.1 节中的 addLine 对象）材质为箭头线。Cesium 为用户提供了 PolylineArrowMaterialProperty 类来设置箭头线，只需在修改材质时实例化一个 PolylineArrowMaterialProperty 对象即可，效果如图 5-14 所示。下面不再重复展示完整回调函数的代码，仅展示核心代码。

```
addLine.polyline.material=new Cesium.PolylineArrowMaterialProperty(
Cesium.Color.CYAN);
```

图 5-14　箭头线效果

3. 修改颜色

首先，在 select 中添加一个 option，设置其 value 为"edit3"，文本值为"修改颜色"。

```
<option value="edit3">修改颜色</option>
```

然后，在回调函数中添加相应的执行代码。当选择的 option 的 value 为 "edit3" 时，修改已绘制好的面（即 5.2.1 节中的 addPolygon 对象）填充色为蓝色并设置透明度为 0.6，也可以直接通过 Cesium 中的 Color 类进行设置，效果如图 5-15 所示。

```
addPolygon.polygon.material = Cesium.Color.BLUE.withAlpha(0.6);
```

图 5-15　修改颜色后的效果

4．添加条纹

首先，在 select 中添加一个 option，设置其 value 为 "edit4"，文本值为 "添加条纹"。

```
<option value="edit4">添加条纹</option>
```

然后，在回调函数中添加相应的执行代码。当选择的 option 的 value 为 "edit4" 时，创建一个 StripeMaterialProperty 对象，并传入如下配置项：orientation，用于定义条纹方向为垂直；evenColor，用于指定第一个条纹颜色；oddColor，用于指定第二个条纹颜色；repeat，用于指定重复次数。

最后，修改已绘制好的面（即 5.2.1 节中的 addPolygon 对象）填充色为条纹状，效果如图 5-16 所示。

```
var stripeMaterial = new Cesium.StripeMaterialProperty({
    orientation: Cesium.StripeOrientation.VERTICAL,
    evenColor: Cesium.Color.WHITE,
    oddColor: Cesium.Color.BLACK,
    repeat: 16,
});
addPolygon.polygon.material = stripeMaterial;
```

5．添加边框

首先，在 select 中添加一个 option，设置其 value 为 "edit5"，文本值为 "添加边框"。

```
<option value="edit5">添加边框</option>
```

图 5-16 添加条纹后的效果

然后，在回调函数中添加相应的执行代码。当选择的 option 的 value 为 "edit5" 时，在已绘制好面（即 5.2.1 节中的 addPolygon 对象）基础上，设置 outline 属性为 "true"，用于开启边框；outlineColor 属性为 "Cesium.Color.YELLOW"，用于指定边框颜色；outlineWidth 属性为 "10"，用于指定边框宽度，效果如图 5-17 所示。

```
addPolygon.polygon.outline = true;
addPolygon.polygon.outlineColor = Cesium.Color.YELLOW;
addPolygon.polygon.outlineWidth = 10;
```

图 5-17 添加边框后的效果

6. 添加拉伸

首先，在 select 中添加一个 option，设置其 value 为"edit6"，文本值为"添加拉伸"。

```
<option value="edit6">添加拉伸</option>
```

然后，在回调函数中添加相应的执行代码。当选择的 option 的 value 为"edit6"时，在已绘制的面（即 5.2.1 节中的 addPolygon 对象）基础上，设置 extrudedHeight 属性为"100000"，用于指定拉伸高度，效果如图 5-18 所示。

```
addPolygon.polygon.extrudedHeight = 100000;
```

图 5-18　添加拉伸后的效果

7. 添加贴图

首先，在 select 中添加一个 option，设置其 value 为"edit7"，文本值为"添加贴图"。

```
<option value="edit7">添加贴图</option>
```

然后，在回调函数中添加相应的执行代码。当选择的 option 的 value 为"edit7"时，在已绘制的面（即 5.2.1 节中的 addPolygon 对象）基础上，设置 material 属性为贴图的图片 URL，效果如图 5-19 所示。

```
addPolygon.polygon.material = "./RasterImage/图片/single.jpg";
```

8. 修改角度

首先，在 select 中添加一个 option，设置其 value 为"edit8"，文本值为"修改角度"。

```
<option value="edit8">修改角度</option>
```

图 5-19 添加贴图后的效果

然后，在回调函数中添加相应的执行代码。当选择的 option 的 value 为 "edit8" 时，将已添加好的模型的 orientation 属性在当前航向基础上加 15°。先对变量 degree 赋值 degree+15，再通过 Cesium.Transforms.headingPitchRollQuaternion 方法在其他原有参数不变的基础上修改新的航向为 degree，效果如图 5-20 和图 5-21 所示。

```
degree += 15;
addModel.orientation = Cesium.Transforms.headingPitchRollQuaternion(
    Cesium.Cartesian3.fromDegrees(118, 30, 5000),
    new Cesium.HeadingPitchRoll(Cesium.Math.toRadians(degree), 0, 0))
```

图 5-20 修改角度前的效果

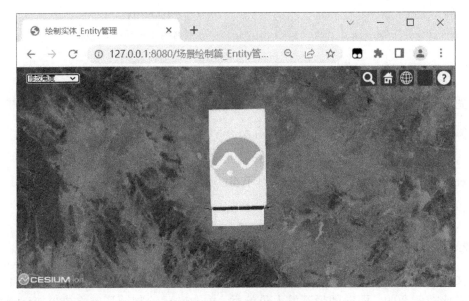

图 5-21　修改角度后的效果

9. 显示与隐藏

首先，在 select 中添加一个 option，设置其 value 为 "edit9"，文本值为 "显示与隐藏"。

```
<option value="edit9">显示与隐藏</option>
```

然后，在回调函数中添加相应的执行代码。当选择的 option 的 value 为 "edit9" 时，判断已绘制的面（即 5.2.1 节中的 addPolygon 对象）是否显示，如果显示，则调整属性 show，将其隐藏；如果隐藏，则调整属性 show，将其显示。

```
if (addPolygon.show != false)
   addPolygon.show = false;
else {
   addPolygon.show = true;
}
```

10. 移除单个实体

首先，在 select 中添加一个 option，设置其 value 为 "edit10"，文本值为 "移除单个实体"。

```
<option value="edit10">移除单个实体</option>
```

然后，在回调函数中添加相应的执行代码。当选择的 option 的 value 为 "edit10" 时，通过 viewer.entities.remove 方法直接移除 Entity 实体，或者通过 viewer.entities.removeById 方法根据实体的 id 移除实体，例如，移除 5.2.1 节中已绘制好的椭球体 "addEllipsoid"，其 id 为 "ellipsoid"，两种方法均可使用。

```
viewer.entities.remove(addEllipsoid);           //直接移除实体
viewer.entities.removeById("ellipsoid");        //根据实体的 id 移除实体
```

11. 移除全部实体

首先，在 select 中添加一个 option，设置其 value 为"edit11"，文本值为"移除全部实体"。

```
<option value="edit11">移除全部实体</option>
```

然后，在回调函数中添加相应的执行代码。当选择的 option 的 value 为"edit11"时，通过 viewer.entities.removeAll 方法直接移除所有 Entity 实体。

```
viewer.entities.removeAll();//移除集合中全部实体
```

5.2.4 Primitive 绘制图形

前文介绍了 Entity 绘制实体的方式及相关的 Entity 管理，并且已经讲过，Primitive 其实是一种比较复杂的、面向图形开发人员的类。Primitive 绘制图形的方式更接近渲染引擎底层。

Primitive 绘制的图形由两部分组成：第一部分为几何形状（Geometry），用于定义 Primitive 图形的结构，如面、椭圆、线条等；第二部分为外观（Appearance），主要用于定义 Primitive 图形的渲染着色，通俗来讲，就是定义 Primitive 图形的外观材质。

Cesium 支持线段、面、矩形、椭圆、走廊、柱体、球体等多种几何图形，如表 5-3 所示（此处列举常用的几何图形，具体的可以查看 Geometry 相关 API）。

表 5-3 几何形状

几 何 形 状	描 述
PolylineGeometry	可以具有一定宽度的多段线
PolygonGeometry	可以有空洞或者拉伸高度的多边形
EllipseGeometry	椭圆或者拉伸的椭圆
CircleGeometry	圆或者拉伸的圆
CorridorGeometry	走廊，沿地表且具有一定宽度
RectangleGeometry	矩形或者拉伸的矩形
WallGeometry	具有一定高度的墙
BoxGeometry	以原点为中心点的立方体
EllipsoidGeometry	以原点为中心点的椭球体
CylinderGeometry	圆柱体或圆锥体
SphereGeometry	以原点为中心点的球体

外观在 Primitive 中是唯一的，虽然 Primitive 中可以有多个几何实例，但是只能有一个外观。外观定义了 GLSL（OpenGL 着色语言，OpenGL Shading Language）顶点着色器和片段着色器，一般来讲，这部分是无须用户考虑的，都已经在外观中封装好了，除非用户有特殊要

求，比如需要制作动态纹理，定义特定的外观。此外，外观还可以定义渲染状态，如半透明（translucent）和闭合（closed）。一旦渲染状态被定义后，就不可以被更改，但是 material 属性可以被更改。Cesium 支持的几何外观如表 5-4 所示。

表 5-4　Cesium 支持的几何外观

几何外观	描述
MaterialAppearance	任意几何外观，支持使用材质着色
EllipsoidSurfaceAppearance	椭球体表面的几何外观，不支持几何体
PerInstanceColorAppearance	让几何形状使用自定义颜色着色
PolylineMaterialAppearance	多线段的几何外观，支持使用材质着色
PolylineColorAppearance	使用每个片段或顶点的颜色来着色多线段

每一个 Primitive 图形都是由几何形状和外观组成的，但是值得注意的是，并不是所有的几何形状和外观都可以任意搭配，例如，EllipsoidSurfaceAppearance 与 BoxGeometry、CylinderGeometry 等几何体不能搭配使用。下面将举例介绍 Primitive 绘制各种几何图形的方式。

1. 线

首先，定义几何形状。创建一个变量 polyline，并通过 new Cesium.GeometryInstance 实例化一个 Geometry 对象，在传入的配置对象中添加属性 geometry，值为实例化的 PolylineGeometry 几何对象。

```
var polyline = new Cesium.GeometryInstance({
    geometry: new Cesium.PolylineGeometry({})
});
```

在实例化 PolylineGeometry 几何对象时传入的配置对象中，添加属性 positions，值为一个通过 Cesium.Cartesian3.fromDegreesArray 方法转换为笛卡儿空间直角坐标的坐标点数组，用于指定线段的坐标点；添加属性 width，值为 "2.0"，用于指定线段的宽度。

```
//定义几何形状
var polyline = new Cesium.GeometryInstance({
    geometry: new Cesium.PolylineGeometry({
        positions: Cesium.Cartesian3.fromDegreesArray([
            108.0, 31.0,
            100.0, 36.0,
            105.0, 39.0
        ]),
        width: 2.0
    })
});
```

然后，定义外观。创建一个变量 polylineAppearance，并实例化一个 PolylineMaterialAppearance

对象，用于定义几何形状 polyline 的外观，同时，在传入的配置对象中添加属性 material，值为"Cesium.Material.fromType('Color')"，用于指定外观的材质类型为颜色。

```
//定义外观
var polylineAppearance = new Cesium.PolylineMaterialAppearance({
    material: Cesium.Material.fromType('Color')
})
```

接着，通过 new Cesium.Primitive 创建一个 Primitive 对象，设置名称为"addPolylineGeometry"，并在传入的配置对象中添加属性 geometryInstances，值为"polyline"，即前面定义的几何形状，用于指定 Primitive 图形的几何形状为线；添加属性 appearance，值为"polylineAppearance"，即前面定义的外观，用于指定 Primitive 图形的外观。

```
//创建 Primitive 对象
var addPolylineGeometry = new Cesium.Primitive({
   geometryInstances: polyline,
   appearance: polylineAppearance
})
```

最后，通过 viewer.scene.primitives.add 方法将该 Primitive 图形添加到场景中。

```
viewer.scene.primitives.add(addPolylineGeometry);
```

2. 面

首先，定义几何形状。创建一个变量 polygon，并通过 new Cesium.GeometryInstance 实例化一个 Geometry 对象，在传入的配置对象中添加属性 geometry，值为实例化的 PolygonGeometry 几何对象。

```
var polygon = new Cesium.GeometryInstance({
   geometry: new Cesium.PolygonGeometry({})
});
```

在实例化 PolygonGeometry 几何对象时传入的配置对象中，添加属性 polygonHierarchy，值为实例化的 PolygonHierarchy 对象，其中的参数是通过 Cesium.Cartesian3.fromDegreesArray 方法转换得到的一个笛卡儿空间直角坐标点数组，用于定义多边形及其孔的线性环的层次结构。

```
//定义几何形状
var polygon = new Cesium.GeometryInstance({
   geometry: new Cesium.PolygonGeometry({
      polygonHierarchy: new Cesium.PolygonHierarchy(
         Cesium.Cartesian3.fromDegreesArray([
            108, 45,
            109, 48,
            104, 48,
```

```
            103, 45
        ])
    )
  })
});
```

然后，定义外观。创建一个变量 polygonAppearance，并实例化一个 MaterialAppearance 对象，用于定义几何形状 polygon 的外观，同时，在传入的配置对象中添加属性 material，值为"Cesium.Material.fromType('Dot')"，用于指定外观的材质类型为斑点状。

```
//定义外观
var polygonAppearance = new Cesium.MaterialAppearance({
    material: Cesium.Material.fromType('Dot'),
})
```

接着，通过 new Cesium.Primitive 创建一个 Primitive 对象，设置名称为"addPolygonGeometry"，并在传入的配置对象中添加属性 geometryInstances，值为"polygon"，即前面定义的几何形状，用于指定 Primitive 图形的几何形状为面；添加属性 appearance，值为"polygonAppearance"，即前面定义的外观，用于指定 Primitive 图形的外观。

```
//创建 Primitive 对象
var addPolygonGeometry = new Cesium.Primitive({
    geometryInstances: polygon,
    appearance: polygonAppearance
})
```

最后，通过 viewer.scene.primitives.add 方法将该 Primitive 图形添加到场景中。

```
viewer.scene.primitives.add(addPolygonGeometry);
```

3. 椭圆

首先，定义几何形状。创建一个变量 ellipse，并通过 new Cesium.GeometryInstance 实例化一个 Geometry 对象，在传入的配置对象中添加属性 geometry，值为实例化的 EllipseGeometry 几何对象。

```
var ellipse = new Cesium.GeometryInstance({
    geometry: new Cesium.EllipseGeometry({})
});
```

在实例化 EllipseGeometry 几何对象时传入的配置对象中，添加属性 center，值为通过 Cesium.Cartesian3.fromDegrees 方法转换得到的笛卡儿空间直角坐标点，用于定义椭圆中心点位置；添加属性 semiMajorAxis，值为"500000.0"，用于指定椭圆的长半轴长度，以米为单位；添加属性 semiMinorAxis，值为"300000.0"，用于指定椭圆的短半轴长度，以米为单位。

```
//定义几何形状
```

```
var ellipse = new Cesium.GeometryInstance({
    geometry: new Cesium.EllipseGeometry({
        center: Cesium.Cartesian3.fromDegrees(105, 40.0),    //中心点坐标
        semiMajorAxis: 500000.0,                              //长半轴长度
        semiMinorAxis: 300000.0,                              //短半轴长度
    })
});
```

然后，定义外观。创建一个变量 ellipseAppearance，并实例化一个 EllipsoidSurfaceAppearance 对象，用于定义几何形状 ellipse 的外观，在传入的配置对象中添加属性 material，值为 "Cesium.Material.fromType('Stripe')"，用于指定外观的材质类型为条纹状。

```
//定义外观
var ellipseAppearance = new Cesium.EllipsoidSurfaceAppearance({
    material: Cesium.Material.fromType('Stripe')
})
```

接着，通过 new Cesium.Primitive 创建一个 Primitive 对象，设置名称为 "addEllipseGeometry"，并在传入的配置对象中添加属性 geometryInstances，值为 "ellipse"，即前面定义的几何形状，用于指定 Primitive 图形的几何形状为椭圆；添加属性 appearance，值为 "ellipseAppearance"，即前面定义的外观，用于指定 Primitive 图形的外观。

```
//创建 Primitive 对象
var addEllipseGeometry = new Cesium.Primitive({
    geometryInstances: ellipse,
    appearance: ellipseAppearance
})
```

最后，通过 viewer.scene.primitives.add 方法将该 Primitive 图形添加到场景中。

```
viewer.scene.primitives.add(addEllipseGeometry);
```

4. 圆

首先，定义几何形状。创建一个变量 circle，并通过 new Cesium.GeometryInstance 实例化一个 Geometry 对象，在传入的配置对象中添加属性 geometry，值为实例化的 CircleGeometry 几何对象。

```
var circle = new Cesium.GeometryInstance({
    geometry: new Cesium.CircleGeometry({})
});
```

在实例化 CircleGeometry 几何对象时传入的配置对象中，添加属性 center，值为通过 Cesium.Cartesian3.fromDegrees 方法转换得到的笛卡儿空间直角坐标点，用于定义圆的中心点位置；添加属性 radius，值为 "300000.0"，用于指定圆的半径。

```
//定义几何形状
var circle = new Cesium.GeometryInstance({
    geometry: new Cesium.CircleGeometry({
        center: Cesium.Cartesian3.fromDegrees(100, 45.0),
        radius: 300000.0,
    })
});
```

然后，定义外观。创建一个变量circleAppearance，并实例化一个EllipsoidSurfaceAppearance对象，用于定义几何形状 circle 的外观，在传入的配置对象中添加属性 material，值为"Cesium.Material.fromType(' Grid ')"，用于指定外观的材质类型为网格状。

```
//定义外观
var circleAppearance = new Cesium.EllipsoidSurfaceAppearance({
    material: Cesium.Material.fromType('Grid')
})
```

接着，通过 new Cesium.Primitive 创建一个 Primitive 对象，设置名称为"addCircleGeometry"，并在传入的配置对象中添加属性 geometryInstances，值为"circle"，即前面定义的几何形状，用于指定 Primitive 图形的几何形状为圆；添加属性 appearance，值为"circleAppearance"，即前面定义的外观，用于指定 Primitive 图形的外观。

```
//创建 Primitive 对象
var addCircleGeometry = new Cesium.Primitive({
    geometryInstances: circle,
    appearance: circleAppearance
})
```

最后，通过 viewer.scene.primitives.add 方法将该 Primitive 图形添加到场景中。

```
viewer.scene.primitives.add(addCircleGeometry);
```

5. 走廊

首先，定义几何形状。创建一个变量 corridor，并通过 new Cesium.GeometryInstance 实例化一个 Geometry 对象，在传入的配置对象中添加属性 geometry，值为实例化的 CorridorGeometry 几何对象；添加属性对象 attributes，值为对象类型。

```
var corridor = new Cesium.GeometryInstance({
    geometry: new Cesium.CorridorGeometry({}),
    attributes: {}
});
```

在实例化 CorridorGeometry 几何对象时传入的配置对象中，添加属性 positions，值为通过 Cesium.Cartesian3. fromDegreesArray 方法转换得到的一个笛卡儿空间直角坐标点数组，用于定义走廊的位置走向；添加属性 width，值为"100000.0"，用于指定走廊的宽度。在 attributes 对象中添加属性 color，值为 "new Cesium.ColorGeometryInstanceAttribute(0.2, 0.5, 0.2, 0.7)"，用于定义实例几何图形的颜色信息。

```
var corridor = new Cesium.GeometryInstance({
   geometry: new Cesium.CorridorGeometry({
      positions: Cesium.Cartesian3.fromDegreesArray([100.0, 40.0, 105.0, 35.0, 102.0, 33.0]),
      width: 100000
   }),
   attributes: {
      color: new Cesium.ColorGeometryInstanceAttribute(0.2, 0.5, 0.2, 0.7)
   }
});
```

然后，定义外观。创建一个变量 corridorAppearance，并实例化一个 PerInstanceColorAppearance 对象，该对象允许实例几何图形自定义颜色属性。在传入的配置对象中添加属性 flat，值为 "true"，用于指定在着色过程中是否使用平面阴影；添加属性 translucent，值为 "true"，用于定义是否半透明显示。

```
var corridorAppearance = new Cesium.PerInstanceColorAppearance({
   flat: true,          //是否使用平面阴影
   translucent: true    //是否半透明显示
})
```

接着，通过 new Cesium.Primitive 创建一个 Primitive 对象，设置名称为 "addCorridorGeometry"，并在传入的配置对象中添加属性 geometryInstances，值为 "corridor"，即前面定义的几何形状，用于指定 Primitive 图形的几何形状为走廊；添加属性 appearance，值为 "corridorAppearance"，即前面定义的外观，用于指定 Primitive 图形的外观。

```
//创建 Primitive 对象
var addCorridorGeometry = new Cesium.Primitive({
   geometryInstances: corridor,
   appearance: corridorAppearance
})
```

最后，通过 viewer.scene.primitives.add 方法将该 Primitive 图形添加到场景中。

```
viewer.scene.primitives.add(addCorridorGeometry);
```

6. 矩形

首先，定义几何形状。创建一个变量 rectangle，并通过 new Cesium.GeometryInstance 实例化一个 Geometry 对象，在传入的配置对象中添加属性 geometry，值为实例化的 RectangleGeometry 几何对象。在实例化 RectangleGeometry 几何对象时传入的配置对象中，添

加属性 rectangle，值为通过 Cesium.Rectangle.fromDegrees 方法转换得到的笛卡儿空间直角坐标点数组。

```
//定义几何形状
var rectangle = new Cesium.GeometryInstance({
   geometry: new Cesium.RectangleGeometry({
      rectangle: Cesium.Rectangle.fromDegrees(95.0, 39.0, 100.0, 42.0),
   })
});
```

然后，定义外观。创建一个变量 rectangleAppearance，并实例化一个 EllipsoidSurfaceAppearance 对象，在传入的配置对象中添加属性 material，值为"Cesium.Material.fromType('Water')"，用于指定外观的材质类型为水。

```
//定义外观
var rectangleAppearance = new Cesium.EllipsoidSurfaceAppearance({
      material: Cesium.Material.fromType('Water')
})
```

接着，通过 new Cesium.Primitive 创建一个 Primitive 对象，设置名称为"addRectangleGeometry"，并在传入的配置对象中添加属性 geometryInstances，值为"rectangle"，即前面定义的几何形状，用于指定 Primitive 图形的几何形状为矩形；添加属性 appearance，值为"rectangleAppearance"，即前面定义的外观，用于指定 Primitive 图形的外观。

```
//创建 Primitive 对象
var addRectangleGeometry = new Cesium.Primitive({
   geometryInstances: rectangle,
   appearance: rectangleAppearance
})
```

最后，通过 viewer.scene.primitives.add 方法将该 Primitive 图形添加到场景中。

```
viewer.scene.primitives.add(addRectangleGeometry);
```

7．墙

首先，定义几何形状。创建一个变量 wall，并通过 new Cesium.GeometryInstance 实例化一个 Geometry 对象，在传入的配置对象中添加属性 geometry，值为实例化的 WallGeometry 几何对象。

```
var wall = new Cesium.GeometryInstance({
   geometry: new Cesium.WallGeometry({})
})
```

在实例化 WallGeometry 几何对象时传入的配置对象中添加属性 positions，值为通过 Cesium.Cartesian3.fromDegreesArrayHeights 方法转换得到的一个带高程坐标的笛卡儿空间直角坐标点数组,用于定义墙的顶点位置。

```
//定义几何形状
var wall = new Cesium.GeometryInstance({
    geometry: new Cesium.WallGeometry({
        positions: Cesium.Cartesian3.fromDegreesArrayHeights([
            107.0, 43.0, 100000.0,
            97.0, 43.0, 100000.0,
            97.0, 40.0, 100000.0,
            107.0, 40.0, 100000.0,
            107.0, 43.0, 100000.0
        ])
    })
})
```

然后,定义外观。创建一个变量 wallAppearance,并实例化一个 MaterialAppearance 对象,在传入的配置对象中添加属性 material,值为 "Cesium.Material.fromType('Color')",用于指定外观的材质类型为颜色。

```
//定义外观
var wallAppearance = new Cesium.MaterialAppearance({
    material: Cesium.Material.fromType('Color'),
})
```

接着,通过 new Cesium.Primitive 创建一个 Primitive 对象,设置名称为 "addWallGeometry",并在传入的配置对象中添加属性 geometryInstances,值为 "wall",即前面定义的几何形状,用于指定 Primitive 图形的几何形状为墙;添加属性 appearance,值为 "wallAppearance",即前面定义的外观,用于指定 Primitive 图形的外观。

```
//创建 Primitive 对象
var addWallGeometry = new Cesium.Primitive({
    geometryInstances: wall,
    appearance: wallAppearance
})
```

最后,通过 viewer.scene.primitives.add 方法将该 Primitive 图形添加到场景中。

```
viewer.scene.primitives.add(addWallGeometry);
```

8. 盒子

首先,定义变量 boxCenter,用于定义本地参考系的中心点,也就是定义的盒子的中心点,值为一个笛卡儿空间直角坐标点。

```
//本地参考系的中心点
var boxCenter= Cesium.Cartesian3.fromDegrees(106.0, 45.0);
```

然后，定义变量 transformMatrix，并使用 Transforms 类中的 eastNorthUpToFixedFrame 方法获取中心点的正东、正北及地表法线方向，在使用该方法时，传入中心点参数 boxCenter，结果是一个 Matrix4 类型的变换矩阵。

```
//变换矩阵
var transformMatrix = Cesium.Transforms.eastNorthUpToFixedFrame(boxCenter)
```

接着，定义变量 affineMatrix，并使用 Matrix4 类中的 multiplyByTranslation 方法计算变换矩阵。该方法的第一个参数为要进行变换的矩阵，即 transformMatrix；第二个参数为变换的值，类型为笛卡儿空间直角坐标（Cartesian3）；第三个参数为存储结果的对象，类型为 Matrix4。

```
//仿射变换矩阵
var affineMatrix = Cesium.Matrix4.multiplyByTranslation(
    //左侧乘的变换矩阵
    transformMatrix,//从具有东北向轴的参考帧计算 4*4 变换矩阵，以提供的原点为中心点
    //变换
    new Cesium.Cartesian3(0.0, 0.0, 80000.0),
    new Cesium.Matrix4()
)
```

然后，定义变量 boxModelMatrix，值为 Matrix4 类型的变换矩阵，用于将几何图形从模型坐标表示形式转换为世界坐标表示形式。使用 Matrix4 类中的 multiplyByUniformScale 方法进行变换矩阵的计算。该方法的第一个参数为左侧要乘的变换矩阵，即前面计算得到的 affineMatrix；第二个参数为缩放比例；第三个参数为存储结果的对象，类型为 Matrix4。

```
//将几何图形从模型坐标表示形式转换为世界坐标表示形式的变换矩阵
var boxModelMatrix = Cesium.Matrix4.multiplyByUniformScale(
    //左侧乘的变换矩阵
    affineMatrix,
    //缩放比例
    1.0,
    new Cesium.Matrix4()
);
```

接着，定义几何形状。创建一个变量 box，并通过 new Cesium.GeometryInstance 实例化一个 Geometry 对象，在传入的配置对象中添加属性 modelMatrix，值为前面计算出来的变换矩阵"boxModelMatrix"，用于定义盒子的中心点位置；添加属性 geometry，值为通过 BoxGeometry 类中的 fromDimensions 方法创建的以给定的 Cartesian3 对象作为盒子的宽度、深度和高度并以原点为中心点的立方体。

```
var box = new Cesium.GeometryInstance({
    modelMatrix: boxModelMatrix,
    geometry: Cesium.BoxGeometry.fromDimensions({
        dimensions: new Cesium.Cartesian3(200000.0, 200000.0, 200000.0)
```

```
    }),
});
```

然后，在 GeometryInstance 实例传入的配置对象中添加属性对象 attributes，并在该属性对象中添加属性 color，值为通过 Cesium.Color.fromRandom 方法设置的随机色。

```
//定义几何实体
var box = new Cesium.GeometryInstance({
    modelMatrix: boxModelMatrix,
    geometry: Cesium.BoxGeometry.fromDimensions({
        dimensions: new Cesium.Cartesian3(200000.0, 200000.0, 200000.0)
    }),
    attributes: {
        color: Cesium.ColorGeometryInstanceAttribute.fromColor(Cesium.
Color.fromRandom())
    }
});
```

接着，定义外观。创建一个变量 boxAppearance，并实例化一个 PerInstanceColorAppearance 对象，该对象允许实例几何图形自定义颜色属性。

```
//定义外观
var boxAppearance = new Cesium.PerInstanceColorAppearance()
```

然后，通过 new Cesium.Primitive 创建一个 Primitive 对象，设置名称为"addBoxGeometry"，并在传入的配置对象中添加属性 geometryInstances，值为"box"，即前面定义的几何形状，用于指定 Primitive 图形的几何形状为盒子；添加属性 appearance，值为"boxAppearance"，即前面定义的外观，用于指定 Primitive 图形的外观。

```
//创建 Primitive 对象
var addBoxGeometry = new Cesium.Primitive({
    geometryInstances: box,
    appearance: boxAppearance
})
```

最后，通过 viewer.scene.primitives.add 方法将该 Primitive 图形添加到场景中。

```
viewer.scene.primitives.add(addBoxGeometry);
```

9. 椭球体

与盒子的绘制过程类似，需要先定义本地参考系的中心点，并使用 Transforms 类中的 eastNorthUpToFixedFrame 方法获取中心点的正东、正北及地表法线方向，得到一个变换矩阵，然后使用 Matrix4 类中的 multiplyByTranslation 方法计算变换矩阵，最后通过 Matrix4 类中的 multiplyByUniformScale 方法计算用于将几何图形从模型坐标表示形式转换为世界坐标表示形式的变换矩阵，所涉及方法的具体介绍参考盒子的绘制过程，这里不再赘述。

```
//本地参考系的中心点
var ellipsoidCenter = Cesium.Cartesian3.fromDegrees(102.0, 45.0);
var ellipsoidModelMatrix = Cesium.Matrix4.multiplyByUniformScale(
   Cesium.Matrix4.multiplyByTranslation(
      Cesium.Transforms.eastNorthUpToFixedFrame(ellipsoidCenter),//转移矩阵
      new Cesium.Cartesian3(0.0, 0.0, 300000.0),
      new Cesium.Matrix4()),
   200,
   new Cesium.Matrix4()
);
```

接下来，定义几何形状。创建一个变量 ellipsoid，并通过 new Cesium.GeometryInstance 实例化一个 Geometry 对象，在传入的配置对象中添加属性 modelMatrix，值为前面计算出来的变换矩阵 ellipsoidModelMatrix，用于定义椭球体中心点的位置；添加属性 geometry，值为实例化的 EllipsoidGeometry 几何对象。在实例化 EllipsoidGeometry 几何对象时传入的配置对象中添加属性 vertexFormat，值为 "Cesium.PerInstanceColorAppearance.VERTEX_FORMAT"，用于指定几何体的顶点格式以适配外观；添加属性 radii，值为 "new Cesium.Cartesian3(800, 800, 1600)"，用于定义椭球体在 X、Y、Z 方向上的半径。

然后，在 GeometryInstance 实例传入的配置对象中添加属性对象 attributes，并在该属性对象中添加属性 color，值为通过 Cesium.Color.fromRandom 方法设置的随机色。

```
//定义几何形状
var ellipsoid = new Cesium.GeometryInstance({
   modelMatrix: ellipsoidModelMatrix,
   geometry: new Cesium.EllipsoidGeometry({
      vertexFormat: Cesium.PerInstanceColorAppearance.VERTEX_FORMAT,
      radii: new Cesium.Cartesian3(800, 800, 1600)//定义椭球体在X、Y、Z方向上的半径
   }),
   attributes: {
      color: Cesium.ColorGeometryInstanceAttribute.fromColor(Cesium.Color.
fromRandom())
   }
});
```

接着，定义外观。创建变量 ellipsoidAppearance，并实例化一个 PerInstanceColorAppearance 对象，在传入的配置对象中添加属性 translucent，值为 "false"，用于定义是否半透明显示。

```
//定义外观
var ellipsoidAppearance = new Cesium.PerInstanceColorAppearance({
   translucent: false,
});
```

然后，创建 Primitive 对象，设置名称为 "addEllipsoidGeometry"，并在传入的配置对象中

添加属性 geometryInstances，值为"ellipsoid"，即前面定义的几何形状，用于指定 Primitive 图形的几何形状为椭球体；添加属性 appearance，值为"ellipsoidAppearance"，即前面定义的外观，用于指定 Primitive 图形的外观。

```
//创建 Primitive 对象
var addEllipsoidGeometry = new Cesium.Primitive({
    geometryInstances: ellipsoid,
    appearance: ellipsoidAppearance
})
```

最后，通过 viewer.scene.primitives.add 方法将该 Primitive 图形添加到场景中。

```
viewer.scene.primitives.add(addEllipsoidGeometry);
```

10. 圆柱体

本例中将几何图形从模型坐标表示形式转换为世界坐标表示形式的变换矩阵的计算过程与盒子、椭球体中的相关步骤相同，这里直接展示代码。

```
var cylinderModelMatrix = Cesium.Matrix4.multiplyByTranslation(
    Cesium.Transforms.eastNorthUpToFixedFrame(
        Cesium.Cartesian3.fromDegrees(100.0, 40.0)//本地参考系的中心点
    ),
    new Cesium.Cartesian3(0.0, 0.0, 200000.0),
    new Cesium.Matrix4()
);
```

接下来，先定义几何形状。创建一个变量 cylinder，并通过 new Cesium.GeometryInstance 实例化一个 Geometry 对象，在传入的配置对象中添加属性 modelMatrix，值为前面计算出来的变换矩阵 cylinderModelMatrix，用于定义圆柱体的中心点位置；添加属性 geometry，值为实例化的 CylinderGeometry 几何对象。

```
//定义几何形状
var cylinder = new Cesium.GeometryInstance({
    modelMatrix: cylinderModelMatrix,
    geometry: new Cesium.CylinderGeometry(),
});
```

在实例化 CylinderGeometry 几何对象时传入的配置对象中添加属性 length，值为"400000.0"，用于定义圆柱体高度；添加属性 topRadius，值为"200000.0"，用于指定圆柱体顶面半径（当顶面半径为 0 时为圆锥体）；添加属性 bottomRadius，值为"200000.0"，用于指定圆柱体底面半径（当底面半径为 0 时为倒圆锥体）；添加属性 vertexFormat，值为"Cesium.PerInstanceColorAppearance.VERTEX_FORMAT"，用于指定几何体的顶点格式以适配外观。

然后，在 GeometryInstance 实例传入的配置对象中添加属性对象 attributes，并在该属性对象中添加属性 color，值为通过 Cesium.Color.fromRandom 方法设置的随机色。

```
//定义几何形状
var cylinder = new Cesium.GeometryInstance({
    geometry: new Cesium.CylinderGeometry({
        length: 400000.0,            //圆柱体高度
        topRadius: 200000.0,         //圆柱体顶面半径
        bottomRadius: 200000.0,      //圆柱体底面半径
        vertexFormat: Cesium.PerInstanceColorAppearance.VERTEX_FORMAT
    }),
    modelMatrix: cylinderModelMatrix,
    attributes: {
        color: Cesium.ColorGeometryInstanceAttribute.fromColor(Cesium.Color.fromRandom())
    }
});
```

接着，定义外观。创建变量 ellipsoidAppearance，并实例化一个 PerInstanceColorAppearance 对象，在传入的配置对象中添加属性 translucent，值为"false"，用于定义是否半透明显示。

```
//定义外观
var cylinderAppearance = new Cesium.PerInstanceColorAppearance({
    translucent: false,
})
```

然后，创建 Primitive 对象，设置名称为"addCylinderGeometry"，并在传入的配置对象中添加属性 geometryInstances，值为"cylinder"，即前面定义的几何形状，用于指定 Primitive 图形的几何形状为圆柱体；添加属性 appearance，值为"cylinderAppearance"，即前面定义的外观，用于指定 Primitive 图形的外观。

```
//创建 Primitive 对象
var addCylinderGeometry = new Cesium.Primitive({
    geometryInstances: cylinder,
    appearance: cylinderAppearance
})
```

最后，通过 viewer.scene.primitives.add 方法将该 Primitive 图形添加到场景中。

```
viewer.scene.primitives.add(addCylinderGeometry);
```

至此，常用的几何形状、外观及其相互配合使用的情况基本介绍完毕。Primitive 绘制图形的结果如图 5-22 所示。Cesium 还支持用户自定义材质，并根据需求制作更加炫酷、实用的材质特效，感兴趣的读者可以查阅相关 API 来自行尝试。

图 5-22　Primitive 绘制图形的结果

5.2.5　GroundPrimitive 绘制贴地图形

5.2.2 节介绍了通过 Entity 绘制贴地图形，同样地，也可以通过 GroundPrimitive 绘制贴地图形。GroundPrimitive 可以被看作 Primitive 的扩展，顾名思义，该类就是帮助用户将几何图形贴地的类，官方解释为 Scene 中的地形或 3D Tiles 上叠加的几何图形。与 Primitive 不同的是，GroundPrimitive 中的几何图形必须来自单个几何图形，目前还不支持对多个几何图形进行批处理。

Cesium 提供了专门的贴地线 GroundPolylinePrimitive 和相对应的贴地线几何图形 GroundPolylineGeometry。对于 CircleGeometry、CorridorGeometry、EllipseGeometry、PolygonGeometry 和 RectangleGeometry 等几何图形，Cesium 提供了 GroundPrimitive 类，可以实现对以上几何图形设置贴地，但不支持对立体几何图形设置贴地。下面将介绍 GroundPrimitive 绘制各种贴地图形的方式。

要想绘制贴地图形，就必须加载地形数据。首先，通过 Cesium.createWorldTerrain 方法创建 Cesium 在线地形数据并赋给变量 terrainModels。

```
var terrainModels = Cesium.createWorldTerrain();
```

然后，在实例化 Viewer 对象时，传入配置项 terrainProvider 的值"terrainModels"，即可加载 Cesium 自己封装的全球在线地形数据。

```
var viewer = new Cesium.Viewer("cesiumContainer", {
    animation: false,          //是否显示动画工具
    timeline: false,           //是否显示时间轴工具
    fullscreenButton: false,   //是否显示全屏按钮工具
    terrainProvider: terrainModels
});
```

1．贴地线

贴地线的绘制过程和 Primitive 绘制线的过程一样，只需将几何形状修改为

GroundPolylineGeometry，并且将 Primitive 绘制线时创建的 Primitive 对象修改为 GroundPrimitive 对象，其他外观等设置与 Primitive 绘制线中的一致。

```
//定义几何形状
var polyline = new Cesium.GeometryInstance({
    geometry: new Cesium.GroundPolylineGeometry({    //贴地线
        positions: Cesium.Cartesian3.fromDegreesArray([
            108.0, 31.0,
            100.0, 36.0,
            105.0, 39.0
        ]),
        width: 2.0
    })
});
//定义外观
var polylineAppearance = new Cesium.PolylineMaterialAppearance({
    material: Cesium.Material.fromType('Color')
})
//创建 GroundPrimitive 对象
var addGroundPolylinePrimitive = new Cesium.GroundPolylinePrimitive({
    geometryInstances: polyline,
    appearance: polylineAppearance
})
```

然后，通过 viewer.scene.primitives.add 方法将该 GroundPrimitive 图形添加到场景中，效果如图 5-23 所示。

```
viewer.scene.primitives.add(addGroundPolylinePrimitive);
```

图 5-23　贴地线效果

2. 贴地面

贴地面的绘制过程和 Primitive 绘制面的过程一样，只需将 Primitive 绘制面时创建的 Primitive 对象修改为 GroundPrimitive 对象，其他外观等设置与 Primitive 绘制面中的一致。下面不再展示重复代码，仅展示如何创建 GroundPrimitive 对象，绘制图形的具体步骤及介绍参见 5.2.4 节。

```
//创建 GroundPrimitive 对象
var addPolygonGroundPrimitive = new Cesium.GroundPrimitive({    //贴地面
    geometryInstances: polygon,
    appearance: polygonAppearance
})
```

然后，通过 viewer.scene.primitives.add 方法将该 GroundPrimitive 图形添加到场景中，效果如图 5-24 所示。

```
viewer.scene.primitives.add(addPolygonGroundPrimitive);
```

图 5-24 贴地面效果

3. 贴地椭圆

贴地椭圆的绘制过程与 Primitive 绘制椭圆的过程一致，只需将 Primitive 绘制椭圆时创建的 Primitive 对象修改为 GroundPrimitive 对象即可。

```
//创建 GroundPrimitive 对象
var addEllipseGroundPrimitive = new Cesium.GroundPrimitive({    //贴地椭圆
    geometryInstances: ellipse,
    appearance: ellipseAppearance
})
```

然后，通过 viewer.scene.primitives.add 方法将该 GroundPrimitive 图形添加到场景中，效果如图 5-25 所示。

```
viewer.scene.primitives.add(addEllipseGroundPrimitive);
```

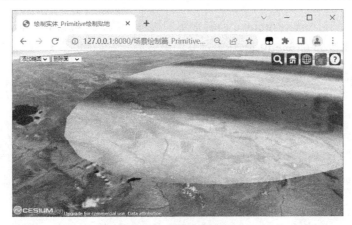

图 5-25　贴地椭圆效果

4. 贴地圆

贴地圆的绘制过程与 Primitive 绘制圆的过程一致，只需将 Primitive 绘制圆时创建的 Primitive 对象修改为 GroundPrimitive 对象即可。

```
//创建 GroundPrimitive 对象
var addCircleGroundPrimitive = new Cesium.GroundPrimitive({    //贴地圆
    geometryInstances: circle,
    appearance: circleAppearance
})
```

然后，通过 viewer.scene.primitives.add 方法将该 GroundPrimitive 图形添加到场景中，效果如图 5-26 所示。

```
viewer.scene.primitives.add(addCircleGroundPrimitive);
```

图 5-26　贴地圆效果

5. 贴地走廊

贴地走廊的绘制过程与 Primitive 绘制走廊的过程一致，只需将 Primitive 绘制走廊时创建的 Primitive 对象修改为 GroundPrimitive 对象即可。

```
//创建 GroundPrimitive 对象
var addCorridorGroundPrimitive = new Cesium.GroundPrimitive({          //贴地走廊
    geometryInstances: corridor,
    appearance: corridorAppearance
})
```

然后，通过 viewer.scene.primitives.add 方法将该 GroundPrimitive 图形添加到场景中，效果如图 5-27 所示。

```
viewer.scene.primitives.add(addCorridorGroundPrimitive);
```

图 5-27　贴地走廊效果

6. 贴地矩形

贴地矩形的绘制过程与 Primitive 绘制矩形的过程一致，只需将 Primitive 绘制矩形时创建的 Primitive 对象修改为 GroundPrimitive 对象即可。

```
//创建 GroundPrimitive 对象
var addRectangleGroundPrimitive = new Cesium.GroundPrimitive({          //贴地矩形
    geometryInstances: rectangle,
    appearance: rectangleAppearance
})
```

然后，通过 viewer.scene.primitives.add 方法将该 GroundPrimitive 图形添加到场景中，效果如图 5-28 所示。

```
viewer.scene.primitives.add(addRectangleGroundPrimitive);
```

图 5-28　贴地矩形效果

5.2.6　Primitive 管理

前面讲到，一个 Primitive 图形是由两部分组成的：第一部分为几何形状（Geometry），用于定义 Primitive 图形的结构；第二部分为外观（Appearance），主要用于定义 Primitive 图形的渲染着色。

Primitive 中可以有多个几何实例，即我们可以通过 Primitive 绘制多个几何对象，但是多个几何对象只能使用一个外观，这可以称为合并绘制几何图形。本节将举例演示合并绘制几何图形、拾取几何图形、修改实例属性及移除 Primitive 对象等问题。

1．合并绘制几何图形

首先，定义变量 instances，用来存储几何实例，然后使用嵌套 for 循环在场景中绘制 2592 个铺满整个地球的半透明、颜色随机的矩形[1]，每个矩形的 id 为该矩形第一个点坐标的经纬度拼接的字符串（如 105-40），并将它们全部添加到 instances 中，绘制矩形的步骤及参数详解参见 5.2.4 节，这里不再重复。

```
//合并多个矩形
var instances = []; //存储几何实例
for (var lon = -180.0; lon < 180.0; lon += 5.0) {
    for (var lat = -85.0; lat < 85.0; lat += 5.0) {
        instances.push(new Cesium.GeometryInstance({
            geometry: new Cesium.RectangleGeometry({
                rectangle: Cesium.Rectangle.fromDegrees(lon, lat, lon + 5.0, lat
+ 5.0),
                vertexFormat: Cesium.PerInstanceColorAppearance.VERTEX_FORMAT
            }),
```

---

[1] 该部分引自微信公众号 giserYZ2SS。

```
            id: lon + "-" + lat,
            attributes: {
                color: Cesium.ColorGeometryInstanceAttribute.fromColor(
                    Cesium.Color.fromRandom(
                        {
                            alpha: 0.6
                        }
                    )
                )
            }
        }));
    }
}
```

然后，通过 new Cesium.Primitive 创建一个 Primitive 对象，设置名称为"mergeInstances"，并在传入的配置对象中添加属性 geometryInstances，值为"instances"，即前面定义的全部矩形的集合；添加属性 appearance，值为"new Cesium.PerInstanceColorAppearance()"，即使用实例几何图形自定义颜色属性来指定 Primitive 图形的外观。

```
//创建 Primitive 对象
var mergeInstances = new Cesium.Primitive({
    geometryInstances: instances,
    appearance: new Cesium.PerInstanceColorAppearance()
})
```

最后，通过 viewer.scene.primitives.add 方法将该 Primitive 图形添加到场景中，效果如图 5-29 所示。

```
viewer.scene.primitives.add(mergeInstances);
```

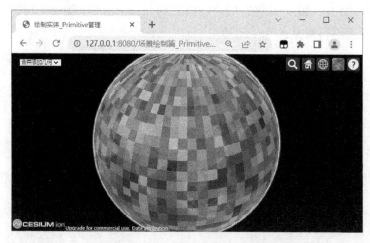

图 5-29　合并绘制几何图形的效果

2. 拾取几何图形

Cesium 中有多种拾取方法，其中，Scene 类中的 Pick 方法用于拾取指定位置顶端的一个 Primitive 属性对象。我们可以通过该方法来获取几何图形，并对其进行某些操作。

首先，定义变量 handler，并实例化一个 ScreenSpaceEventHandler 对象。

```
var handler = new Cesium.ScreenSpaceEventHandler(viewer.scene.canvas);
```

然后，注册鼠标左键单击事件 LEFT_CLICK，并通过 setInputAction 设置要在鼠标左键单击事件上执行的功能。在鼠标左键单击事件回调函数中，定义变量 pick，用于获取鼠标单击位置顶端的一个 Primitive 属性对象，并弹窗提示拾取的几何图形 id，如图 5-30 所示。

```
var handler = new Cesium.ScreenSpaceEventHandler(viewer.scene.canvas);
handler.setInputAction(function (movement) {
   var pick = viewer.scene.pick(movement.position);
   alert('单击实例id为：'+pick.id)
}, Cesium.ScreenSpaceEventType.LEFT_CLICK);
```

图 5-30 提示拾取的几何图形 id

3. 修改实例属性

在定义外观时，可以定义渲染状态，如半透明（translucent）和闭合（closed），且这些属性一旦被定义，就不可以被修改，但是像颜色等属性在定义后仍然可以被修改。下面我们以上面创建的 Primitive 对象（mergeInstances）为例说明如何修改一个实例的外观颜色属性。

首先，定义变量 attributes。然后，使用 Primitive 对象的 getGeometryInstanceAttributes 方法，根据几何实例的 id 来得到该实例的可修改属性。

```
//获取可修改属性
var attributes = mergeInstances.getGeometryInstanceAttributes('105-40');
```

最后，修改该实例的颜色属性为随机色，且透明度设置为"1"，效果如图 5-31 所示。

```
//修改实例颜色属性
attributes.color = Cesium.ColorGeometryInstanceAttribute.toValue(Cesium.Color.fromRandom({
    alpha: 1.0
})));
```

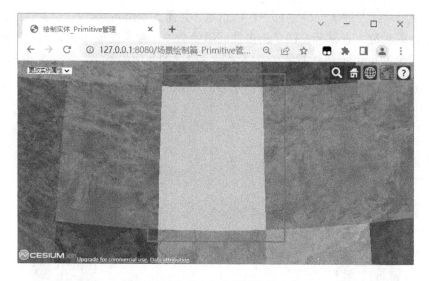

图 5-31　修改实例颜色属性的效果

4. 移除指定 Primitive 对象

Cesium 提供了 viewer.scene.primitives.remove 方法来移除指定的 Primitive 对象。例如，要想移除名为 mergeInstances 的 Primitive 对象，可直接使用 viewer.scene.primitives.remove(mergeInstances)。

```
viewer.scene.primitives.remove(mergeInstances)        //移除指定 Primitive 对象
```

5. 移除全部 Primitive 对象

Cesium 提供了 viewer.scene.primitives.removeAll 方法来移除集合中所有的 Primitive 对象。

```
viewer.scene.primitives.removeAll()                   //移除全部 Primitive 对象
```

无论使用 Entity 方式还是 Primitive 方式，用户都可以绘制各种几何图形，不同的是，Entity 方式更为简单，而 Primitive 方式更接近于 WebGL 底层，较为复杂。Entity 已经封装得很完整了，用户可以很方便地调用它，但是由于 Entity 封装时添加了各种附加属性，其效率不如 Primitive，因此在绘制大量几何图形时，使用 Primitive 方式能够显著提高加载效率。如果通过 Entity 方式绘制大量几何图形，则计算机内存消耗可能过大，甚至直接导致浏览器崩溃。

5.2.7 交互绘制

前文已经介绍了 Cesium 中的坐标系统及其转换关系和各种几何图形的绘制方法，但是前文所讲述的几何图形绘制均是通过传入固定坐标点来进行绘制的，很难满足实际生产需求。下面将根据前面所学的坐标系统和几何图形绘制来实现在倾斜摄影三维模型场景中交互绘制点、线、面、圆、矩形，以及单击添加模型的功能。

Cesium 交互绘制的主要实现原理是先加载倾斜摄影三维模型，然后创建类型选项框来切换不同类型的几何图形，接着通过监听鼠标左键单击事件，获取单击点坐标，并监听鼠标移动事件，动态地绘制几何图形，最后在结束时删除动态绘制的图形，并绘制最终结果图。

首先，在网页的<head>标签中引入 Cesium.js 库文件。该文件定义了 Cesium 的对象，几乎包含了我们需要的一切。然后，为了能够使用 Cesium 中的各个可视化控件，我们还需要在网页的<head>标签中引入 widgets.css 文件。

```
<script src="./Build/Cesium/Cesium.js"></script>
<link rel="stylesheet" href="./Build//Cesium//Widgets/widgets.css">
```

（1）在 HTML 的<style></style>中添加样式 cesiumContainer、toolbar，用于控制地球容器和工具栏的位置及样式。

```
<style>
    html,
    body,
    #cesiumContainer {
        width: 100%;
        height: 100%;
        margin: 0;
        padding: 0;
        overflow: hidden;
    }

    .toolbar {
        position: absolute;
        top: 10px;
        left: 20px;
        background-color: rgb(0, 0, 0, 0);
    }
</style>
```

（2）创建一个 Div，设置 id 为"cesiumContainer"，用于承载整个 Cesium 场景；再创建一个 Div，设置 id 为"menu"，class 为"toolbar"。在第二个 Div 中添加一个 select，设置 id 为"dropdown"，绑定 onchange 事件回调函数 draw，并在 select 中添加多个 option，用于切换绘制模式。

```
<div id="cesiumContainer">
</div>
```

```
<div id="menu" class="toolbar">
    <select id="dropdown" onchange="draw()">
        <option value="null">null</option>
        <option value="drawPoint">绘制点</option>
        <option value="drawLine">绘制线</option>
        <option value="drawPolygon">绘制面</option>
        <option value="drawCircle">绘制圆</option>
        <option value="drawRectangle">绘制矩形</option>
        <option value="drawModel">添加模型</option>
        <option value="clear">清除</option>
    </select>
</div>
```

（3）添加 token 并实例化 Viewer 对象，在传入的配置对象参数中添加 terrainProvider，并通过 Cesium.createWorldTerrain 添加在线地形数据。

```
Cesium.Ion.defaultAccessToken = '你的token';
var viewer = new Cesium.Viewer("cesiumContainer", {
    terrainProvider: Cesium.createWorldTerrain(),    //添加在线地形数据
    animation: false,                                //是否显示动画工具
    timeline: false,                                 //是否显示时间轴工具
    fullscreenButton: false,                         //是否显示全屏按钮工具
});
```

（4）开启 Cesium 地形检测。在开启地形检测后，会计算其他地理要素和地形之间的遮挡关系；在未开启地形检测时，将会出现场景变化时地物位置显示不正确的情况。

```
//开启地形检测
viewer.scene.globe.depthTestAgainstTerrain = true;
```

（5）使用 Cesium3DTileset 类加载倾斜摄影三维模型并定位到倾斜摄影三维模型的位置。

```
//加载倾斜摄影三维模型
var tileset = viewer.scene.primitives.add(
    new Cesium.Cesium3DTileset({
        url: './倾斜摄影/大雁塔3DTiles/tileset.json'
    })
);
//定位过去
viewer.zoomTo(tileset);
```

（6）定义变量 activeShapePoints，用于存储动态点数组；activeShape，用于存储动态图形；floatingPoint，用于存储第一个点并判断是否开始获取鼠标移动结束位置；drawingMode，用于指定绘制模式。

```
var activeShapePoints = [];//存储动态点数组
var activeShape;            //存储动态图形
```

```
var floatingPoint;    //存储第一个点并判断是否开始获取鼠标移动结束位置
var drawingMode;      //指定绘制模式
```

（7）开始封装绘制点、添加模型的函数，这里可以使用 Entity 方式进行绘制。定义绘制点的函数名为 drawPoint，形参为 position，该参数用来定义点的位置，具体绘制点的过程参见 5.2.1 节，这里不再重复，函数返回值为一个 Entity 类型的点。定义添加模型的函数名为 addModel，形参为 position，该参数用来定义添加模型的位置。

```
//绘制点
function drawPoint(position) {
    var pointGeometry = viewer.entities.add({
        name: "点几何对象",
        position: position,
        point: {
            color: Cesium.Color.SKYBLUE,
            pixelSize: 6,
            outlineColor: Cesium.Color.YELLOW,
            outlineWidth: 2,
            //disableDepthTestDistance: Number.POSITIVE_INFINITY
        }
    });
    return pointGeometry;
};
//添加模型
function addModel(position) {
    var ceshi = viewer.entities.add({
        name:'小车模型',
        position: position,
        model:{
            uri: './3D 格式数据/glTF/CesiumMilkTruck.gltf',
            scale: 2     //放大倍数
        }
    })
}
```

（8）封装绘制图形的函数，并根据不同的绘制模式进行不同的几何图形绘制。函数名为 drawShape，形参为 positionData，该参数用于指定绘制图形的位置。该函数返回值为 shape，即一个 Entity 类型的几何图形。

定义变量 shape，当绘制模式为"line"时，绘制的 shape 就是线；当绘制模式为"polygon"时，绘制的 shape 就是面（多边形）。绘制线或面的步骤及参数详解见 5.2.1 节。值得注意的是，当绘制线时，要设置 clampToGround 属性为"true"，即贴地；而当绘制面时，不用设置 classificationType 属性，因为该属性默认既可分类地形又可分类 3D Tiles。

当绘制模式为"circle"时，通过 ellipse 属性设置长半轴长度和短半轴长度一样，即可绘制圆。但是由于要绘制动态图形，所以要根据传入的形参 positionData 来实时计算第一个点和最后一个点之间的距离，并将其作为长半轴长度和短半轴长度，这就需要通过 CallbackProperty 来实现。

当绘制模式为 "rectangle" 时，根据传入的形参 positionData 来实时转换为 Rectangle 类型的矩形区域，这也需要通过 CallbackProperty 来实现。

CallbackProperty 十分强大，只要有了 CallbackProperty，Cesium 中一切可视化的要素就都可以与时间联系起来，进行实时更新渲染，使用方法为 new Cesium.CallbackProperty(callback, isConstant)，其中，callback 用于评估属性要调用的函数，而 isConstant 用于判断函数返回的值是否需要更新到渲染中。判断的标准很简单，就是预先指定返回的值是否可变。例如，代码中每次返回的坐标应该都是可变的，所以应该将 isConstant 属性设置为 false，也就是说，返回的值是连续变化的。当返回不变的值时，表示不更新渲染数据。

```
function drawShape(positionData) {
    var shape;
    if (drawingMode === 'line') {
        shape = viewer.entities.add({
            polyline: {
                positions: positionData,
                width: 5.0,
                material: new Cesium.PolylineGlowMaterialProperty({
                    color: Cesium.Color.GOLD,
                }),
                clampToGround: true
            }
        });
    }
    else if (drawingMode === 'polygon') {
        shape = viewer.entities.add({
            polygon: {
                hierarchy: positionData,
                material: new Cesium.ColorMaterialProperty(Cesium.Color.SKYBLUE.withAlpha(0.7))
            }
        });
    }
    else if (drawingMode === 'circle') {
        //当positionData为数组时绘制最终图形，如果为function，则绘制动态图形
        var value = typeof positionData.getValue === 'function' ? positionData.getValue(0) : positionData;
        shape = viewer.entities.add({
            position: activeShapePoints[0],
            ellipse: {
```

```
                //长、短半轴长度需要动态回调
                semiMinorAxis: new Cesium.CallbackProperty(function () {
                    //半径，两点之间的距离
                    var r = Math.sqrt(Math.pow(value[0].x - value[value.length - 1].x, 2) + Math
                        .pow(value[0].y - value[value.length - 1].y, 2));
                    return r ? r : r + 1;
                }, false),
                semiMajorAxis: new Cesium.CallbackProperty(function () {
                    var r = Math.sqrt(Math.pow(value[0].x - value[value.length - 1].x, 2) + Math
                        .pow(value[0].y - value[value.length - 1].y, 2));
                    return r ? r : r + 1;
                }, false),
                material: Cesium.Color.BLUE.withAlpha(0.5),
                outline: true
            }
        });
    }
    else if (drawingMode === 'rectangle') {
        //当positionData为数组时绘制最终图形，如果为function，则绘制动态图形
        var arr = typeof positionData.getValue === 'function' ?
positionData.getValue(0) : positionData;
        shape = viewer.entities.add({
            rectangle: {
                //坐标需要动态回调
                coordinates: new Cesium.CallbackProperty(function () {
                    var obj = Cesium.Rectangle.fromCartesianArray(arr);
                    return obj;
                }, false),
                material: Cesium.Color.RED.withAlpha(0.5)
            }
        });
    }
    return shape;
}
```

（9）实例化一个 ScreenSpaceEventHandler 对象，并注册鼠标左键单击事件。在鼠标左键单击事件回调函数中获取当前单击点的坐标，并根据绘制模式判断是绘制点、添加模型，还是动态绘制线、面、矩形及圆。

如果绘制模式为"point"或"model"，则直接绘制点或添加模型。

如果绘制模式为"line"、"polygon"、"circle"或"rectangle"，则当第一次单击时，需要定义变量 dynamicPositions，通过 CallbackProperty 来实时判断动态点数组 activeShapePoints 有

没有变化，并根据变化绘制动态图形。

```
var handler = new Cesium.ScreenSpaceEventHandler(viewer.canvas);
//注册鼠标左键单击事件
handler.setInputAction(function (event) {
    //用 `viewer.scene.pickPosition` 代替 `viewer.camera.pickEllipsoid`
    //当鼠标指针在地形上移动时可以得到正确的点
    var earthPosition = viewer.scene.pickPosition(event.position);
    if (drawingMode == "point") {
        drawPoint(earthPosition);              //绘制点
    }
    else if (drawingMode == "model") {
        addModel(earthPosition);               //添加模型
    }
    //如果鼠标指针不在地球上，则earthPosition未定义
    else if (drawingMode == "line" || drawingMode == "polygon" || drawingMode 
== "circle" || drawingMode == "rectangle") {
        if (Cesium.defined(earthPosition)) {
            //第一次单击时，通过CallbackProperty绘制动态图形
            if (activeShapePoints.length === 0) {
                floatingPoint = drawPoint(earthPosition);
                activeShapePoints.push(earthPosition);
                //动态点通过CallbackProperty实时更新渲染
                var dynamicPositions = new Cesium.CallbackProperty(function () {
                    if (drawingMode === 'polygon') {
                        //如果绘制模式是polygon，则回调函数返回的值是PolygonHierarchy类型
                        return new Cesium.PolygonHierarchy(activeShapePoints);
                    }
                    return activeShapePoints;
                }, false);
                activeShape = drawShape(dynamicPositions);//绘制动态图形
            }
            //添加当前点到activeShapePoints中，实时渲染动态图形
            activeShapePoints.push(earthPosition);
            drawPoint(earthPosition);
        }
    }
}, Cesium.ScreenSpaceEventType.LEFT_CLICK);
```

（10）注册鼠标移动事件。在鼠标移动事件回调函数中获取鼠标移动到的最终位置，并根据鼠标移动到的最终位置来动态更新activeShapePoints，从而保证在鼠标移动时，可以动态地绘制最新位置坐标的图形。

```javascript
//注册鼠标移动事件
handler.setInputAction(function (event) {
    if (Cesium.defined(floatingPoint)) {
        //获取鼠标移动到的最终位置
        var newPosition = viewer.scene.pickPosition(event.endPosition);
        if (Cesium.defined(newPosition)) {
            //动态去除数组中的最后一个点,并添加一个新的点,保证只保留鼠标位置点
            activeShapePoints.pop();
            activeShapePoints.push(newPosition);
        }
    }
}, Cesium.ScreenSpaceEventType.MOUSE_MOVE);
```

（11）注册鼠标右键单击事件。当使用鼠标右键单击时,结束绘制并删除动态绘制的图形,根据最终的 activeShapePoints 来绘制最终图形。

```javascript
//注册鼠标右键单击事件
handler.setInputAction(function (event) {
    activeShapePoints.pop();                    //去除最后一个动态点
    if (activeShapePoints.length) {
        drawShape(activeShapePoints);           //绘制最终图形
    }
    viewer.entities.remove(floatingPoint);      //移除第一个点（重复了）
    viewer.entities.remove(activeShape);        //去除动态图形
    floatingPoint = undefined;
    activeShape = undefined;
    activeShapePoints = [];
    //terminateShape();
}, Cesium.ScreenSpaceEventType.RIGHT_CLICK);
```

（12）定义变量 dropdown 并通过 document.getElementById('dropdown')获取创建的 Div。之后,定义回调函数 draw,在选择 option 时,判断选择的 option 的 value 并修改绘制模式 drawingMode 的值,如果选择的 option 的 value 为"clear",则移除绘制的所有几何图形。

```javascript
var dropdown = document.getElementById('dropdown');
function draw() {
    switch (dropdown.value) {
        case 'null':
            drawingMode = 'null';
            break;
        case 'drawPoint':
            drawingMode = 'point';
            break;
        case 'drawLine':
            drawingMode = 'line';
```

```
            break;
        case 'drawPolygon':
            drawingMode = 'polygon';
            break;
        case 'drawCircle':
            drawingMode = 'circle';
            break;
        case 'drawRectangle':
            drawingMode = 'rectangle';
            break;
        case 'drawModel':
            drawingMode = 'model';
            break;
        case 'clear':
            viewer.entities.removeAll();
            break;
        default:
            break;
    }
}
```

交互绘制的几何图形结果如图 5-32 所示。

图 5-32 交互绘制的几何图形结果

第6章 Cesium 三维模型

Cesium 作为三维 GIS 框架，其最大的优势就是支持各种格式的三维模型数据，包括倾斜摄影三维模型、BIM 三维模型、glb 三维模型等，并且用户可以使用关键帧动画等动态地模拟三维场景。本章将介绍 Cesium 中常用的三维模型操作并举例说明。

6.1 3D Tiles 模型高度调整

3D Tiles 数据格式是 Cesium 支持的一种标准，包括 BIM 模型、倾斜摄影三维模型等都需要通过一定手段或软件处理成 3D Tiles 模型后才可以在 Cesium 中加载。在 3D Tiles 模型制作过程中，如果原始数据具有高程信息，那么生产的 3D Tiles 模型数据也会存在高程数据，但是有时由于原始数据中的高程信息不准确，生产出来的 3D Tiles 模型并不能很好地贴合地形，而是悬浮在空中，因此在 Cesium 中加载倾斜摄影三维模型之后，需要手动地对模型进行高度调整以达到贴合地形的要求。Cesium API 为我们提供了相关的类和方法，使得我们可以在 3D Tiles 模型数据加载完成之后，动态地调整 3D Tiles 模型整体的高度。下面我们将以大雁塔倾斜摄影三维模型为例，展示如何在 Cesium 中动态地调整 3D Tiles 模型高度。

首先，在网页的<head>标签中引入 Cesium.js 库文件，该文件定义了 Cesium 的对象，几乎包含了我们需要的所有内容。然后，为了能够使用 Cesium 的各个可视化控件，我们还需要在网页的<head>标签中引入 widgets.css 文件。

```
<script src="./Build/Cesium/Cesium.js"></script>
<link rel="stylesheet" href="./Build//Cesium//Widgets/widgets.css">
```

（1）在 HTML 的<style></style>中添加样式 cesiumContainer、heightAdjustDiv，用于控制地球容器和工具栏的位置及样式。

```
<style>
   html,
   body,
   #cesiumContainer {
```

```css
    width: 100%;
    height: 100%;
    margin: 0;
    padding: 0;
    overflow: hidden;
}

.heightAdjustDiv {
    position: absolute;
    top: 10px;
    left: 20px;
    background-color: rgba(0, 0, 0, 0.6);
}
</style>
```

（2）创建一个 Div，设置 id 为 "cesiumContainer"，用于承载整个 Cesium 场景；再创建一个 Div，设置 class 为 "heightAdjustDiv"。在第二个 Div 中添加一个 label（标签），设置名称为 "高度"，字体颜色为白色；添加一个滑动条，设置 id 为 "R"，value 为 "0"，并绑定 oninput 事件回调函数 change；添加一个文本框，设置 id 为 "heightValue"，value 为 "0"，并绑定 onchange 事件回调函数 change2，用于记录滑动条的值。

```html
<div id="cesiumContainer">
</div>
<div class="heightAdjustDiv">
    <label style="color: white;">高度</label> <br />
    <input type="range" min="-100" max="100" step="1" oninput="change()" id="R" value="0">
    <input type="text" style="width:70px; " id="heightValue" value="0" onchange="change2()">
</div>
```

（3）添加 token 并实例化 Viewer 对象，传入配置参数。

```javascript
Cesium.Ion.defaultAccessToken = '你的token';
var viewer = new Cesium.Viewer("cesiumContainer", {
    terrainProvider: Cesium.createWorldTerrain(),   //添加在线地形数据
    geocoder: true,                                 //是否显示位置查找工具
    homeButton: true,                               //是否显示首页位置工具
    sceneModePicker: true,                          //是否显示视角模式切换工具
    baseLayerPicker: true,                          //是否显示默认图层选择工具
    animation: false,                               //是否显示动画工具
    timeline: false,                                //是否显示时间轴工具
    fullscreenButton: true,                         //是否显示全屏按钮工具
});
```

（4）开启 Cesium 地形检测。在开启地形检测后，会计算其他地理要素和地形之间的遮挡关系；在未开启地形检测时，将会出现场景变化时地物位置显示不正确的情况。

```
//开启地形检测
viewer.scene.globe.depthTestAgainstTerrain = true;
```

（5）使用 Cesium3DTileset 类加载大雁塔倾斜摄影三维模型转换得到的 3D Tiles 模型并定位到倾斜摄影三维模型的位置。

```
//加载大雁塔倾斜摄影三维模型
var tileset = viewer.scene.primitives.add(
    new Cesium.Cesium3DTileset({
        url: './倾斜摄影/大雁塔3DTiles/tileset.json'
    })
);
//定位过去
viewer.zoomTo(tileset);
```

（6）获取滑动条 R 并封装 change 函数，当滑动条滑动时，监听滑动条的值并调用 change 函数对 3D Tiles 模型高度进行实时调整。

首先，获取滑动条当前值，将其在文本框中显示，并判断其是否为数值型，如果不是数值型，则返回空。

然后，计算 3D Tiles 模型的外包围球中心点原始坐标，以及在原始坐标基础上偏移一定高度之后的外包围球中心点坐标。

接着，计算偏移前 3D Tiles 模型的外包围球中心点坐标和 3D Tiles 模型的外包围球中心点坐标偏移之间的笛卡儿分量差异。

最后，计算偏移前后坐标差异的变换矩阵，并赋给 tileset.modelMatrix。

```
const R = document.getElementById("R");
//当滑动条变化时调用该函数
function change() {
    //获取滑动条当前值
    var height = Number(R.value);
    //文本框显示当前值
    heightValue.value = height;

    //判断是否为数值型，若不是数值型，则返回空
    if (isNaN(height)) {
        return;
    }
    //将3D Tiles模型的外包围球中心点从笛卡儿空间直角坐标转换为弧度表示
    const cartographic = Cesium.Cartographic.fromCartesian(
        tileset.boundingSphere.center //3D Tiles外包围球中心点
    );
```

```
//3D Tiles 模型的外包围球中心点原始坐标
const surface = Cesium.Cartesian3.fromRadians(
    cartographic.longitude,
    cartographic.latitude,
);
//3D Tiles 模型的外包围球中心点坐标偏移
const offset = Cesium.Cartesian3.fromRadians(
    cartographic.longitude,
    cartographic.latitude,
    height
);
//计算两个笛卡儿分量的差异
const translation = Cesium.Cartesian3.subtract(
    offset,
    surface,
    new Cesium.Cartesian3()
);
//创建一个表示转换的 Matrix4
tileset.modelMatrix = Cesium.Matrix4.fromTranslation(translation);
}
```

（7）封装 change2 函数，当修改文本框的值时，同步修改滑动条的值并调用 change 函数调整 3D Tiles 模型的高度。

```
function change2() {
    var height = Number(heightValue.value);
    R.value = height;
    change();
}
```

3D Tiles 模型高度调整对比如图 6-1 和图 6-2 所示，高度分别为"-40"和"50"。

图 6-1　3D Tiles 模型高度调整对比（1）

图 6-2　3D Tiles 模型高度调整对比（2）

6.2　3D Tiles 模型旋转平移

上一节介绍了 3D Tiles 模型高度调整，下面将以大雁塔倾斜摄影三维模型为例，展示如何在 Cesium 中动态地对 3D Tiles 模型进行旋转平移操作。

首先，在网页的<head>标签中引入 Cesium.js 库文件，该文件定义了 Cesium 的对象，几乎包含了我们需要的所有内容。然后，为了能够使用 Cesium 的各个可视化控件，我们还需要在网页的<head>标签中引入 widgets.css 文件。

```
<script src="./Build/Cesium/Cesium.js"></script>
<link rel="stylesheet" href="./Build//Cesium//Widgets/widgets.css">
```

（1）在 HTML 的<style></style>中添加样式 cesiumContainer、adjust3DTilesDiv，用于控制地球容器和工具栏的位置及样式。

```
<style>
html,
body,
#cesiumContainer {
    width: 100%;
    height: 100%;
    margin: 0;
    padding: 0;
    overflow: hidden;
}

.adjust3DTilesDiv {
    position: absolute;
    top: 10px;
    left: 20px;
```

```
        background-color: rgba(0, 0, 0, 0.6);
}
</style>
```

（2）创建一个 Div，设置 id 为 "cesiumContainer"，用于承载整个 Cesium 场景；再创建一个 Div，设置 class 为 "adjust3DTilesDiv"。在第二个 Div 中添加 3 个 label，设置名称分别为"X 轴旋转""Y 轴旋转""Z 轴旋转"，字体颜色为白色；添加 3 个滑动条，设置 id 分别为"Rx""Ry""Rz"，并绑定 oninput 事件回调函数 rotation，用于动态获取 3D Tiles 模型在 X 轴、Y 轴及 Z 轴的旋转角度；添加 3 个文本框，设置 id 分别为 "RxValue" "RyValue" "RzValue"，并分别绑定 onchange 事件回调函数 rotationX、rotationY、rotationZ，用于记录 3 个滑动条的值。

```
<div id="cesiumContainer">
</div>
<div class="adjust3DTilesDiv">
    <label style="color: white;">X轴旋转</label> <br />
    <input type="range" min="-100" max="100" step="1" oninput="rotation()" id="Rx" value="0">
    <input type="text" style="width:70px; " id="RxValue" value="0" onchange="rotationX()"> <br>
    <label style="color: white;">Y轴旋转</label> <br />
    <input type="range" min="-100" max="100" step="1" oninput="rotation()" id="Ry" value="0">
    <input type="text" style="width:70px; " id="RyValue" value="0" onchange="rotationY()"> <br>
    <label style="color: white;">Z轴旋转</label> <br />
    <input type="range" min="-100" max="100" step="1" oninput="rotation()" id="Rz" value="0">
    <input type="text" style="width:70px; " id="RzValue" value="0" onchange="rotationZ()"> <br>
</div>
```

（3）在 adjust3DTilesDiv 中添加两个 label，设置名称分别为"经度平移""纬度平移"，字体颜色为白色；添加两个滑动条，设置 id 分别为 "Tlon" "Tlat" 并绑定 oninput 事件回调函数 translation，用于动态获取 3D Tiles 模型在经度方向和纬度方向的平移距离；添加两个文本框，设置 id 分别为 "TlonValue" "TlatValue"，并分别绑定 onchange 事件回调函数 translationLon、translationLat，用于记录对应的两个滑动条的值。

```
<label style="color: white;">经度平移</label> <br />
<input type="range" min="-100" max="100" step="1" oninput="translation()" id="Tlon" value="0">
<input type="text" style="width:70px; " id="TlonValue" value="0" onchange="translationLon()"> <br>
<label style="color: white;">纬度平移</label> <br />
```

```
<input type="range" min="-100" max="100" step="1" oninput="translation()"
id="Tlat" value="0">
<input type="text" style="width:70px; " id="TlatValue" value="0"
onchange="translationLat()"> <br>
```

（4）添加 token 并实例化 Viewer 对象，在传入的配置对象参数中添加 terrainProvider，通过 Cesium.createWorldTerrain 添加在线地形数据。

```
Cesium.Ion.defaultAccessToken = '你的token';
var viewer = new Cesium.Viewer("cesiumContainer", {
    terrainProvider: Cesium.createWorldTerrain(),   //添加在线地形数据
    geocoder: true,                                  //是否显示位置查找工具
    homeButton: true,                                //是否显示首页位置工具
    sceneModePicker: true,                           //是否显示视角模式切换工具
    baseLayerPicker: true,                           //是否显示默认图层选择工具
    animation: false,                                //是否显示动画工具
    timeline: false,                                 //是否显示时间轴工具
    fullscreenButton: true,                          //是否显示全屏按钮工具
});
```

（5）使用 Cesium3DTileset 类加载大雁塔倾斜摄影三维模型转换得到的 3D Tiles 模型并定位到倾斜摄影三维模型的位置。

```
//加载大雁塔倾斜摄影三维模型
var tileset = viewer.scene.primitives.add(
    new Cesium.Cesium3DTileset({
        url: './倾斜摄影/大雁塔3DTiles/tileset.json'
    })
);
//定位过去
viewer.zoomTo(tileset);
```

（6）定义变量 cartographic、params，其中，cartographic 用于计算 3D Tiles 模型初始位置，params 用于存储 3D Tiles 模型旋转平移参数。

```
var cartographic;
var params;
```

（7）在 3D Tiles 模型加载完成后，使用 readyPromise.then 为 cartographic、params 赋初始值，也就是 3D Tiles 模型的初始位置。

```
tileset.readyPromise.then(function () {
    cartographic = Cesium.Cartographic.fromCartesian(
        tileset.boundingSphere.center                //倾斜摄影模型外包围球中心
    );
    params = {
        tx: Cesium.Math.toDegrees(cartographic.longitude),   //模型中心 x 轴坐标
```

```
            ty: Cesium.Math.toDegrees(cartographic.latitude),    //模型中心Y轴坐标
            tz: cartographic.height,                              //模型中心Z轴坐标
            rx: 0,    //X轴（经度）方向旋转角度（单位：度）
            ry: 0,    //Y轴（纬度）方向旋转角度（单位：度）
            rz: 0 ,   //Z轴（高程）方向旋转角度（单位：度）
        };
})
```

（8）封装旋转平移函数 update3dtilesMaxtrix。该函数用于根据 params 的参数值对 3D Tiles 模型进行相应的旋转平移操作。首先根据 params 中的 rx、ry、rz 参数计算旋转矩阵，然后根据 tx、ty、tz 计算平移矩阵，最后将旋转矩阵和平移矩阵相乘，并将旋转平移结果矩阵返回。

```
//旋转平移函数
function update3dtilesMaxtrix(params) {
    //旋转
    let mx = Cesium.Matrix3.fromRotationX(Cesium.Math.toRadians(params.rx));
    let my = Cesium.Matrix3.fromRotationY(Cesium.Math.toRadians(params.ry));
    let mz = Cesium.Matrix3.fromRotationZ(Cesium.Math.toRadians(params.rz));
    let rotationX = Cesium.Matrix4.fromRotationTranslation(mx);
    let rotationY = Cesium.Matrix4.fromRotationTranslation(my);
    let rotationZ = Cesium.Matrix4.fromRotationTranslation(mz);

    //平移
    let position = Cesium.Cartesian3.fromDegrees(params.tx, params.ty, params.tz);
    let m = Cesium.Transforms.eastNorthUpToFixedFrame(position);

    //将旋转矩阵和平移矩阵相乘
    Cesium.Matrix4.multiply(m, rotationX, m);
    Cesium.Matrix4.multiply(m, rotationY, m);
    Cesium.Matrix4.multiply(m, rotationZ, m);
    //返回旋转平移结果矩阵
    return m;
}
```

（9）封装旋转滑动条回调函数 rotation，当滑动条滑动时，监听滑动条的值并调用 rotation 函数对 3D Tiles 模型旋转角度进行实时调整。

首先，获取 Rx、Ry、Rz 滑动条当前值，将它们在文本框中显示，并判断它们是否为数值型，如果不是数值型，则返回空。

然后，将 Rx、Ry、Rz 滑动条当前值赋给 params，并调用旋转平移函数 update3dtilesMaxtrix 进行旋转平移结果矩阵的计算。

最后，将计算结果赋给 3D Tiles 模型根节点中的 transform。

```
//旋转滑动条
```

```
function rotation(){
    //获取 X 轴旋转滑动条当前值
    var rx = Number(Rx.value);
    //X 轴旋转文本框显示当前值
    RxValue.value = rx;

    //获取 Y 轴旋转滑动条当前值
    var ry = Number(Ry.value);
    //Y 轴旋转文本框显示当前值
    RyValue.value = ry;

    //获取 Z 轴旋转滑动条当前值
    var rz = Number(Rz.value);
    //Z 轴旋转文本框显示当前值
    RzValue.value = rz;

    //判断是否为数值型，若不是数值型，则返回空
    if (isNaN(rx)&&isNaN(ry)&&isNaN(rz)) {
        return;
    }
    params.rx = rx;
    params.ry = ry;
    params.rz = rz;
    tileset._root.transform = update3dtilesMaxtrix(params);

}
```

（10）封装 rotationX、rotationY 及 rotationZ 函数，当修改文本框的值时，同步修改滑动条的值并调用 rotation 函数调整 3D Tiles 模型。

```
//X 轴文本框
function rotationX(){
    var rx = Number(RxValue.value);
    Rx.value = rx;
    rotation();
}
//Y 轴文本框
function rotationY(){
    var ry = Number(RyValue.value);
    Ry.value = ry;
    rotation();
}
//Z 轴文本框
function rotationZ(){
```

```
    var rz = Number(RzValue.value);
    Rz.value = rz;
    rotation();
}
```

（11）封装平移滑动条回调函数 translation，当滑动条滑动时，监听滑动条的值并调用 translation 函数对 3D Tiles 模型进行平移。

首先，获取 Tlon、Tlat 滑动条当前值，将它们在文本框中显示，并判断它们是否为数值型，如果不是数值型，则返回空。

然后，将当前 Tlon、Tlat 滑动条的值赋给 params，并调用旋转平移函数 update3dtilesMaxtrix 进行旋转平移结果矩阵的计算。

最后，将计算结果赋给 3D Tiles 模型根节点中的 transform。

```
//平移滑动条
function translation(){
    //获取经度平移滑动条当前值
    var tLon = Number(Tlon.value);
    //经度平移文本框显示当前值
    TlonValue.value = tLon;

    //获取纬度平移滑动条当前值
    var tLat = Number(Tlat.value);
    //纬度平移文本框显示当前值
    TlatValue.value = tLat;

    //判断是否为数值型，若不是数值型，则返回空
    if (isNaN(tLon)&&isNaN(tLat)) {
        return;
    }
    params.tx = Cesium.Math.toDegrees(cartographic.longitude) + tLon/500;
    params.ty =Cesium.Math.toDegrees(cartographic.latitude) + tLat/500;
    tileset._root.transform = update3dtilesMaxtrix(params);
}
```

（12）封装 translationLon、translationLat 函数，当修改文本框的值时，同步修改滑动条的值并调用 translation 函数调整 3D Tiles 模型。

```
//经度文本框
function translationLon(){
    var tLon = Number(TlonValue.value);
    Tlon.value = tLon;

    translation();
}
```

```
//纬度文本框
function translationLat(){
    var tLat = Number(TlatValue.value);
    Tlat.value = tLat;

    translation();
}
```

3D Tiles 模型旋转结果如图 6-3 所示，平移结果如图 6-4 所示。

图 6-3　3D Tiles 模型旋转结果

图 6-4　3D Tiles 模型平移结果

6.3　3D Tiles 模型缩放

在 Cesium 中调整 3D Tiles 模型的位置还包括对 3D Tiles 模型进行整体缩放。基本思路为先通过缩放比例计算出一个 Matrix4 的矩阵实例，然后与 3D Tiles 模型的初始变换矩阵相乘，得到缩放后的矩阵并赋给 3D Tiles 模型根节点中的 transform。下面我们将以大雁塔倾斜摄影三维模型为例，展示如何在 Cesium 中动态地对 3D Tiles 模型进行缩放操作。

首先，在网页的<head>标签中引入 Cesium.js 库文件，该文件定义了 Cesium 的对象，几乎包含了我们需要的所有内容。然后，为了能够使用 Cesium 的各个可视化控件，我们还需要在网页的<head>标签中引入 widgets.css 文件。

```
<script src="./Build/Cesium/Cesium.js"></script>
<link rel="stylesheet" href="./Build//Cesium//Widgets/widgets.css">
```

（1）在 HTML 的<style></style>中添加样式 cesiumContainer、adjust3DTilesDiv，用于控制地球容器和工具栏的位置及样式。

```
<style>
html,
body,
#cesiumContainer {
    width: 100%;
    height: 100%;
    margin: 0;
    padding: 0;
    overflow: hidden;
}

.adjust3DTilesDiv {
    position: absolute;
    top: 10px;
    left: 20px;
    background-color: rgba(0, 0, 0, 0.6);
}
</style>
```

（2）创建一个 Div，设置 id 为 "cesiumContainer"，用于承载整个 Cesium 场景；再创建一个 Div，设置 class 为 "adjust3DTilesDiv"。在第二个 Div 中添加一个 label，设置名称为 "缩放比例"，字体颜色为白色；添加一个滑动条，设置 id 为 "Scale"，value 为 "1"，并绑定 oninput 事件回调函数 changeScale；添加一个文本框，设置 id 为 "scaleValue"，value 为 "1"，并绑定 onchange 事件回调函数 changeScale2，用于记录滑动条的值。

```
<div id="cesiumContainer">
</div>
<div class="adjust3DTilesDiv">
    <label style="color: white;">缩放比例</label> <br />
    <input type="range" min="0.01" max="10" step="0.01" oninput="scale()" id="Scale" value="1">
```

```
        <input type="text" style="width:70px; " id="scaleValue" value="1"
onchange="scale2()"> <br>
</div>
```

(3) 添加 token 并实例化 Viewer 对象，传入配置参数。

```
Cesium.Ion.defaultAccessToken = '你的 token';
var viewer = new Cesium.Viewer("cesiumContainer", {
    geocoder: true,              //是否显示位置查找工具
    homeButton: true,            //是否显示首页位置工具
    sceneModePicker: true,       //是否显示视角模式切换工具
    baseLayerPicker: true,       //是否显示默认图层选择工具
    animation: false,            //是否显示动画工具
    timeline: false,             //是否显示时间轴工具
    fullscreenButton: true,      //是否显示全屏按钮工具
});
```

(4) 使用 Cesium3DTileset 类加载大雁塔倾斜摄影三维模型转换得到的 3D Tiles 模型并定位到倾斜摄影三维模型的位置。

```
//加载大雁塔倾斜摄影三维模型
var tileset = viewer.scene.primitives.add(
    new Cesium.Cesium3DTileset({
        url: './倾斜摄影/大雁塔 3DTiles/tileset.json'
    })
);
//定位过去
viewer.zoomTo(tileset);
```

(5) 定义变量 m，并将以提供的原点为中心来计算的 4*4 变换矩阵赋值给 m，用于记录变换前后的 4*4 矩阵；定义变量 mStar，用于记录模型初始变换矩阵，放大和缩小均以此为基础。

```
var m;
var mStar;
```

(6) 在 3D Tiles 加载完成后，使用 readyPromise.then 为 m、mStar 赋初始值。其中，m 为以 3D Tiles 模型的外包围球初始中心点计算得来的 4*4 变换矩阵，mStar 为 3D Tiles 模型初始变换矩阵，之后的放大和缩小均以此为基础。

```
tileset.readyPromise.then(function (argument) {
    //得到外包围球中心点坐标
    var cartographic = Cesium.Cartographic.fromCartesian(tileset.boundingSphere.center);
    //坐标变换为 Cartesian3 类型
    var surface = Cesium.Cartesian3.fromRadians(
```

```
        cartographic.longitude, cartographic.latitude, cartographic.height);
    //以提供的原点为中心计算 4*4 变换矩阵
    m = Cesium.Transforms.eastNorthUpToFixedFrame(surface);
    //记录模型初始变换矩阵,放大和缩小均以此为基础
    mStar = tileset._root.transform
});
```

（7）封装缩放滑动条回调函数 changeScale，当滑动条滑动时，监听滑动条的值并调用 changeScale 函数对 3D Tiles 模型进行缩放操作。

首先，获取 Scale 滑动条当前值，并将其在文本框中显示，判断其是否为 0。

当缩放比例不为 0 时，使用 Matrix4 类中的 fromUniformScale 方法计算代表指定比例的 Matrix4 矩阵。

然后，将该矩阵与模型初始变换矩阵 mStar 相乘，得到缩放后的矩阵并赋给 m。

最后，将计算结果赋给 3D Tiles 模型根节点中的 transform。

```
//缩放滑动条
function changeScale() {
    //缩放
    var scale = Number(Scale.value);
    scaleValue.value = scale;
    if (scale) {
        const _scale = Cesium.Matrix4.fromUniformScale(scale);
        Cesium.Matrix4.multiply(mStar, _scale, m);
        tileset._root.transform = m;
    }
    else{
        return;
    }
}
```

（8）封装 changeScale2 函数，当修改文本框的值时，同步修改滑动条的值并调用 changeScale 函数调整 3D Tiles 模型。

```
//缩放值文本框
function changeScale2() {
    var scale = Number(scaleValue.value);
    Scale.value = scale;
    changeScale();
}
```

3D Tiles 模型缩放对比如图 6-5 和图 6-6 所示，缩放比例分别为"1"和"10"。

图 6-5　3D Tiles 模型缩放对比（1）

图 6-6　3D Tiles 模型缩放对比（2）

6.4　3D Tiles 模型单体化

目前，使用倾斜摄影技术可以快速、高效地生成逼真的实景三维模型，但是这样生成的实景三维模型实际上是连续三角网贴图的结果。它建立了一个连续的 TIN 网（不规则三角网），并不区分建筑、地面、树木等特征。因此，在此基础上生成的模型的地理要素是集成于一体的，并不能被区分开，也就无法对各部分对象进行分别管理，实用性就大大降低了。对于这种模型，我们不能选中单个建筑的数据。要想数据能够被有效管理，模型就必须具备"单体化"的能力。

在 Cesium 中，我们将倾斜摄影三维模型转换为 3D Tiles 数据格式之后，可以通过在 3D Tiles 模型上动态叠加分类瓦片层来实现单体化效果。其原理是根据分类的矢量表面数据生成分类瓦片，并使其附着在实景三维模型表面，监听鼠标指针的位置，实现当鼠标指针移动至相应的位置时高亮显示该分类瓦片，从而使得模型单体化。

本节将以大雁塔倾斜摄影三维模型转换得到的 3D Tiles 模型为例，讲解制作单体化分类瓦片的过程并在 Cesium 中实现 3D Tiles 模型单体化。

6.4.1 矢量图层制作

在 Cesium 中，3D Tiles 模型是通过动态叠加分类瓦片数据来实现单体化的，而分类瓦片数据是由矢量数据通过 Cesium 实验室处理得到的，所以我们需要先进行矢量图层的制作。下面以大雁塔卫星影像为底图来进行矢量图层的制作。

（1）打开 ArcGIS 并加载大雁塔卫星影像，如图 6-7 所示。

图 6-7 加载大雁塔卫星影像

（2）在 ArcGIS 中连接到文件夹，并创建新 Shapefile，设置名称为"大雁塔"，要素类型为"面"，空间参考为大雁塔影像空间参考，如图 6-8 所示。

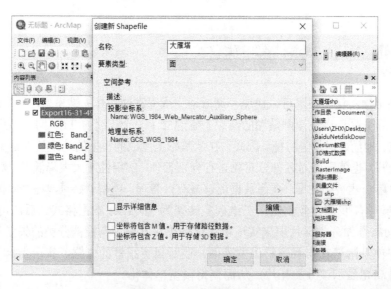

图 6-8 创建新 Shapefile

（3）在创建完成后，"大雁塔"图层会在左侧图层目录中被打开，右击该图层，在弹出的快捷菜单中选择相应命令，打开属性表并单击属性表左上角的下拉按钮，在弹出的下拉列表中选择"添加字段"选项，如图 6-9 所示。

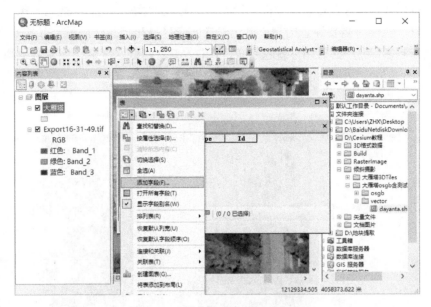

图 6-9　选择"添加字段"选项

（4）为矢量图层添加 4 个字段：name，类型为 text，用于记录矢量化的建筑的名称；minheight，类型为 float，用于记录某一层底面的绝对高程；maxheight，类型为 float，用于记录某一层顶面的绝对高程；descrip，类型为 text，用于描述建筑。添加字段后的结果如图 6-10 所示。

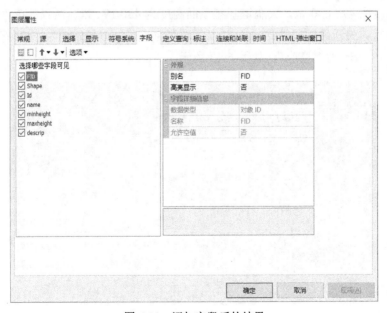

图 6-10　添加字段后的结果

（5）打开编辑工具，开始进行矢量化。我们对照大雁塔底座的大小进行矢量化，并且在矢量化时，要注意单体化矢量面尽量大一些，只要保证不和旁边的单体化矢量面相交即可。因为我们的倾斜数据、底图数据本身都有误差，如果太过紧凑，反而不能完全包含倾斜数据，导致效果不好。另一个需要注意的是单体化矢量面应尽量简单一些，不要有过多的顶点，因为多边形顶点越多，生产的封闭体就越复杂，渲染效率就越低。图 6-11 所示为绘制的矢量面。

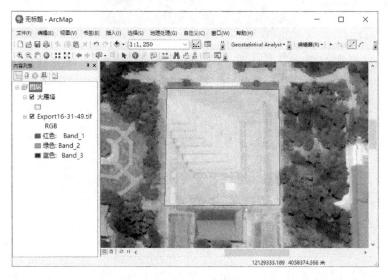

图 6-11　绘制的矢量面

（6）矢量化一个面之后，我们可以通过 Cesium 实验室预览转换好的大雁塔三维模型 3D Tiles 数据中大雁塔的每一层高度，并填写矢量数据属性表中的字段值，如图 6-12 所示，大雁塔基座底面高度为 425.670 米，大雁塔基座顶面高度为 430.194 米。所以，在"大雁塔"图层的属性表中填写该矢量面的属性：name 为"大雁塔基座"，minheight 为"425.67"，maxheight 为"430.19"，descrip 为"塔座"，如图 6-13 所示。

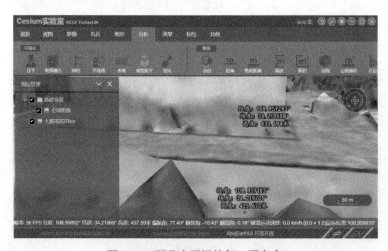

图 6-12　预览大雁塔的每一层高度

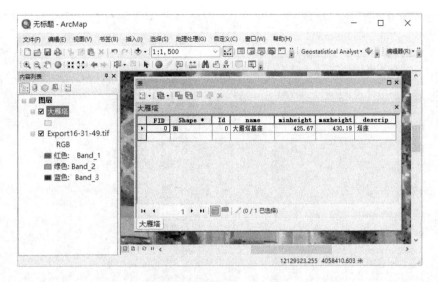

图 6-13 填写矢量面的属性

（7）由于大雁塔共有 8 层，所以可以复制 7 个同样的图层，依次将前一层的 maxheight 作为下一层的 minheight 进行填充，然后在 Cesium 实验室中预览下一层的顶面高度并填充到 maxheight 中，接着填充 name、descrip，最终属性表结果如图 6-14 所示。至此，矢量数据制作完成。

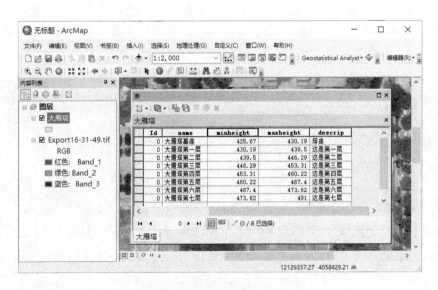

图 6-14 最终属性表结果

6.4.2 矢量数据切片

在矢量图层制作完成之后，使用 Cesium 实验室工具将数据处理成 3D Tiles 数据。
（1）打开 Cesium 实验室，选择"矢量数据切片"→"矢量楼块切片"选项，如图 6-15 所示。

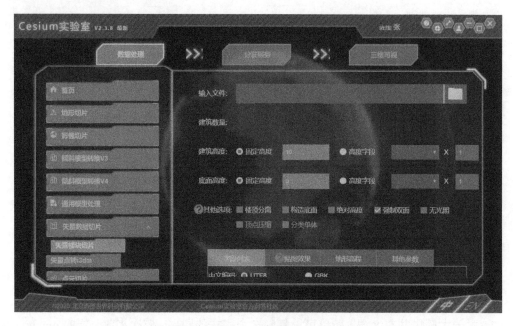

图 6-15 选择"矢量楼块切片"选项

（2）选择输入文件为制作好的矢量图层；在"建筑高度"选项组中选中"高度字段"单选按钮，选择"maxheight"字段作为建筑高度；在"底面高度"选项组中选中"高度字段"选项，选择"minheight"字段作为底面高度；在"其他选项"选项组中勾选"绝对高度"复选框，勾选后，建筑的模型高度=建筑高度-底面高度；将属性字段全部勾选并设置输出路径，如图 6-16 所示。矢量楼块切片结果如图 6-17 所示。

图 6-16 矢量楼块切片参数设置

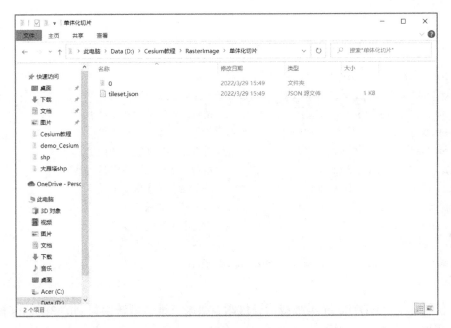

图 6-17　矢量楼块切片结果

6.4.3　单体化实现

首先，在网页的<head>标签中引入 Cesium.js 库文件，该文件定义了 Cesium 的对象，几乎包含了我们需要的所有内容。然后，为了能够使用 Cesium 的各个可视化控件，我们还需要在网页的<head>标签中引入 widgets.css 文件。

```
<script src="./Build/Cesium/Cesium.js"></script>
<link rel="stylesheet" href="./Build//Cesium//Widgets/widgets.css">
```

（1）在 HTML 的<style></style>中添加样式 cesiumContainer，用于控制地球容器的位置及样式。

```
<style>
    html,
    body,
    #cesiumContainer {
        width: 100%;
        height: 100%;
        margin: 0;
        padding: 0;
        overflow: hidden;
    }
</style>
```

（2）创建一个 Div，设置 id 为"cesiumContainer"，用于承载整个 Cesium 场景。

```
<div id="cesiumContainer">
```

```
</div>
```

（3）添加 token 并实例化 Viewer 对象，传入配置参数。

```
Cesium.Ion.defaultAccessToken = '你的token';
var viewer = new Cesium.Viewer("cesiumContainer", {
    geocoder: true,                    //是否显示位置查找工具
    homeButton: true,                  //是否显示首页位置工具
    sceneModePicker: true,             //是否显示视角模式切换工具
    baseLayerPicker: false,            //是否显示默认图层选择工具
    navigationHelpButton: true,        //是否显示导航帮助工具
    animation: false,                  //是否显示动画工具
    timeline: false,                   //是否显示时间轴工具
    fullscreenButton: true,            //是否显示全屏按钮工具
    terrainProvider: Cesium.createWorldTerrain()
});
```

（4）使用 Cesium3DTileset 类加载大雁塔倾斜摄影三维模型转换得到的 3D Tiles 模型并定位到倾斜摄影三维模型的位置。

```
var tileset = viewer.scene.primitives.add(
    new Cesium.Cesium3DTileset({
        url: './倾斜摄影/大雁塔3DTiles/tileset.json'
    })
);
viewer.zoomTo(tileset);
```

（5）使用 Cesium3DTileset 类加载矢量数据转换得到的 3D Tiles 分类瓦片，其中，针对传入的配置对象，除了需要设置 url 属性，还需要设置 classificationType 属性为 Cesium.ClassificationType.CESIUM_3D_TILE，这样分类瓦片数据将贴合 3D Tiles 模型进行分类。之后，使用 Cesium3DTileStyle 类修改分类瓦片的样式，将透明度设置为 0.01。

```
//加载分类瓦片
var classifytileset = new Cesium.Cesium3DTileset({
    url: './RasterImage/单体化切片/tileset.json',
    classificationType: Cesium.ClassificationType.CESIUM_3D_TILE
});
//设置分类瓦片透明度
classifytileset.style = new Cesium.Cesium3DTileStyle({
    color: 'rgba(255, 255, 255, 0.01)'
});
viewer.scene.primitives.add(classifytileset);
```

（6）定义对象 highlighted，并为该对象添加属性 feature，值为"undefined"，用于记录高亮要素；添加属性 originalColor，值为"new Cesium.Color()"，用于记录高亮要素的原始颜色。

```
var highlighted = {
   feature: undefined,
   originalColor: new Cesium.Color(),
};
```

（7）注册鼠标移动事件，捕捉鼠标移动结束位置的要素，记录该要素及其初始颜色并高亮显示，当鼠标指针离开该要素时，恢复其初始颜色。

```
//注册鼠标移动事件
let handler = new Cesium.ScreenSpaceEventHandler(viewer.scene.canvas);
handler.setInputAction(function onMouseMove(movement) {

   if (Cesium.defined(highlighted.feature)) {
      highlighted.feature.color = highlighted.originalColor;
      highlighted.feature = undefined;
   }

   //拾取新要素
   var pickedFeature = viewer.scene.pick(movement.endPosition);
   if (!Cesium.defined(pickedFeature)) {
      return;
   }

   //高亮显示
   highlighted.feature = pickedFeature;
   Cesium.Color.clone(pickedFeature.color, highlighted.originalColor);
   pickedFeature.color = Cesium.Color.LIME.withAlpha(0.5);
}, Cesium.ScreenSpaceEventType.MOUSE_MOVE);
```

单体化效果如图 6-18 所示，这种动态单体化方法需要制作分类瓦片数据，并且制作的分类瓦片数据精度将直接影响单体化效果。

图 6-18　单体化效果

6.5 3D Tiles 要素拾取

在 Cesium 中，鼠标单击事件、鼠标移动事件等的使用非常频繁。在很多时候，当我们想要获取鼠标单击的位置或者鼠标移动经过的位置时，会出现不同的情况，例如，要获取鼠标单击位置的屏幕坐标、鼠标单击位置对应的椭球面位置、加载地形数据后对应的经纬度和高程，以及鼠标单击位置的 3D Tiles 数据及信息。本节将详细介绍 3D Tiles 要素拾取，实现鼠标移动时高亮显示拾取的 3D Tiles 要素，并提示相关属性信息。

本节使用的 3D Tiles 数据可以根据 6.4.1 节和 6.4.2 节中的步骤自行制作，相关属性信息需要自行写入。

首先，在网页的<head>标签中引入 Cesium.js 库文件，该文件定义了 Cesium 的对象，几乎包含了我们需要的所有内容。然后，为了能够使用 Cesium 的各个可视化控件，我们还需要在网页的<head>标签中引入 widgets.css 文件。

```
<script src="./Build/Cesium/Cesium.js"></script>
<link rel="stylesheet" href="./Build//Cesium//Widgets/widgets.css">
```

（1）在 HTML 的<style></style>中添加样式 cesiumContainer，用于控制地球容器的位置及样式。

```
<style>
   html,
   body,
   #cesiumContainer {
      width: 100%;
      height: 100%;
      margin: 0;
      padding: 0;
      overflow: hidden;
   }
</style>
```

（2）创建一个 Div，设置 id 为 "cesiumContainer"，用于承载整个 Cesium 场景。

```
<div id="cesiumContainer">
</div>
```

（3）添加 token 并实例化 Viewer 对象，传入配置参数。

```
Cesium.Ion.defaultAccessToken = '你的token';
var viewer = new Cesium.Viewer("cesiumContainer", {
   geocoder: true,              //是否显示位置查找工具
   homeButton: true,            //是否显示首页位置工具
   sceneModePicker: true,       //是否显示视角模式切换工具
```

```
    baseLayerPicker: false,        //是否显示默认图层选择工具
    navigationHelpButton: true,    //是否显示导航帮助工具
    animation: false,              //是否显示动画工具
    timeline: false,               //是否显示时间轴工具
    fullscreenButton: false,       //是否显示全屏按钮工具
});
```

（4）使用 Cesium3DTileset 类加载 3D Tiles 数据并定位到相应位置。

```
var tileSet = viewer.scene.primitives.add(
  new Cesium.Cesium3DTileset({
    url: "./3D格式数据/Tileset/tileset.json"
  })
);
//定位过去
viewer.zoomTo(tileSet);
```

（5）创建提示框 Div，设置名称为"newDiv"，并将其添加到场景中，设置 Div 的位置、内边距等样式并隐藏 Div。

```
//创建 Div
const newDiv = document.createElement("div");
viewer.container.appendChild(newDiv);
newDiv.style.display = "none";
newDiv.style.position = "absolute";
newDiv.style.bottom = "0";
newDiv.style.left = "0";
newDiv.style.padding = "4px";
newDiv.style.backgroundColor = "white";
```

（6）定义对象 highlighted，并为该对象添加属性 feature，值为"undefined"，用于记录高亮要素；添加属性 originalColor，值为"new Cesium.Color()"，用于记录高亮要素的原始颜色。

```
var highlighted = {
    feature: undefined,
    originalColor: new Cesium.Color(),
};
```

（7）实例化一个 ScreenSpaceEventHandler 对象并注册鼠标移动事件。

```
let handler = new Cesium.ScreenSpaceEventHandler(viewer.scene.canvas);
handler.setInputAction(function (event) {
}, Cesium.ScreenSpaceEventType.MOUSE_MOVE);
```

（8）在鼠标移动事件中，进行要素拾取并高亮显示相关信息。

首先，捕捉鼠标移动结束位置的要素，当未捕捉到要素时，将提示框 Div 的 display 属性设置为"none"，即可隐藏提示框。若捕捉到要素，则先判断 highlighted.feature 是否已定义，

若已定义,则将 highlighted.feature 的样式修改为初始颜色并设置 highlighted.feature 为未定义。

然后,通过 highlighted.feature 记录当前捕捉到的要素及要素的初始颜色,并设置当前捕捉到的要素样式为高亮显示。

最后,设置提示框 Div 的 display 属性为"block",修改提示框的位置为鼠标移动的位置,内容为当前捕捉到的要素的高度值。

```
handler.setInputAction(function (event) {
  //捕捉要素
  const pickedFeature = viewer.scene.pick(event.endPosition);

  //当未捕捉到要素时,隐藏 Div
  if (!Cesium.defined(pickedFeature)) {
    newDiv.style.display = "none";
    return;
  }

  //若捕捉到要素
  else {
    //高亮显示
    if (Cesium.defined(highlighted.feature)) {
      highlighted.feature.color = highlighted.originalColor;
      highlighted.feature = undefined;
    }
    highlighted.feature = pickedFeature;
    Cesium.Color.clone(pickedFeature.color, highlighted.originalColor);
    pickedFeature.color = Cesium.Color.LIME.withAlpha(0.5);

    //提示高度
    newDiv.style.display = "block";
    //加 5 是为了不让 Div 影响鼠标左键单击
    newDiv.style.bottom = `${viewer.canvas.clientHeight - event.endPosition.y + 5}px`;
    newDiv.style.left = `${event.endPosition.x}px`;
    const name = "Height:" + pickedFeature.getProperty("Height").toFixed(2) + "m";
    newDiv.textContent = name;
  }

}, Cesium.ScreenSpaceEventType.MOUSE_MOVE);
```

3D Tiles 要素拾取效果如图 6-19 所示。

第 6 章 Cesium 三维模型

图 6-19　3D Tiles 要素拾取效果

6.6　3D Tiles 要素风格

在 Cesium 中，3D Tiles 要素风格的使用场景非常多。无论是想要根据某个属性进行分级、分类渲染，还是自定义个性化渲染，都离不开相关的 Cesium3DTileStyle 属性，只需使用 Cesium3DTileStyle 属性，根据 3D Tiles 要素属性进行样式风格设置并赋值给 Cesium3DTileset 即可。在前面的 3D Tiles 要素拾取中，我们已经讲解了通过获取 Cesium3DTileset 中的某个要素来进行样式修改，而本节将以 Cesium 内置的 OSM 建筑白膜数据为例展示通过 Cesium3DTileStyle 属性来根据特定需求渲染 Cesium3DTileset 中的要素。

首先，在网页的<head>标签中引入 Cesium.js 库文件，该文件定义了 Cesium 的对象，几乎包含了我们需要的所有内容。然后，为了能够使用 Cesium 的各个可视化控件，我们还需要在网页的<head>标签中引入 widgets.css 文件。

```
<script src="./Build/Cesium/Cesium.js"></script>
<link rel="stylesheet" href="./Build//Cesium//Widgets/widgets.css">
```

（1）在 HTML 的<style></style>中添加样式 cesiumContainer、toolbar，用于控制地球容器和工具栏的位置及样式。

```
<style>
  html,
  body,
  #cesiumContainer {
    width: 100%;
    height: 100%;
```

161

```
    margin: 0;
    padding: 0;
    overflow: hidden;
}

.toolbar {
    position: absolute;
    top: 10px;
    left: 20px;
    background-color: rgb(0, 0, 0, 0);
}
</style>
```

（2）创建一个 Div，设置 id 为 "cesiumContainer"，用于承载整个 Cesium 场景；再创建一个 Div，设置 class 为 "toolbar"。在第二个 Div 中添加一个 select，设置 id 为 "dropdown" 并绑定 onchange 事件回调函数 change，然后在 select 中添加多个 option，对每一个 option 给定一个 value，用于指定渲染条件。

```
<div id="cesiumContainer">
</div>
<div class="toolbar">
    <select id="dropdown" onchange="change()">
        <option value="0">null</option>
        <option value="1">按建筑类型设置颜色</option>
        <option value="2">按到指定位置的距离选择颜色</option>
        <option value="3">交互渲染</option>
        <option value="4">building 属性为 dormitory</option>
        <option value="5">building 属性为 apartments</option>
    </select>
</div>
```

（3）添加 token 并实例化 Viewer 对象，传入配置参数。

```
Cesium.Ion.defaultAccessToken = '你的token';
var viewer = new Cesium.Viewer("cesiumContainer", {
    geocoder: true,                  //是否显示位置查找工具
    homeButton: true,                //是否显示首页位置工具
    sceneModePicker: true,           //是否显示视角模式切换工具
    baseLayerPicker: false,          //是否显示默认图层选择工具
    navigationHelpButton: true,      //是否显示导航帮助工具
    animation: false,                //是否显示动画工具
    timeline: false,                 //是否显示时间轴工具
    fullscreenButton: false,         //是否显示全屏按钮工具
});
```

（4）Cesium 自 1.7 版本就内置了 OSM 建筑白膜数据。首先使用 createOsmBuildings 方法创

建实例并添加到场景中，然后调整相机视角。

```
//添加OSM建筑白膜数据
var osmBuildingsTileset = Cesium.createOsmBuildings();
viewer.scene.primitives.add(osmBuildingsTileset);
//调整相机视角
viewer.scene.camera.setView({
    destination: Cesium.Cartesian3.fromDegrees(114.39564, 30.52214, 2000),
});
```

（5）封装 colorByBuildingType 函数，用于根据建筑类型进行分别渲染。

首先，定义变量 osmBuildingsStyle，并实例化一个 Cesium3DTileStyle 对象，在传入的配置对象中添加属性对象 color，在 color 中添加属性 conditions，用于根据建筑属性信息指定分类渲染的条件。例如，在 OSM 建筑 3D Tiles 模型中，building 属性为 "university"，表示颜色设置为半透明天蓝色，而 building 属性为 "dormitory"，表示颜色设置为半透明青色。

然后，将变量 osmBuildingsStyle 赋给 osmBuildingsTileset.style，并根据 osmBuildingsStyle 渲染 osmBuildingsTileset。

```
//按建筑类型渲染
function colorByBuildingType() {
    let osmBuildingsStyle = new Cesium.Cesium3DTileStyle({
        color: {
            conditions: [
                ["${building} === 'university'", "color('skyblue', 0.8)"],
                ["${building} === 'dormitory'", "color('cyan', 0.9)"],
                ["${building} === 'yes'", "color('purple', 0.7)"],
            ],
        },
    });
    osmBuildingsTileset.style = osmBuildingsStyle;
}
```

（6）封装 showByBuildingType 函数，用于根据建筑类型来控制建筑的显示或隐藏。在调用该函数时，需要传入建筑类型参数。

首先，判断传入的建筑类型参数，根据不同的建筑类型执行不同的代码。

然后，实例化一个 Cesium3DTileStyle 对象并在传入的配置对象中添加属性对象 show，值为 StyleExpression 对象（适用于 Cesium3DTileset 样式的表达式），将传入的参数作为建筑显示的条件。例如，参数为 "dormitory"，则仅显示 building 属性为 "dormitory" 的建筑。

最后，将实例化的 Cesium3DTileStyle 对象赋给 osmBuildingsTileset.style 进行渲染。

```
//按建筑类型显示
function showByBuildingType(buildingType) {
    switch (buildingType) {
        case "dormitory":
```

```
                osmBuildingsTileset.style = new Cesium.Cesium3DTileStyle({
                    show: "${building} === 'dormitory'",
                });
                break;
            case " apartments":
                osmBuildingsTileset.style = new Cesium.Cesium3DTileStyle({
                    show: "${building} === 'apartments'",
                });
                break;
            default:
                break;
    }
}
```

（7）封装 colorByDistanceToCoordinate 函数，用于根据到指定位置的距离进行分级渲染。在调用该函数时，需要传入指定位置经纬度。

首先，定义变量 osmBuildingsStyle，并实例化一个 Cesium3DTileStyle 对象，在传入的配置对象中添加两个属性对象，分别为 defines、color。

然后，在 defines 属性对象中添加一个属性字段，设置名称为"distance"。这个属性与原有的属性一样，可以直接在后面使用。调用 GLSL 的内置函数 distance，并根据其他 OSM 建筑的经纬度属性值及调用 colorByDistanceToCoordinate 函数时传入的指定点的经纬度属性值，计算每个 OSM 建筑到该指定位置的距离。在 color 属性对象中添加属性 conditions，并根据上面定义的 distance 属性字段的值进行分级渲染。

最后，将变量 osmBuildingsStyle 赋给 osmBuildingsTileset.style，并根据 osmBuildingsStyle 渲染 osmBuildingsTileset。

```
//按到指定位置的距离分级渲染
function colorByDistanceToCoordinate(pickedLongitude, pickedLatitude) {
    var osmBuildingsStyle = new Cesium.Cesium3DTileStyle({
        defines: {
            //自定义字段
            distance:
                "distance(vec2(${feature['cesium#longitude']}, ${feature['cesium#latitude']}), vec2(" +
                pickedLongitude +
                "," +
                pickedLatitude +
                "))",
        },
        color: {
            conditions: [
                ["${distance} > 0.014", "color('blue')"],
                ["${distance} > 0.010", "color('green')"],
```

```
            ["${distance} > 0.006", "color('yellow')"],
            ["${distance} > 0.0001", "color('red')"],
            ["true", "color('white')"],
        ],
    },
});
osmBuildingsTileset.style = osmBuildingsStyle;
}
```

(8) 实例化一个 ScreenSpaceEventHandler 对象，并封装 getCoordinate 函数。该函数用于获取要素的经纬度属性值，并通过调用 colorByDistanceToCoordinate 函数，传入经纬度属性值作为参数来计算距离并分别渲染。

```
//获取单击位置坐标
var handler = new Cesium.ScreenSpaceEventHandler(viewer.scene.canvas);
function getCoordinate() {
    handler.setInputAction(function (click) {
        var pickedFeature = viewer.scene.pick(click.position)
        var pickedLongitude = parseFloat(pickedFeature.getProperty
("cesium#longitude"));
        var pickedLatitude = parseFloat(pickedFeature.getProperty
("cesium#latitude"));
        //调用 colorByDistanceToCoordinate
        colorByDistanceToCoordinate(pickedLongitude, pickedLatitude)
    }, Cesium.ScreenSpaceEventType.LEFT_CLICK);
}
```

(9) 封装 interactiveRendering 函数，用于交互渲染。在调用该函数时，需传入一个 Cesium3DTileFeature 类型的参数，即获取的 OSM 建筑要素，然后获取该要素的 id 属性，根据 id 属性值进行渲染。

```
//交互渲染
function interactiveRendering(feature) {
    var selected = feature.getProperty('elementId');
    var condition = "${elementId} === " + selected;
    osmBuildingsTileset.style = new Cesium.Cesium3DTileStyle({
        color: {
            conditions: [
                [condition, "color('cyan', 0.9)"],
            ]
        }
    })
}
```

(10) 封装 getFeature 函数，用于通过鼠标交互获取 OSM 建筑要素。

在函数内部注册鼠标左键单击事件，当单击鼠标左键时，获取单击到的 OSM 建筑要素，并调用 interactiveRendering 函数进行渲染。

```
//获取单击到的 OSM 建筑要素
function getFeature() {
   handler.setInputAction(function (evt) {
      var pickedFeature = viewer.scene.pick(evt.position)
      interactiveRendering(pickedFeature);
   }, Cesium.ScreenSpaceEventType.LEFT_CLICK)
}
```

（11）定义变量 dropdown，用于获取下拉列表，并定义下拉列表的 onchange 事件回调函数 change，根据下拉列表的 value 来执行渲染。

当下拉列表的 value 为"0"时，将 osmBuildingsTileset 风格设置为一个全新的 Cesium3DTileStyle 对象，并移除注册的鼠标事件。

当下拉列表的 value 为"1"时，调用 colorByBuildingType 函数，根据 OSM 建筑类型进行渲染，并移除注册的鼠标事件。

当下拉列表的 value 为"2"时，调用 getCoordinate 函数，根据到指定 OSM 建筑的距离进行分别渲染。

当下拉列表的 value 为"3"时，调用 getFeature 函数，渲染鼠标交互获取的 OSM 建筑要素。

当下拉列表的 value 为"4"时，调用 showByBuildingType 函数并传入参数"'dormitory'"，仅显示 OSM 建筑类型为"dormitory"的 OSM 建筑。

当下拉列表的 value 为"5"时，调用 showByBuildingType 函数并传入参数"'apartments'"，仅显示 OSM 建筑类型为"apartments"的 OSM 建筑。

渲染效果分别如图 6-20～图 6-25 所示。

图 6-20 初始渲染效果

图 6-21 按建筑类型设置颜色的渲染效果

图 6-22 按到指定位置的距离选择颜色的渲染效果

图 6-23 交互渲染效果

图 6-24 根据属性筛选显示的渲染效果（1）

图 6-25 根据属性筛选显示的渲染效果（2）

6.7 3D 模型着色

当 3D 模型被加载到场景中后，会默认展示 3D 模型建模时的材质。如果需要修改模型材质，则可以通过其属性信息进行修改。

首先，在网页的<head>标签中引入 Cesium.js 库文件，该文件定义了 Cesium 的对象，几乎包含了我们需要的所有内容。然后，为了能够使用 Cesium 的各个可视化控件，我们还需要在网页的<head>标签中引入 widgets.css 文件。

```
<script src="./Build/Cesium/Cesium.js"></script>
<link rel="stylesheet" href="./Build//Cesium//Widgets/widgets.css">
```

（1）在 HTML 的<style></style>中添加样式 cesiumContainer，用于控制地球容器的位置及样式；再添加样式 toolbar，用于控制工具栏的位置及样式，并设置该样式中的 input 样式。

```css
<style>
  html,
  body,
  #cesiumContainer {
    width: 100%;
    height: 100%;
    margin: 0;
    padding: 0;
    overflow: hidden;
  }
  #toolbar {
    background: rgba(245, 240, 240, 0.8);
    top: 4px;
    border-radius: 4px;
    position: absolute;
  }
  #toolbar input {
    vertical-align: middle;
    padding-top: 2px;
    padding-bottom: 2px;
  }
</style>
```

（2）创建一个 Div，设置 id 为"cesiumContainer"，用于承载整个 Cesium 场景；再创建一个 Div，设置 class 为"toolbar"，用于添加工具栏。工具栏主要分为两部分：第一部分用于修改模型颜色混合模式并对模型材质进行修改；第二部分用于修改模型外包围线材质。

对于第一部分，首先添加一个 select，设置 id 为"mode"，并绑定 onchange 事件回调函数 changeMode，在 select 中添加 3 个 option，用于切换颜色混合模式。然后添加一个 select，设置 id 为"color"，并绑定 onchange 事件回调函数 changeColor，在 select 中添加 option，用于切换模型颜色。接着添加两个滑动工具栏，设置 id 分别为"alpha""mix"，并分别绑定 oninput 事件回调函数 changeAlpha、changeMix，用于调整透明度和颜色混合值。最后添加两个文本框，分别用于记录透明度值和颜色混合值。

对于第二部分，首先添加一个 select，设置 id 为"sColor"，并绑定 onchange 事件回调函数 changeSColor，在 select 中添加 option，用于切换模型外边框线颜色。然后添加两个滑动工具栏，设置 id 分别为"sAlpha""size"，并分别绑定 oninput 事件回调函数 changeSAlpha、changeSSize，用于调整模型外边框线的透明度和宽度。最后添加两个文本框，分别用于记录这两个值。

```html
<div id="cesiumContainer">
</div>
<div id="toolbar">
```

```html
<table>
  <tbody>
    <tr>
      <td>Model Color</td>
    </tr>
    <tr>
      <td>Mode</td>
      <td>
        <select id="mode" onchange="changeMode()">
          <option value="Highlight">Highlight</option>
          <option value="Replace">Replace</option>
          <option value="Mix">Mix</option>
        </select>
      </td>
    </tr>
    <tr>
      <td>Color</td>
      <td>
        <select id="color" onchange="changeColor()">
          <option value="White">White</option>
          <option value="Red">Red</option>
          <option value="Green">Green</option>
          <option value="Blue">Blue</option>
          <option value="Yellow">Yellow</option>
          <option value="Gray">Gray</option>
        </select>
      </td>
    </tr>
    <tr>
      <td>Alpha</td>
      <td>
        <input type="range" min="0.0" max="1.0" step="0.01" value="1" id="alpha" oninput="changeAlpha()">
        <input type="text" size="5" value="1" id="alphaValue" onchange="changeAlpha2()">
      </td>
    </tr>
    <tr>
      <td>Mix</td>
      <td>
        <input type="range" min="0.0" max="1.0" step="0.01" value="0.5" id="mix" oninput="changeMix()">
        <input type="text" size="5" value="0.5" id="mixValue"
```

```
onchange="changeMix2()">
      </td>
    </tr>
    <tr>
      <td>Model Silhouette</td>
    </tr>
    <tr>
      <td>Color</td>
      <td>
        <select id="sColor" onchange="changeSColor()">
          <option value="Red">Red</option>
          <option value="Green">Green</option>
          <option value="Blue">Blue</option>
          <option value="Yellow">Yellow</option>
          <option value="Gray">Gray</option>
        </select>
      </td>
    </tr>
    <tr>
      <td>Alpha</td>
      <td>
        <input type="range" min="0.0" max="1.0" step="0.01" value="1" id="sAlpha" oninput="changeSAlpha()">
        <input type="text" size="5" value="1" id="sAlphaValue" onchange="changeSAlpha2()">
      </td>
    </tr>
    <tr>
      <td>Size</td>
      <td>
        <input type="range" min="0.0" max="10.0" step="0.01" value="2" id="size" oninput="changeSSize()">
        <input type="text" size="5" value="2" id="sizeValue" onchange="changeSSize2()">
      </td>
    </tr>
  </tbody>
</table>
</div>
```

（3）添加 token 并实例化 Viewer 对象，传入配置参数。

```
Cesium.Ion.defaultAccessToken = '你的token';
var viewer = new Cesium.Viewer("cesiumContainer", {
```

```
  infoBox: false,
  selectionIndicator: false,
  shadows: true,
  shouldAnimate: true,
  animation: false,        //是否显示动画工具
  timeline: false,         //是否显示时间轴工具
});
```

（4）根据 DOM 的 id 属性获取指定的 DOM 元素。

```
var mode = document.getElementById('mode');         //颜色模式
var color = document.getElementById('color');       //填充色
var alpha = document.getElementById('alpha');       //填充色透明度
var mix = document.getElementById('mix');           //混合比例
var sColor = document.getElementById('sColor');     //边框颜色
var sAlpha = document.getElementById('sAlpha');     //边框透明度
var size = document.getElementById('size');         //边框尺寸
```

（5）封装 getColorBlendMode 函数。该函数需要传入一个参数，用于设置颜色模式，其中，颜色模式包括 HIGHLIGHT（材质与设置的颜色相乘得到的结果）、MIX（材质与设置的颜色混合得到的结果）、REPLACE（设置颜色替换材质）。

```
function getColorBlendMode(colorBlendMode) {
  return Cesium.ColorBlendMode[colorBlendMode.toUpperCase()];//将字符串转换为大写
}
```

（6）封装 getColor 函数。该函数需要传入两个参数，分别为颜色名称、透明度，用于指定模型及外边框线的颜色和透明度。

```
function getColor(colorName, alpha) {
  const color = Cesium.Color[colorName.toUpperCase()];   //将字符串转为大写
  return Cesium.Color.fromAlpha(color, parseFloat(alpha));
}
```

（7）通过 Entity 方式加载 glb 飞机模型，加载过程参考 5.2.1 节。其中，color 属性值、silhouetteColor 属性值通过 getColor 函数设置；colorBlendMode 属性值通过 getColorBlendMode 函数设置；colorBlendAmount 属性值、silhouetteSize 属性值等通过相应的滑动条的值设置。

```
var entity = viewer.entities.add({
  name: '飞机',
  position: Cesium.Cartesian3.fromDegrees(104, 40, 5),
  model: {
    uri: './3D 格式数据/glb/Cesium_Air.glb',
    minimumPixelSize: 2,
    maximumScale: 200,
    color: getColor(color.value, alpha.value),
```

```
    colorBlendMode: getColorBlendMode(mode.value),
    colorBlendAmount: parseFloat(mix.value),
    silhouetteColor: getColor(
      sColor.value,
      sAlpha.value
    ),
    silhouetteSize: parseFloat(size.value),
  },
});
viewer.zoomTo(entity);
```

（8）封装模型颜色模式选择下拉列表的 onchange 事件回调函数 changeMode，当下拉列表中的值改变时，调用 getColorBlendMode 函数重新设置模型颜色模式。

```
//改变模型颜色模式
function changeMode() {
  entity.model.colorBlendMode = getColorBlendMode(mode.value);
}
```

（9）封装模型颜色选择下拉列表的 onchange 事件回调函数 changeColor，当下拉列表中的值改变时，调用 getColor 函数重新设置模型颜色。

```
//改变模型颜色
function changeColor() {
  entity.model.color = getColor(color.value, alpha.value);
}
```

（10）封装模型透明度和模型颜色混合值滑动条的 oninput 事件回调函数，以及相应文本框的 onchange 事件回调函数，当滑动条的值、文本框的值发生改变时，就会实时地对模型样式进行修改。

```
//模型透明度滑动条
function changeAlpha() {
  //获取滑动条当前值
  let modelAlpha = Number(alpha.value);
  //文本框显示当前值
  alphaValue.value = modelAlpha;
  entity.model.color = getColor(color.value, modelAlpha);
}
//模型透明度文本框
function changeAlpha2() {
  let modelAlpha = Number(alphaValue.value);
  alpha.value = modelAlpha;
  changeAlpha();
}
```

```
//模型颜色混合值滑动条
function changeMix() {
 //获取滑动条当前值
 let modelMix = Number(mix.value);
 //文本框显示当前值
 mixValue.value = modelMix;
 entity.model.colorBlendAmount = parseFloat(modelMix);
}
//模型颜色混合值文本框
function changeMix2() {
 let modelMix = Number(mixValue.value);
 mix.value = modelMix;
 changeMix();
}
```

（11）封装模型外轮廓线颜色选择下拉列表的 onchange 事件回调函数 changeSColor，当下拉列表中的值改变时，调用 getColor 函数重新设置模型外轮廓线的颜色。

```
//改变模型外轮廓线颜色
function changeSColor() {
 entity.model.silhouetteColor = getColor(sColor.value, sAlpha.value);
}
```

（12）封装模型外轮廓线透明度和模型外轮廓线尺寸滑动条的 oninput 事件回调函数，以及相应文本框的 onchange 事件回调函数，当滑动条的值、文本框的值发生改变时，就会实时地对模型外轮廓线样式进行修改。

```
//模型外轮廓线透明度滑动条
function changeSAlpha() {
 //获取滑动条当前值
 let silhouetteAlpha = Number(sAlpha.value);
 //文本框显示当前值
 sAlphaValue.value = silhouetteAlpha;
 entity.model.silhouetteColor = getColor(sColor.value, silhouetteAlpha);
}
//模型外轮廓线透明度文本框
function changeSAlpha2() {
 let silhouetteAlpha = Number(sAlphaValue.value);
 sAlpha.value = silhouetteAlpha;
 changeSAlpha();
}

//模型外轮廓线尺寸滑动条
function changeSSize() {
```

```
  let silhouetteSize = Number(size.value);
  sizeValue.value = silhouetteSize;
  entity.model.silhouetteSize = parseFloat(silhouetteSize);
}
//模型外轮廓线尺寸文本框
function changeSSize2() {
  let silhouetteSize = Number(sizeValue.value);
  size.value = silhouetteSize;
  entity.model.silhouetteSize = parseFloat(silhouetteSize);
}
```

图 6-26 所示为当颜色模式为 Highlight 时调整模型透明度的效果；图 6-27 所示为当颜色模式为 Replace 时调整模型透明度的效果；图 6-28 所示为当颜色模式为 Mix 时调整模型透明度的效果；图 6-29 所示为当颜色模式为 Mix 时调整颜色强度的效果，可以看到，在 Mix 模式下增强颜色强度时，模型颜色会越来越偏向纯色。

图 6-26　Highlight 模式调整模型透明度的效果

图 6-27　Replace 模式调整模型透明度的效果

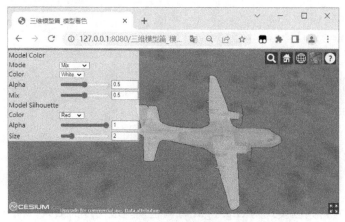

图 6-28 Mix 模式调整模型透明度的效果

图 6-29 Mix 模式调整颜色强度的效果

6.8 贴合 3D 模型

在实际应用中，3D 模型高度是一个绕不开的话题，例如，要在倾斜摄影模型上添加一个旗帜标注，这时添加旗帜标注的位置肯定要以倾斜摄影模型在该位置的高度为准，因此，我们需要获取精确的 3D 模型高度。在 Cesium 中获取 3D 模型高度的方法不止一种，本节将举例说明如何通过 sampleHeight 方法获取较为精确的 3D 模型高度。

首先，在网页的<head>标签中引入 Cesium.js 库文件，该文件定义了 Cesium 的对象，几乎包含了我们需要的所有内容。然后，为了能够使用 Cesium 的各个可视化控件，我们还需要在网页的<head>标签中引入 widgets.css 文件。

```
<script src="./Build/Cesium/Cesium.js"></script>
<link rel="stylesheet" href="./Build//Cesium//Widgets/widgets.css">
```

（1）在 HTML 的<style></style>中添加样式 cesiumContainer，用于控制地球容器的位置及样式。

```
<style>
  html,
  body,
  #cesiumContainer {
    width: 100%;
    height: 100%;
    margin: 0;
    padding: 0;
    overflow: hidden;
  }
</style>
```

（2）创建一个 Div，设置 id 为"cesiumContainer"，用于承载整个 Cesium 场景。

```
<div id="cesiumContainer" ></div>
```

（3）添加 token 并实例化 Viewer 对象，传入配置参数。

```
Cesium.Ion.defaultAccessToken = '你的token';
var viewer = new Cesium.Viewer("cesiumContainer", {
  infoBox: false,
  selectionIndicator: false,
  shadows: true,
  animation:false,
  shouldAnimate: true,
});
```

（4）开启深度检测并定义变量 longitude、latitude、range、duration，用于指定初始经纬度坐标及计算坐标点偏移量的参数；定义变量 cartographic 并实例化一个 Cartographic 对象，用于记录偏移后的坐标值。

```
//开启深度检测
viewer.scene.globe.depthTestAgainstTerrain = true;
//定义变量
var longitude = 114.40074;
var latitude = 30.51978;
var range = 0.0001;
var duration = 8.0;
var cartographic = new Cesium.Cartographic();  //记录偏移后的坐标值
```

（5）添加汽车三维模型，模型位置为上面定义的初始位置。添加完汽车三维模型后，定位到模型所在的位置。

```
//添加模型
var entity = viewer.entities.add({
  position: Cesium.Cartesian3.fromDegrees(longitude, latitude),
```

```
    model: {
      uri: "./3D格式数据/glb/GroundVehicle.glb",
    },
});
//定位过去
viewer.zoomTo(entity);
```

（6）使用 Entity 添加 point（点）和 label（标签）。动态调整点的位置并计算该点位置的高度，在标签中展示。

Entity 中点和标签的位置可以通过 CallbackProperty 方法动态回调，回调函数为 updatePosition。之后，设置点和标签的颜色、大小、偏移量等参数，具体参数含义可参考 5.2 节或官方 API，这里不再赘述。

```
//添加点和标签
var point = viewer.entities.add({
  position: new Cesium.CallbackProperty(updatePosition, false),
  point: {
    pixelSize: 10,
    color: Cesium.Color.YELLOW,
    disableDepthTestDistance: Number.POSITIVE_INFINITY, //正无穷大,设置距地面多少
米后禁用深度测试
  },
  label: {
    showBackground: true,
    font: "14px monospace",
    horizontalOrigin: Cesium.HorizontalOrigin.LEFT,
    verticalOrigin: Cesium.VerticalOrigin.BOTTOM,
    pixelOffset: new Cesium.Cartesian2(5, 5),
  },
});
```

（7）封装 CallbackProperty 回调函数 updatePosition，实时计算偏移后的点和标签的坐标及高度。回调函数 updatePosition 可选择传入一个 JulianDate 类型的时间参数。

在回调函数 updatePosition 中，根据当前日期的秒数及前面定义的变量 duration 来计算点和标签的坐标偏移量 offset。

在初始坐标位置的经度 longitude 基础上，根据偏移量 offset 及变量 range 计算新的坐标点位置。根据新的坐标点经纬度，通过 sampleHeight 方法获取新的坐标点高度，并更新标签的 text 属性来进行展示。

回调函数 updatePosition 会返回一个 Cartesian3 类型的坐标位置，用于更新点和标签的位置。

```
function updatePosition(time) {
  //计算偏移量
  const offset = (time.secondsOfDay % duration) / duration;
  //计算新的坐标点经度
  cartographic.longitude = Cesium.Math.toRadians((longitude - range + offset * range * 2.0));
  cartographic.latitude = Cesium.Math.toRadians(latitude);
  let height;
  if (viewer.scene.sampleHeightSupported) {
    //获取新的坐标点高度
    height = viewer.scene.sampleHeight(cartographic);
  }
  if (Cesium.defined(height)) {
    cartographic.height = height;
    //更新标签的text属性值
    point.label.text = `${Math.abs(height).toFixed(2).toString()} m`;
    point.label.show = true;
  } else {
    cartographic.height = 0.0;
    point.label.show = false;
  }
  //返回坐标位置，用于更新点和标签的位置
  return Cesium.Cartesian3.fromRadians(
cartographic.longitude, cartographic.latitude,cartographic.height);
}
```

图 6-30 和图 6-31 所示为在不同时间点的点和标签的位置下的模型高度。

图 6-30 模型车身高度

图 6-31　模型车头高度

6.9　模拟小车移动

本节将通过 CZML 结构模拟小车模型按照预设路线进行移动的过程。CZML 是一种在 Cesium 中用来描述动态场景的 JSON 架构的语言。CZML 结构主要用于在运行 Cesium 的 Web 浏览器中显示，它描述了线条、点、广告牌、模型和其他图形基元，并指定它们如何随时间变化。正是由于 CZML 的存在，用户可以简单、方便地构建出众多与时间相关的动态场景。

CZML 可以准确地描述值随时间变化的属性，比如，我们想要模拟小车移动，则只要在 CZML 中定义小车在两个不同时间点的位置，并使用 CZML 定义的插值算法，就可以准确地在客户端显示小车在这两个时间点之间的位置。本节的实现思路正是基于此的，即首先动态获取小车在某个时间点的位置，并计算在该位置的倾斜摄影模型高度，然后将其赋给小车，使其贴合在 3D Tiles 模型上来达到预期效果，具体实现步骤如下。

首先，在网页的<head>标签中引入 Cesium.js 库文件，该文件定义了 Cesium 的对象，几乎包含了我们需要的所有内容。然后，为了能够使用 Cesium 的各个可视化控件，我们还需要在网页的<head>的标签中引入 widgets.css 文件。

```
<script src="./Build/Cesium/Cesium.js"></script>
<link rel="stylesheet" href="./Build//Cesium//Widgets/widgets.css">
```

（1）在 HTML 的<style></style>中添加样式 cesiumContainer，用于控制地球容器的位置及样式。

```
<style>
  html,
  body,
  #cesiumContainer {
```

```
    width: 100%;
    height: 100%;
    margin: 0;
    padding: 0;
    overflow: hidden;
  }
</style>
```

（2）创建一个 Div，设置 id 为 "cesiumContainer"，用于承载整个 Cesium 场景。

```
<div id="cesiumContainer" ></div>
```

（3）添加 token 并实例化 Viewer 对象，传入配置参数，开启 timeline 和 animation 工具。

```
Cesium.Ion.defaultAccessToken = '你的token';
var viewer = new Cesium.Viewer("cesiumContainer", {
  timeline: true,
  animation: true,
});
```

（4）使用 Cesium3DTileset 类加载大雁塔倾斜摄影三维模型转换得到的 3D Tiles 模型并定位到倾斜摄影三维模型的位置。

```
var tileset = viewer.scene.primitives.add(
  new Cesium.Cesium3DTileset({
    url: './倾斜摄影/大雁塔3DTiles/tileset.json'
  }));
viewer.zoomTo(tileset);
```

（5）定义一个 CZML 结构，由于 CZML 是基于 JSON 的，因此一个 CZML 结构为一个 JSON 数组，且数组中的每一个对象都是一个 CZML 数据包（packet），每一个数据包都代表场景中的一个对象，这个对象可以是点、线、面或模型等。每一个 CZML 数据包中可以添加 id（唯一的）、name（不唯一）及其他的一些属性。

首先，在 CZML 结构中添加第一个数据包。第一个 CZML 数据包相当于根节点，里面必须包括 id 和 version，用作版本声明的一些信息，且第一个 CMZL 数据包必须是文档对象，因此第一个 CZML 数据包的 id 为 "document"、version 为 "1.0"。

然后，在第一个 CZML 数据包中添加一个属性 clock，值为一个对象，并在其中添加属性 interval，用于定义时间间隔；添加属性 currentTime，用于修改时钟的当前时间。

接着，在 CZML 结构中添加第二个数据包，设置 id 为 "CesiumMilkTruck"，用于添加小车模型，并指定小车在初始时间点、某个中间时间点和结束时间点的位置。

最后，在 CZML 结构中添加第三个数据包，设置 id 为 "Polyline"，用于绘制小车行进路线，并添加 material、width 及 clampToGround 属性，用于设置线的材质、宽度及贴地属性。

```
//定义CZML结构
var czml = [
```

```
{
  "id": "document",
  "version": "1.0",
  "clock": {
    "interval": "2022-04-14T15:18:00Z/2022-04-14T15:18:15Z",
    "currentTime": "2022-04-14T15:18:00Z",
  }
},
{
  "id": "CesiumMilkTruck",
  "model": {
    "gltf": "./RasterImage/CZML/CesiumMilkTruck/CesiumMilkTruck.glb"
  },
  "position": {
    "cartesian": [
      "2022-04-14T15:18:00Z",
      -1715306.5175099864, 4993455.496718319, 3566986.1689425386,
      "2022-04-14T15:18:12Z",
      -1715529.0193483282, 4993383.694752825, 3566984.256377016,
      "2022-04-14T15:18:15Z",
      -1715541.2997855775, 4993376.825711799, 3566988.324779788
    ]
  },
},
{
  "id": "Polyline",
  "polyline": {
    "positions": {
      "cartesian": [
        -1715306.5175099864, 4993455.496718319, 3566986.1689425386,
        -1715529.0193483282, 4993383.694752825, 3566984.256377016,
        -1715541.2997855775, 4993376.825711799, 3566988.324779788
      ]
    },
    "material": {
      "polylineOutline": {
        "color": {
          "rgba": [125, 255, 128, 255]
        },
        "outlineWidth": 0
      }
    },
    "width": 5,
```

```
      "clampToGround": true
    }
  }
]
```

(6) 定义变量 entity，用于获取 CZML 结构中的小车模型；定义变量 positionProperty，用于获取小车位置信息。定义变量 dataSourcePromise 并通过 CzmlDataSource 类中的 load 方法创建 CZML 实例的 Promise。

```
var entity;                                              //获取小车模型
var positionProperty;                                    //获取小车位置信息
var dataSourcePromise = Cesium.CzmlDataSource.load(czml); //创建 CZML 实例的 Promise
```

(7) 加载 dataSourcePromise 并获取 CZML 结构中的小车模型，然后设置小车模型朝向为路径方向并获取小车位置信息。

```
viewer.dataSources.add(dataSourcePromise).then(function (dataSource) {
  //获取小车模型
  entity = dataSource.entities.getById("CesiumMilkTruck");
  //设定小车朝向
  entity.orientation = new Cesium.VelocityOrientationProperty(entity.position);//设置模型朝向
  //获取小车位置信息
  positionProperty = entity.position;
});
```

(8) 封装函数 start，用于渲染监听。在函数中开启时钟动画并通过 postRender 事件渲染监听模型实时位置、高度并贴在 3D Tiles 模型上。

```
//渲染监听
function start() {
  //开启时钟动画
  viewer.clock.shouldAnimate = true;
  //渲染监听模型实时位置、高度并贴在 3D Tiles 模型上
  viewer.scene.postRender.addEventListener(function () {
    var position = positionProperty.getValue(viewer.clock.currentTime);
    entity.position = viewer.scene.clampToHeight(position, [entity]);
  });
}
```

(9) 在倾斜摄影模型 3D Tiles 渲染完成之后，使用 initialTilesLoaded 事件对 start 函数添加事件监听器，开始模拟小车移动。

```
tileset.initialTilesLoaded.addEventListener(start);//3D Tiles 模型渲染完成后调用
```

图 6-32 和图 6-33 所示为小车在两个不同时间点的位置。

图 6-32　小车位置（1）

图 6-33　小车位置（2）

第 7 章 Cesium 材质特效

在第 5 章中,我们讲解了通过 Entity 方式和 Primitive 方式绘制各类实体,以及一些常用材质的设置。但是无论是使用 Entity 类还是 Primitive 类添加的几何实体数据,Cesium 都为我们提供了相应的接口对相关的材质进行修改,比如,Entity 中的实体材质样式可以通过 PolylineDashMaterialProperty、StripeMaterialProperty 等类进行修改,Primitive 中的实体材质样式可以通过 EllipsoidSurfaceAppearance、MaterialAppearance 等类进行修改。

而在本章中,我们将使用一些特殊的材质,如视频材质、自定义材质和 Cesium 内置的一些特殊效果类、粒子系统等实现一些特效场景的模拟,包括云、雾、动态水面、雷达扫描、流动线、电子围栏、粒子烟花、粒子火焰及粒子天气等。

7.1 视频材质

对于通过 Entity 方式和 Primitive 方式创建的几何实体,我们在之前的章节中介绍过如何设置常规的材质颜色、贴图,下面我们将在本节中介绍如何给几何实体贴上一个特殊的材质,即视频材质。

首先,在网页的<head>标签中引入 Cesium.js 库文件,该文件定义了 Cesium 的对象,几乎包含了我们需要的所有内容。然后,为了能够使用 Cesium 的各个可视化控件,我们还需要在网页的<head>标签中引入 widgets.css 文件。

```
<script src="./Build/Cesium/Cesium.js"></script>
<link rel="stylesheet" href="./Build//Cesium//Widgets/widgets.css">
```

(1) 在 HTML 的<style></style>中添加样式 cesiumContainer、toolbar,用于控制地球容器和工具栏的位置及样式。

```
<style>
  html,
  body,
  #cesiumContainer {
```

```
        width: 100%;
        height: 100%;
        margin: 0;
        padding: 0;
    }
    .toolbar {
        position: absolute;
        top: 10px;
        left: 20px;
        background-color: rgb(0, 0, 0, 0);
    }
</style>
```

（2）创建一个 Div，设置 id 为"cesiumContainer"，用于承载整个 Cesium 场景；再创建一个 Div，设置 class 为"toolbar"，用于添加工具栏。在该 Div 下创建一个 select（下拉列表），设置 id 为"dropdown"，并添加两个 option（选项），再绑定 onchange 事件回调函数 change，当 select 的值改变时，会触发回调函数。

```
<div id="cesiumContainer">
</div>
<div class="toolbar">
    <select id="dropdown" onchange="change()">
        <option value="edit1">视频材质</option>
        <option value="edit2">视频重复</option>
    </select>
</div>
```

（3）创建 video 标签，设置 id 为"myVideo"，并添加属性 muted，值为"true"，用于关闭声音；添加属性 autoplay，值为"true"，用于设置自动播放；添加属性 loop，值为"true"，用于设置循环播放。之后设置 display 为"none"，用于隐藏 video 标签。

```
<video id="myVideo" muted="true" autoplay="true" loop="true" style=
"display: none;">
    <source
        src=https://cesium.com/public/SandcastleSampleData/big-buck-
bunny_trailer. mp4 type="video/mp4">
</video>
```

（4）添加 token 并实例化 Viewer 对象，传入配置参数。

```
Cesium.Ion.defaultAccessToken = '你的token';
var viewer = new Cesium.Viewer("cesiumContainer", {
    timeline: false,
    animation: false,
    sceneModePicker: false,
    fullscreenButton:false
});
```

(5) 定义变量 videoElement，用于获取 video 标签的视频元素，并通过 VideoSynchronizer 将视频元素与 Cesium 模拟时钟同步，开启时钟的 shouldAnimate 以开启动画播放。

```
const videoElement = document.getElementById("myVideo");
//将视频元素与模拟时钟同步
let synchronizer = new Cesium.VideoSynchronizer({
    clock: viewer.clock,
    element: videoElement
});
viewer.clock.shouldAnimate = true;
```

(6) 创建一个 Entity 球体 sphere，设置球体的 material 属性为 "videoElement"，并将相机视角锁定到 sphere。

```
var sphere = viewer.entities.add({
    position: Cesium.Cartesian3.fromDegrees(104, 39, 2200),
    ellipsoid: {
        radii: new Cesium.Cartesian3(1000, 1000, 1000),
        material: videoElement,
    },
});
//将相机视角锁定到 sphere
viewer.trackedEntity = sphere;
```

(7) 定义变量 isRepeat，默认值为 false，用于控制是否重复给球体 sphere 贴材质，并设置球体的 material.repeat 属性，通过 CallbackProperty 函数返回 repeat 值。当 isRepeat 为 true 时，设置在 X、Y 方向上均重复贴材质 8 次；当 isRepeat 为 true 时，设置在 X、Y 方向上均贴材质 1 次。

```
//改变视频重复个数
var isRepeat = false;
sphere.ellipsoid.material.repeat = new Cesium.CallbackProperty(
    function (result) {
        if (isRepeat) {
            result.x = 8;
            result.y = 8;
        } else {
            result.x = 1;
            result.y = 1;
        }
        return result;
    },
    false
);
```

（8）定义变量 dropdown，获取 dropdown 下拉列表的值，并封装 dropdown 下拉列表的 onchange 事件回调函数 change，用于修改 isRepeat 的值，从而实现视频材质重复个数的切换。

```
var dropdown = document.getElementById('dropdown');
function change() {
    switch (dropdown.value) {
        case 'edit1':
            isRepeat = false;
            break;
        case 'edit2':
            isRepeat = true;
            break;
        default:
            break;
    }
}
```

为 Entity 几何实体球贴视频材质，视频材质不重复的效果如图 7-1 所示，视频材质在 X、Y 方向上分别重复 8 次的效果如图 7-2 所示。

图 7-1　视频材质不重复的效果

图 7-2　视频材质在 X、Y 方向上分别重复 8 次的效果

7.2 分辨率尺度

在 Cesium 中，可以通过 viewer.resolutionScale 获取或者设置渲染分辨率的缩放比例。当该属性值小于 1.0 时，可以改善性能不佳的设备的显示效果，而当该属性值大于 1.0 时，将以更快的速度呈现分辨率，并缩小比例，从而提高视觉保真度。例如，如果窗口的尺寸为 640 像素×480 像素，则将 viewer.resolutionScale 的值设置为 0.5，会导致场景以 320 像素×240 像素渲染，之后设置为 2.0，会导致场景以 1280 像素×960 像素渲染。

首先，在网页的<head>标签中引入 Cesium.js 库文件，它定义了 Cesium 的对象，几乎包含了我们需要的所有内容。然后，为了能够使用 Cesium 的各个可视化控件，我们还需要在网页的<head>标签中引入 widgets.css 文件。

```
<script src="./Build/Cesium/Cesium.js"></script>
<link rel="stylesheet" href="./Build//Cesium//Widgets/widgets.css">
```

（1）在 HTML 的<style></style>中添加样式 cesiumContainer、toolbar，用于控制地球容器和工具栏的位置及样式。

```
<style>
   html,
   body,
   #cesiumContainer {
      width: 100%;
      height: 100%;
      margin: 0;
      padding: 0;
      overflow: hidden;
   }
   .toolbar {
      position: absolute;
      top: 10px;
      left: 20px;
      background-color: rgba(0, 0, 0, 0.6);
   }
</style>
```

（2）创建一个 Div，设置 id 为 "cesiumContainer"，用于承载整个 Cesium 场景；再创建一个 Div，设置 class 为 "toolbar"。在第二个 Div 中添加一个 label，设置名称为 "分辨率尺度"，字体颜色为白色；添加一个滑动工具栏，设置 id 为 "R"，value 为 "1"，并为其绑定 oninput 事件回调函数 change；添加一个文本框，设置 id 为 "resolutionValue"，value 为 "1"，并为其绑定 onchange 事件回调函数 change2，用于记录滑动条的值。

```
<div id="cesiumContainer">
```

```
</div>
<div class="toolbar">
    <label style="color: white;">分辨率尺度</label> <br />
    <input type="range" max="2" step="0.1" oninput="change()" id="R" value="1">
    <input type="text" style="width:70px; " id="resolutionValue" value="1" onchange="change2()">
</div>
```

（3）添加 token 并实例化 Viewer 对象，传入配置参数。

```
Cesium.Ion.defaultAccessToken = '你的token';
var viewer = new Cesium.Viewer("cesiumContainer", {
    animation: false,           //是否显示动画工具
    timeline: false,            //是否显示时间轴工具
    fullscreenButton: false,    //是否显示全屏按钮工具
});
```

（4）使用 Cesium3DTileset 类加载大雁塔倾斜摄影三维模型转换得到的 3D Tiles 模型并定位到倾斜摄影三维模型的位置。

```
//加载大雁塔倾斜摄影三维模型
var tileset = viewer.scene.primitives.add(
    new Cesium.Cesium3DTileset({
        url: './倾斜摄影/大雁塔3DTiles/tileset.json'
    })
);
//定位过去
viewer.zoomTo(tileset);
```

（5）封装 change 函数，当滑动条滑动时，监听滑动条的值并调用 change 函数对场景渲染分辨率进行实时调整。

首先，获取滑动条当前值，将其在文本框中显示，并使用 Cesium.Math 中的 clamp 方法将分辨率尺度约束在 0.1~2.0，避免分辨率为 0 或者因分辨率太高而导致浏览器崩溃。

然后，将滑动条当前值作为 Cesium 场景渲染的分辨率尺度。

```
function change() {
    //获取滑动条当前值
    var resolutionScale = Number(R.value);
    //将值约束在0.1~2.0
    resolutionScale = Cesium.Math.clamp(resolutionScale, 0.1, 2.0);
    //文本框显示当前值
    resolutionValue.value = resolutionScale;
    //修改分辨率尺度
    viewer.resolutionScale = resolutionScale;
}
```

（6）封装 change2 函数，当修改文本框的值时，同步修改滑动条的值并调用 change 函数调整场景渲染分辨率。

```
function change2() {
    var resolutionScale = Number(resolutionValue.value);
    //将值约束在 0.1～2.0
    resolutionScale = Cesium.Math.clamp(resolutionScale, 0.1, 2.0);
    //赋值给滑动条
    R.value = resolutionScale;
    //修改分辨率尺度
    change();
}
```

图 7-3 和图 7-4 所示分别为分辨率尺度为"0.2"和"1.5"时的效果。

图 7-3　分辨率尺度为"0.2"时的效果

图 7-4　分辨率尺度为"1.5"时的效果

7.3 云

在模拟实际场景时,可以通过 CloudCollection 类在场景中渲染云,同时支持手动修改云的大小、亮度等来模拟积云。基本思路为先使用 CloudCollection 类创建一个云集合,然后在云集合中添加定义的不同样式的云。

首先,在网页的<head>标签中引入 Cesium.js 库文件,该文件定义了 Cesium 的对象,几乎包含了我们需要的所有内容。然后,为了能够使用 Cesium 的各个可视化控件,我们还需要在网页的<head>标签中引入 widgets.css 文件。

```
<script src="./Build/Cesium/Cesium.js"></script>
<link rel="stylesheet" href="./Build//Cesium//Widgets/widgets.css">
```

(1)在 HTML 的<style></style>中添加样式 cesiumContainer、toolbar,用于控制地球容器和工具栏的位置及样式。

```
<style>
   html,
   body,
   #cesiumContainer {
      width: 100%;
      height: 100%;
      margin: 0;
      padding: 0;
      overflow: hidden;
   }
   .toolbar {
      position: absolute;
      top: 10px;
      left: 20px;
      color: white;
      background-color: rgba(0, 0, 0, 0.6);
   }
</style>
```

(2)创建一个 Div,设置 id 为"cesiumContainer",用于承载整个 Cesium 场景;再创建一个 Div,设置 class 为"toolbar"。在第二个 Div 中添加 3 个 label,分别设置名称为"X 轴尺寸""Y 轴尺寸""亮度";添加 3 个滑动条,分别设置 id 为"ScaleX""ScaleY""Brightness",并为 ScaleX、ScaleY 滑动条绑定 oninput 事件回调函数 changeScale,用于动态修改云的大小,为 Brightness 滑动条绑定 oninput 事件回调函数 changeBrightness,用于动态修改云的亮度;添加 3 个文本框,分别设置 id 为"ScaleXValue""ScaleYValue""BrightnessValue",用于记录 3 个滑动条的值。

```html
<div id="cesiumContainer"></div>
<div class="toolbar">
  <label>X 轴尺寸</label> <br />
  <input type="range" min="5" max="50" step="1" oninput="changeScale()" id="ScaleX" value="25">
  <input type="text" style="width:70px; " id="ScaleXValue" value="25" onchange="changeScaleX()"> <br>
  <label>Y 轴尺寸</label> <br />
  <input type="range" min="5" max="50" step="1" oninput="changeScale()" id="ScaleY" value="12">
  <input type="text" style="width:70px; " id="ScaleYValue" value="12" onchange="changeScaleY()"> <br>
  <label>亮度</label> <br />
  <input
     type="range" min="0" max="1" step="0.01" oninput="changeBrightness()" id="Brightness" value="1">
  <input
     type="text" style="width:70px; " id="BrightnessValue" value="1" onchange="changeBrightnessValue()"> <br>
</div>
```

（3）添加 token 并实例化 Viewer 对象，传入配置参数。

```
Cesium.Ion.defaultAccessToken = '你的token';
var viewer = new Cesium.Viewer("cesiumContainer", {
    animation: false,            //是否显示动画工具
    timeline: false,             //是否显示时间轴工具
    fullscreenButton: false,     //是否显示全屏按钮工具
});
```

（4）实例化一个 CloudCollection 对象并传入配置对象，在配置对象中添加属性 noiseDetail，值为"16.0"，用于控制在渲染积云的、预先计算的噪点纹理中捕获的细节量，并将 CloudCollection 对象添加到场景中。

```
//创建并添加云集合 clouds
var clouds = viewer.scene.primitives.add(
  new Cesium.CloudCollection({
    noiseDetail: 16.0,
  })
);
```

（5）在 clouds 中添加云，设置云的 position（位置）、scale（尺寸）、slice（切片）及 brightness（亮度），并添加到 clouds 中。

```
//添加云
var cloud = clouds.add({
```

```
  position: Cesium.Cartesian3.fromDegrees(114.39264, 30.52252, 100),
  scale: new Cesium.Cartesian2(25, 12),
  slice: 0.36,
  brightness: 1,
})
```

（6）使用相机 camera 的 lookAt 方法设置相机观察的目标位置及方向，保证相机对准添加的云。

```
//设置相机位置及方向
viewer.camera.lookAt(
  Cesium.Cartesian3.fromDegrees(114.39264, 30.52252, 100),
  new Cesium.Cartesian3(30, 30, -10)
);
```

（7）根据 DOM 的 id 属性获取指定的 DOM 元素。

```
var ScaleX = document.getElementById('ScaleX');              //X轴尺寸
var ScaleXValue = document.getElementById('ScaleXValue');    //ScaleX 滑动条值
var ScaleY = document.getElementById('ScaleY');              //Y轴尺寸
var ScaleYValue = document.getElementById('ScaleYValue');    //ScaleY 滑动条值
var Brightness = document.getElementById('Brightness');      //亮度
//Brightness 滑动条值
var BrightnessValue = document.getElementById('BrightnessValue');
```

（8）封装 ScaleX、ScaleY 滑动条的 oninput 事件回调函数 changeScale 及相应文本框的 onchange 事件回调函数 changeScaleX()、changeScaleY，当滑动条的值、文本框的值发生改变时，可以实时地对云在 X 轴、Y 轴方向上的尺寸进行修改。

```
//Scale 滑动条
function changeScale() {
  //获取 ScaleX 滑动条当前值
  var sX = Number(ScaleX.value);
  //文本框显示当前值
  ScaleXValue.value = sX;
  //获取 ScaleY 滑动条当前值
  var sY = Number(ScaleY.value);
  //文本框显示当前值
  ScaleYValue.value = sY;
  //修改云的比例
  cloud.scale = new Cesium.Cartesian2(sX, sY);
}

//ScaleX 文本框
function changeScaleX() {
  //获取 ScaleX 文本框的值并赋给 ScaleX 滑动条
```

```
  ScaleX.value = Number(ScaleXValue.value);
  changeScale();
}
//ScaleY 文本框
function changeScaleY() {
  //获取 ScaleY 文本框的值并赋给 ScaleY 滑动条
  ScaleY.value = Number(ScaleYValue.value);
  changeScale();
}
```

（9）封装 Brightness 滑动条的 oninput 事件回调函数 changeBrightness 及相应文本框的 onchange 事件回调函数 changeBrightnessValue，当滑动条的值、文本框的值发生改变时，可以实时地对云的亮度进行修改。

```
//Brightness 滑动条
function changeBrightness() {
  //获取 Brightness 滑动条当前值
  var brightness = Number(Brightness.value);
  //文本框显示当前值
  BrightnessValue.value = brightness;
  //修改云的亮度
  cloud.brightness = brightness;
}
//Brightness 文本框
function changeBrightnessValue() {
  //获取文本框的值并赋值给 Brightness 滑动条
  Brightness.value = Number(BrightnessValue.value);
  changeBrightness();
}
```

图 7-5 和图 7-6 所示分别为 X 轴尺寸为"24"、Y 轴尺寸为"12"且亮度为"1"时的云和 X 轴尺寸为"18"、Y 轴尺寸为"15"且亮度为"0.6"时的云效果。

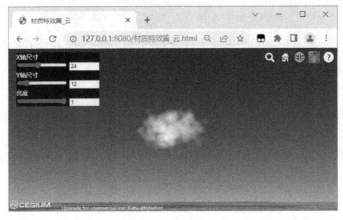

图 7-5　云效果（1）

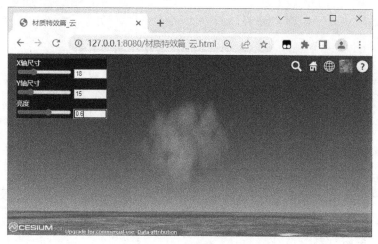

图 7-6　云效果（2）

7.4　雾

Cesium 在 1.46 版本之后新增了场景后处理功能。所谓场景后处理，我们可以将其理解为一个不断叠加的过程。例如，我们拍了一张照片，拍完之后觉得该照片亮度不够，于是我们在该照片的基础上进行了亮度的调整，得到了一张新照片，然后觉得新照片不够好看，又在新照片的基础上添加了滤镜，此后我们可能还会进行多次处理，直到最后得到的照片满足我们的要求为止，这个过程就类似于场景后处理，即我们在绘制场景时可能会不断地对场景进行一些处理，将最终符合我们要求的处理结果绘制到屏幕上[①]。本节将通过 Cesium 的场景后处理功能来实现雾的效果。

首先，在网页的<head>标签中引入 Cesium.js 库文件，该文件定义了 Cesium 的对象，几乎包含了我们需要的所有内容。然后，为了能够使用 Cesium 的各个可视化控件，我们还需要在网页的<head>标签中引入 widgets.css 文件。

```
<script src="./Build/Cesium/Cesium.js"></script>
<link rel="stylesheet" href="./Build//Cesium//Widgets/widgets.css">
```

（1）在 HTML 的<style></style>中添加样式 cesiumContainer，用于控制地球容器的位置及样式。

```
<style>
  html,
  body,
  #cesiumContainer {
    width: 100%;
    height: 100%;
```

---

① 引自 https://www.cnblogs.com/webgl-angela/p/9272810.html。

```
    margin: 0;
    padding: 0;
    overflow: hidden;
  }
</style>
```

（2）创建一个 Div，设置 id 为 "cesiumContainer"，用于承载整个 Cesium 场景。

```
<div id="cesiumContainer"></div>
```

（3）添加 token 并实例化 Viewer 对象，传入配置参数。

```
Cesium.Ion.defaultAccessToken = '你的 token';
var viewer = new Cesium.Viewer("cesiumContainer", {
  animation: false,         //是否显示动画工具
  timeline: false,          //是否显示时间轴工具
  fullscreenButton: false,  //是否显示全屏按钮工具
});
```

（4）使用 Cesium3DTileset 类加载大雁塔倾斜摄影三维模型转换得到的 3D Tiles 模型并定位到倾斜摄影三维模型位置。

```
var tileset = viewer.scene.primitives.add(
  new Cesium.Cesium3DTileset({
    url: './倾斜摄影/大雁塔 3DTiles/tileset.json'
  }));
viewer.zoomTo(tileset);
```

（5）定义变量 fragmentShaderSource，作为片源着色器。片源着色器的作用就是计算平面上每一个片段（这里是屏幕上的每一个像素）输出的颜色值。这部分内容涉及 GLSL，感兴趣的读者可以自行学习相关知识，这里仅进行简单介绍。

首先，在片源着色器中定义一个函数 getDistance，用于根据屏幕采样点坐标计算每个渲染顶点和视点（相机）之间的距离。然后，定义函数 interpolateByDistance，用于对计算出来的距离进行插值计算。接着，定义函数 alphaBlend，用于根据不同的距离得到不同的显示透明度。

在定义计算函数后，使用 uniform 修饰传递给着色器的数据，包括内置变量 colorTexture，表示整个场景的颜色纹理或者前一个后期处理结果的颜色纹理；内置变量 depthTexture，表示整个场景的深度纹理或者前一个后期处理结果的深度纹理；内置变量 v_textureCoordinates，表示屏幕采样点坐标；以及 uniforms 向 fragmentShader 中传递的外部数据 fogByDistance，表示雾的距离，类型为 Cesium.Matrix4；fogColor，表示雾的颜色，类型为 Cesium.Color。

最后，定义入口函数 main，根据传递给着色器的数据，不断地计算每个渲染顶点和视点（相机）之间的距离，并根据距离大小设置不同的颜色透明度。至此，着色器的代码编写完毕。

```
var fragmentShaderSource =
  `//计算每个渲染顶点和视点（相机）的距离
```

```glsl
float getDistance(sampler2D depthTexture, vec2 texCoords)
{
    float depth = czm_unpackDepth(texture2D(depthTexture, texCoords));
    if (depth == 0.0) {
        return czm_infinity;
    }
    vec4 eyeCoordinate = czm_windowToEyeCoordinates(gl_FragCoord.xy, depth);
    return -eyeCoordinate.z / eyeCoordinate.w;
}
//按距离进行插值计算
float interpolateByDistance(vec4 nearFarScalar, float distance)
{
    float startDistance = nearFarScalar.x;
    float startValue = nearFarScalar.y;
    float endDistance = nearFarScalar.z;
    float endValue = nearFarScalar.w;
    float t = clamp((distance - startDistance) / (endDistance - startDistance), 0.0, 1.0);
    return mix(startValue, endValue, t);
}
//计算透明度
vec4 alphaBlend(vec4 sourceColor, vec4 destinationColor)
{
    return sourceColor * vec4(sourceColor.aaa, 1.0) + destinationColor * (1.0 - sourceColor.a);
}

uniform sampler2D colorTexture;          //颜色纹理，内置变量
uniform sampler2D depthTexture;          //深度纹理，内置变量
varying vec2 v_textureCoordinates;       //屏幕采样点坐标，内置变量

uniform vec4 fogByDistance;              //自定义属性，外部变量
uniform vec4 fogColor;                   //自定义属性，外部变量
void main(void)
{
    float distance = getDistance(depthTexture, v_textureCoordinates);
    vec4 sceneColor = texture2D(colorTexture, v_textureCoordinates);
    float blendAmount = interpolateByDistance(fogByDistance, distance);
    vec4 finalFogColor = vec4(fogColor.rgb, fogColor.a * blendAmount);
    gl_FragColor = alphaBlend(finalFogColor, sceneColor);
}`;
```

（6）定义变量 postProcessStage，通过 PostProcessStage 实例化一个场景后处理阶段对象并传入配置对象。在配置对象中添加属性 fragmentShader，值为上一步我们定义的片源着色器

fragmentShaderSource；添加属性 uniforms，值为一个对象，对象中传入的是我们自定义的传递给片源着色器的外部属性，包括 fogByDistance、fogColor，这两个属性分别定义了距离和颜色。

```
var postProcessStage = new Cesium.PostProcessStage({
  //片源着色器
  fragmentShader: fragmentShaderSource,
  uniforms: {
    fogByDistance: new Cesium.Cartesian4(0, 0, 600, 1.0), //距离
    fogColor: Cesium.Color.WHITE, //颜色
  },
})
```

（7）将定义的场景后处理阶段添加到场景后处理集合中。

```
viewer.scene.postProcessStages.add(postProcessStage);
```

最终的雾效果如图 7-7 和图 7-8 所示，分别为相机在不同距离时的显示效果。

图 7-7　雾效果（1）

图 7-8　雾效果（2）

7.5 动态水面

模拟水面效果也是 Cesium 场景中常见的功能，例如，有的项目可能通过绘制实体面，并设置材质为淡蓝色来模拟水面。但是，在实际生活中，水面往往不是静止的而是动态的，所以本节将通过修改水面的材质来实现动态水面的效果。

动态水面的具体实现思路比较简单。我们先准备一张水面纹理图片，然后通过 Primitive 方式创建一个矩形实体，使用 EllipsoidSurfaceAppearance 定义一个水面材质，并给矩形实体设置该材质，即可实现简单的动态水面效果。

首先，在网页的<head>标签中引入 Cesium.js 库文件，该文件定义了 Cesium 的对象，几乎包含了我们需要的所有内容。然后，为了能够使用 Cesium 的各个可视化控件，我们还需要在网页的<head>标签中引入 widgets.css 文件。

```
<script src="./Build/Cesium/Cesium.js"></script>
<link rel="stylesheet" href="./Build//Cesium//Widgets/widgets.css">
```

（1）在 HTML 的<style></style>中添加样式 cesiumContainer，用于控制地球容器的位置及样式。

```
<style>
  html,
  body,
  #cesiumContainer {
    width: 100%;
    height: 100%;
    margin: 0;
    padding: 0;
    overflow: hidden;
  }
</style>
```

（2）创建一个 Div，设置 id 为 "cesiumContainer"，用于承载整个 Cesium 场景。

```
<div id="cesiumContainer"></div>
```

（3）添加 token 并实例化 Viewer 对象，传入配置参数，在配置参数中设置 terrainProvider 配置项为 "Cesium.createWorldTerrain()"，用于加载全球在线地形数据。

```
Cesium.Ion.defaultAccessToken = '你的token';
var viewer = new Cesium.Viewer("cesiumContainer", {
  animation: false,                    //是否显示动画工具
  timeline: false,                     //是否显示时间轴工具
  fullscreenButton: false,             //是否显示全屏按钮工具
```

```
    terrainProvider: Cesium.createWorldTerrain()  //加载全球在线地形数据
});
```

（4）开启深度检测。当开启深度检测后，会有高程遮挡效果，能够更加真实地在场景不同高程的地方模拟水面效果。

```
viewer.scene.globe.depthTestAgainstTerrain = true;
```

（5）定义几何形状。创建一个变量 rectangle，通过 new Cesium.GeometryInstance 实例化一个 Geometry 对象，在传入的配置对象中添加属性 geometry，值为实例化的 RectangleGeometry 几何对象，几何对象中的具体属性参数参见 5.2.4 节中的绘制矩形部分。

```
var rectangle = new Cesium.GeometryInstance({
    geometry: new Cesium.RectangleGeometry({
        rectangle: Cesium.Rectangle.fromDegrees(95.0, 39.0, 100.0, 42.0),
        height: 3500.0
    })
});
```

（6）定义外观。创建一个变量 rectangleAppearance，并实例化一个 EllipsoidSurfaceAppearance 对象，用于定义几何形状 rectangle 的外观。

在实例化 EllipsoidSurfaceAppearance 对象时传入的配置对象中添加属性对象 material，值为实例化的 Material 对象。之后，在 material 中添加属性对象 fabric，并在 fabric 中添加属性 type，值为"Water"，用于指定材质类型；添加属性对象 uniforms，用于指定材质的其他属性。

在 uniforms 中添加属性 baseWaterColor，值为"new Cesium.Color(0.2, 0.3, 0.5, 0.5)"，用于指定水面材质的基础颜色；添加属性 normalMap，值为我们准备好的纹理图片，用于指定水面材质的法线纹理贴图；添加属性 frequency，值为"100.0"，用于指定水波纹的数量；添加属性 animationSpeed，值为"0.01"，用于指定水波纹的振动速度；添加属性 amplitude，值为"10.0"，用于指定水波纹的振幅大小。

```
var rectangleAppearance = new Cesium.EllipsoidSurfaceAppearance({
    //aboveGround: true,
    material: new Cesium.Material({
        fabric:
        {
            type: 'Water',                                          //材质类型
            uniforms: {
                baseWaterColor: new Cesium.Color(0.2, 0.3, 0.5, 0.5),//基础颜色
                normalMap: './RasterImage/图片/动态水面.jpg',       //法线纹理贴图
                frequency: 100.0,                                   //水波纹的数量
                animationSpeed: 0.01,                               //水波纹的振动速度
                amplitude: 10.0                                     //水波纹的振幅大小
            },
        }
```

        }),
    });

（7）通过 new Cesium.Primitive 创建一个 Primitive 对象，设置名称为"addRectangleGeometry"，并在传入的配置对象中添加属性 geometryInstances，值为"rectangle"，即前面定义的几何形状，用于指定 Primitive 图形的几何形状为矩形；添加属性 appearance，值为"rectangleAppearance"，即前面定义的外观，用于指定 Primitive 图形的外观。

```
var addRectangleGeometry = new Cesium.Primitive({
    geometryInstances: rectangle,
    appearance: rectangleAppearance
})
```

（8）通过 viewer.scene.primitives.add 方法将创建好的 Primitive 图形添加到场景中，并设置相机视角飞行至该 Primitive 区域。

```
viewer.scene.primitives.add(addRectangleGeometry);
//相机视角
viewer.camera.flyTo({
    destination: Cesium.Cartesian3.fromDegrees(108, 42, 6000000),

})
```

实现的动态水面效果如图 7-9 所示。此方法可以实现简单的动态水面效果，如果想要实现更加逼真的水面效果，则需要重写材质的 shader，感兴趣的读者可以自行尝试。

图 7-9　动态水面效果

7.6　雷达扫描

使用飞机或无人机沿着飞行路线进行雷达扫描的效果在实际应用中是很常见的。在

Cesium 中实现雷达扫描效果的方法有很多，可以通过对 Entity 实体贴纹理并对材质进行不断的旋转来实现，或者通过着色器重写 Entity 实体的材质 shader 来实现。比较而言，前者对于新手来说更容易实现，本节我们就通过第一种方法来模拟雷达扫描效果。

首先，在网页的<head>标签中引入 Cesium.js 库文件，该文件定义了 Cesium 的对象，几乎包含了我们需要的所有内容。然后，为了能够使用 Cesium 的各个可视化控件，我们还需要在网页的<head>标签中引入 widgets.css 文件。

```
<script src="./Build/Cesium/Cesium.js"></script>
<link rel="stylesheet" href="./Build//Cesium//Widgets/widgets.css">
```

（1）在 HTML 的<style></style>中添加样式 cesiumContainer，用于控制地球容器的位置及样式。

```
<style>
  html,
  body,
  #cesiumContainer {
    width: 100%;
    height: 100%;
    margin: 0;
    padding: 0;
    overflow: hidden;
  }
</style>
```

（2）创建一个 Div，设置 id 为"cesiumContainer"，用于承载整个 Cesium 场景。

```
<div id="cesiumContainer"></div>
```

（3）添加 token 并实例化 Viewer 对象，传入配置参数。

```
Cesium.Ion.defaultAccessToken = '你的token';
var viewer = new Cesium.Viewer("cesiumContainer", {
  animation: false,          //是否显示动画工具
  timeline: false,           //是否显示时间轴工具
  fullscreenButton: false,   //是否显示全屏按钮工具
});
```

（4）定义变量 rotation，初始值为"0"，用于控制纹理的旋转角度；定义变量 amount，初始值为"4"，表示旋转角度变化值，即每次旋转 4°。

```
var rotation = 0;           //纹理旋转角度
var amount = 4;             //旋转变化量
```

（5）创建一个对象 rader，并添加属性 position，用于指定 Entity 实体位置，值为 Cartesian3 类型。再添加一个属性对象 ellipse，用于描述椭圆。

在 ellipse 对象中添加属性 semiMinorAxis，值为"300.0"，用于指定雷达扫描椭圆范围的

短半轴长度；添加属性 semiMajorAxis，值为"300.0"，用于指定雷达扫描椭圆范围的长半轴长度。

在 ellipse 对象中添加属性 material，值为一个实例化的 ImageMaterialProperty 材质对象，并在配置参数中添加属性 image，值为我们要给 ellipse 贴的材质纹理图；添加属性 color，用于设置应用于材质纹理图的颜色。

在 ellipse 对象中继续添加属性 height，值为"0"；添加属性 outline，值为"true"；添加属性 outlineWidth，值为"2"，用于指定外边框宽度；添加属性 outlineColor，用于指定外边框颜色。

在 ellipse 对象中添加关键属性 stRotation，并通过 Cesium.CallbackProperty 设置该值为动态返回值。在 Cesium.CallbackProperty 的回调函数中计算 rotation（旋转角度），对角度每次加 4°，当 rotation 大于或等于 360°或者小于或等于 360°时归零并重新计算，然后将实时计算的结果值通过 Math 类中的 toRadians 方法转换为弧度并将其赋给 stRotation 属性。

```
var rader = {
    position: Cesium.Cartesian3.fromDegrees(114.40372, 30.52252),
    ellipse: {
        semiMajorAxis: 300.0,
        semiMinorAxis: 300.0,
        //指定材质
        material: new Cesium.ImageMaterialProperty({
            image: './RasterImage/图片/color.png',
            color: new Cesium.Color(1.0, 0.0, 0.0, 0.7),
        }),
        //外边框
        height:0,
        outline: true,
        outlineWidth: 2,
        outlineColor: new Cesium.Color(1.0, 0.0, 0.0, 1.0),
        //纹理旋转角度通过 CallbackProperty 回调
        stRotation: new Cesium.CallbackProperty(function () {
            rotation += amount;
            if (rotation >= 360 || rotation <= -360) {
                rotation = 0;
            }
            //将角度转换为弧度
            return Cesium.Math.toRadians(rotation);
        }, false)
    }
}
```

（6）通过 viewer.entities.add 方法将 rader 添加到场景中。

```
//将 rader 添加到场景中
```

```
viewer.entities.add(rader)
```

（7）在 rader 的中心添加一个点实体，具体参数设置参见 5.2.1 节，这里不再赘述，接着使用 viewer.camera.setView 方法设置相机位置。

```
//添加点
var point = viewer.entities.add({
    position: Cesium.Cartesian3.fromDegrees(114.40372, 30.52252),
    point: {
        pixelSize: 10,
        color: Cesium.Color.RED,
        heightReference: Cesium.HeightReference.CLAMP_TO_GROUND
    }
});
viewer.camera.setView({
    destination: Cesium.Cartesian3.fromDegrees(114.40372, 30.52252, 2000)
});
```

图 7-10 和图 7-11 所示为不同时间的雷达扫描效果。

图 7-10 雷达扫描效果（1）

图 7-11 雷达扫描效果（2）

7.7 流动线

Cesium 中有许多封装好的内置纹理，如条纹、颜色、虚线、棋盘、水面等，但是这些内置纹理大多是静态的，并不能满足我们在实际开发中的需求，这时就需要我们通过自定义材质来达到特定的纹理效果。

自定义材质可以通过现有的内置材质派生，也可以使用 Fabric 和 GLSL 来自定义。但是在实际开发中，为了减少代码冗余，我们通常将常用的自定义材质封装成一个个 Material 材质类以便复用，下面将介绍如何封装一个自定义流动线材质类。

首先，在网页的<head>标签中引入 Cesium.js 库文件，该文件定义了 Cesium 的对象，几乎包含了我们需要的所有内容。然后，为了能够使用 Cesium 的各个可视化控件，我们还需要在网页的<head>标签中引入 widgets.css 文件。

```
<script src="./Build/Cesium/Cesium.js"></script>
<link rel="stylesheet" href="./Build//Cesium//Widgets/widgets.css">
```

（1）在 HTML 的<style></style>中添加样式 cesiumContainer，用于控制地球容器的位置及样式。

```
<style>
 html,
 body,
 #cesiumContainer {
   width: 100%;
   height: 100%;
   margin: 0;
   padding: 0;
   overflow: hidden;
 }
</style>
```

（2）创建一个 Div，设置 id 为"cesiumContainer"，用于承载整个 Cesium 场景。

```
<div id="cesiumContainer"></div>
```

（3）添加 token 并实例化 Viewer 对象，传入配置参数。

```
Cesium.Ion.defaultAccessToken = '你的token';
var viewer = new Cesium.Viewer("cesiumContainer", {
 animation: false,            //是否显示动画工具
 timeline: false,             //是否显示时间轴工具
 fullscreenButton: false,     //是否显示全屏按钮工具
});
```

（4）创建材质类。首先，定义一个构造函数 PolylineTrailLinkMaterialProperty，并在构造

函数中初始化_color、_definitionChanged、_time、_colorSubscription 等属性。该构造函数包括两个参数：一个参数是与材质颜色相关的 color 属性；另一个参数是与时间相关的 duration 属性。

```
function PolylineTrailLinkMaterialProperty(color, duration) {
    this._definitionChanged = new Cesium.Event();
    this._color = undefined;
    this._colorSubscription = undefined;
    this.color = color;
    this.duration = duration;
    this._time = (new Date()).getTime();
}
```

然后，使用 Object.defineProperties 方法在构造函数 PolylineTrailLinkMaterialProperty 的原型对象上定义属性对象，该属性对象中包含 isConstant、definitionChanged 及 color 三个属性。isConstant 属性用于判断该属性是否会随时间变化，是一个 bool 类型的值，当其值为 false 时，Cesium 会在场景更新的每一帧中都获取该属性的值，从而实现实时更新；当其值为 true 时，只会获取一次该属性的值。definitionChanged 属性用于监听该 Property 自身所发生的变化。color 属性的值为"Cesium.createPropertyDescriptor('color')"，这里将 color 封装为 Property 并提供了 Set 和 Get 方法，方便调用该属性。

```
Object.defineProperties(PolylineTrailLinkMaterialProperty.prototype, {
    isConstant: {
        get: function () {
            return false;
        }
    },
    definitionChanged: {
        get: function () {
            return this._definitionChanged;
        }
    },
    color: Cesium.createPropertyDescriptor('color')
});
```

接着，在构造函数 PolylineTrailLinkMaterialProperty 的原型对象中定义公共方法 getType、getValue 和 equals。其中，getType 方法用于获取材质类型。getValue 方法用于获取某个时间点的特定属性值，包括两个参数：time 和 result，分别用于传递时间点和存储与时间相关的 color、image 及 time 属性值。equals 方法用于检测属性值是否相等。

```
PolylineTrailLinkMaterialProperty.prototype.getType = function (time) {
    return 'PolylineTrailLink';
}
PolylineTrailLinkMaterialProperty.prototype.getValue = function (time, result)
```

```
{
    if (!Cesium.defined(result)) {
        result = {};
    }
    result.color = Cesium.Property.getValueOrClonedDefault(
        this._color, time, Cesium.Color.WHITE, result.color);
    result.image = Cesium.Material.PolylineTrailLinkImage;
    result.time = (((new Date()).getTime() - this._time) % this.duration) /
this.duration;
    return result;
}
PolylineTrailLinkMaterialProperty.prototype.equals = function (other) {
    return this === other || (other instanceof PolylineTrailLinkMaterialProperty
&& Property.equals(this._color, other._color))
};
```

最后，在 Cesium 对象上添加材质类 PolylineTrailLinkMaterialProperty 并设置材质类型 PolylineTrailLinkType，即自定义的材质类型（要和 getType 方法中返回的类型保持一致）；设置纹理图片 PolylineTrailLinkImage，即自定义的纹理图片；设置纹理资源 PolylineTrailLinkSource，该值为 GLSL 写的材质。其中，纹理资源的关键参数如下：time 用于控制时间，值越小，速度越慢；colorImage 用于控制纹理样式，在 texture2D(image, vec2(fract(3.0*st.s - time), st.s))中，3.0 是纹理个数，修改对应的 st.s 或 st.t 可以更改纹理流动方向，-time 代表逆时针，+time 代表顺时针。material.alpha 和 material.diffuse 用于控制材质透明度和颜色，我们通常将传入的颜色、透明度和纹理图片的颜色透明度合并来设置整个材质的透明度和颜色。

```
Cesium.PolylineTrailLinkMaterialProperty = PolylineTrailLinkMaterialProperty;
//材质类型
Cesium.Material.PolylineTrailLinkType = 'PolylineTrailLink';
//纹理图片
Cesium.Material.PolylineTrailLinkImage = "./RasterImage/图片/color.png";
//纹理资源
Cesium.Material.PolylineTrailLinkSource =
    "czm_material czm_getMaterial(czm_materialInput materialInput)\n\
    {\n\
        float time = czm_frameNumber/60.0;\n\
        czm_material material = czm_getDefaultMaterial(materialInput);\n\
        vec2 st = materialInput.st;\n\
        vec4 colorImage = texture2D(image, vec2(fract(3.0*st.s - time),
st.s));\n\
        material.alpha = colorImage.a * color.a;\n\
        material.diffuse = (colorImage.rgb+color.rgb)/2.0;\n\
        return material;\n\
    }";
```

（5）向 Cesium.Material 中添加刚刚创建好的材质类型 PolylineTrailLink。在添加自定义材质类型时，传入两个参数：第一个参数是材质类型，即 Cesium.Material.PolylineTrailLinkType；第二个参数是配置对象，用于配置该类型材质用于合并的颜色、纹理图片及纹理资源等，这在上一步已经定义好了。

```
//添加自定义材质类型
Cesium.Material._materialCache.addMaterial(Cesium.Material.PolylineTrailLinkType,
{
    fabric: {
        //纹理类型
        type: Cesium.Material.PolylineTrailLinkType,
        //传递给着色器的外部属性
        uniforms: {
            color: new Cesium.Color(0.0, 0.0, 0.0, 1),
            image: Cesium.Material.PolylineTrailLinkImage,
            time: 0
        },
        //纹理资源
        source: Cesium.Material.PolylineTrailLinkSource
    },
    //是否透明
    translucent: function (material) {
        return true;
    }
})
```

（6）定义变量 line 并绘制一条折线，设置宽度为"10"，材质为我们在前面自定义的材质类 PolylineTrailLinkMaterialProperty，传入线的颜色属性并设置相机视角到该线段。

```
var line = viewer.entities.add({
    name: 'PolylineTrailLink',
    polyline: {
        positions: Cesium.Cartesian3.fromDegreesArray([
            118.286419, 31.864436,
            119.386419, 31.864436,
            119.386419, 32.864436,
            118.686419, 32.864436,
        ]),
        width: 10,
        //设置材质为自定义的材质类 PolylineTrailLinkMaterialProperty
        material: new Cesium.PolylineTrailLinkMaterialProperty(
            Cesium.Color.fromBytes(255, 0, 0).withAlpha(0.8),
        ),
    }
```

```
});
viewer.flyTo(line)
```

绘制的流动线效果如图 7-12 所示，实际效果是动态的。

图 7-12　流动线效果

7.8　电子围栏

在上一节中，我们封装了一个自定义流动线材质类，能够方便地使用该类为添加的 Entity 线实体设置动态材质。在本节中，我们将再封装一个自定义电子围栏材质类，能够对 Entity 墙体贴动态材质，实现电子围栏效果。

封装自定义电子围栏材质类的流程和封装自定义流动线材质类的流程一样。首先，在网页的<head>标签中引入 Cesium.js 库文件，该文件定义了 Cesium 的对象，几乎包含了我们需要的所有内容。然后，为了能够使用 Cesium 的各个可视化控件，我们还需要在网页的<head>标签中引入 widgets.css 文件。

```
<script src="./Build/Cesium/Cesium.js"></script>
<link rel="stylesheet" href="./Build//Cesium//Widgets/widgets.css">
```

（1）在 HTML 的<style></style>中添加样式 cesiumContainer，用于控制地球容器的位置及样式。

```
<style>
  html,
  body,
  #cesiumContainer {
    width: 100%;
    height: 100%;
    margin: 0;
```

```
      padding: 0;
      overflow: hidden;
    }
</style>
```

(2) 创建一个 Div，设置 id 为 "cesiumContainer"，用于承载整个 Cesium 场景。

```
<div id="cesiumContainer"></div>
```

(3) 添加 token 并实例化 Viewer 对象，传入配置参数。

```
Cesium.Ion.defaultAccessToken = '你的token';
var viewer = new Cesium.Viewer("cesiumContainer", {
  animation: false,              //是否显示动画工具
  timeline: false,               //是否显示时间轴工具
  fullscreenButton: false,       //是否显示全屏按钮工具
});
```

(4) 创建材质类，这个过程和上一节创建流动线材质类的过程类似，本节不再赘述。首先，定义一个构造函数 DynamicWallMaterialProperty，并在该函数中初始化相关属性。该函数包括两个参数：一个参数是与材质颜色相关的 color 属性；另一个参数是与时间相关的 duration 属性。

```
function DynamicWallMaterialProperty(color, duration) {
    this._definitionChanged = new Cesium.Event();
    this._color = undefined;
    this._colorSubscription = undefined;
    this.color = color;
    this.duration = duration;
    this._time = (new Date()).getTime();
}
```

然后，使用 Object.defineProperties 方法在构造函数 DynamicWallMaterialProperty 的原型对象上定义属性对象，该属性对象中包含 isConstant、definitionChanged 及 color 三个属性。

```
Object.defineProperties(DynamicWallMaterialProperty.prototype, {
    isConstant: {
        get: function () {
            return false;
        }
    },
    definitionChanged: {
        get: function () {
            return this._definitionChanged;
        }
    },
```

```
    color: Cesium.createPropertyDescriptor('color')
});
```

接着，在构造函数 DynamicWallMaterialProperty 的原型对象上定义公共方法 getType、getValue 和 equals。

```
DynamicWallMaterialProperty.prototype.getType = function (time) {
    return 'DynamicWall';
}
DynamicWallMaterialProperty.prototype.getValue = function (time, result) {
    if (!Cesium.defined(result)) {
        result = {};
    }
    result.color = Cesium.Property.getValueOrClonedDefault(
        this._color, time, Cesium.Color.WHITE, result.color);
    result.image = Cesium.Material.DynamicWallImage;
    result.time = (((new Date()).getTime() - this._time) % this.duration) / this.duration;
    return result;
}
DynamicWallMaterialProperty.prototype.equals = function (other) {
    return this === other || (other instanceof DynamicWallMaterialProperty &&
    Property.equals(this._color, other._color))
};
```

最后，在 Cesium 对象上添加材质类 DynamicWallMaterialProperty 并设置纹理图片、材质类型（要和 getType 方法中返回的类型保持一致）及 GLSL 写的纹理资源。其中，纹理资源的关键参数如下：time 用于控制时间，值越小，速度越慢；colorImage 用于控制纹理样式，在 texture2D(image, vec2(fract(1.0*st.t - time), st.t))中，1.0 是纹理个数，修改对应的 st.s 或 st.t 可以更改纹理流动方向，st.t 为纵向，st.s 为横向。当方向为纵向时，-time 代表由下到上，+time 代表由上到下，当方向为横向时，-time 代表逆时针，+time 代表顺时针。material.alpha 和 material.diffuse 用于控制材质透明度和颜色，我们通常将传入的颜色、透明度和纹理图片的颜色透明度合并来设置整个材质的透明度和颜色。

```
Cesium.DynamicWallMaterialProperty = DynamicWallMaterialProperty;
Cesium.Material.DynamicWallType = 'DynamicWall';
Cesium.Material.DynamicWallImage = "./RasterImage/图片/color.png";//图片
Cesium.Material.DynamicWallSource =
    `czm_material czm_getMaterial(czm_materialInput materialInput)
    {
        float time = czm_frameNumber/100.0;
        czm_material material = czm_getDefaultMaterial(materialInput);
        vec2 st = materialInput.st;
        vec4 colorImage = texture2D(image, vec2(fract(1.0*st.t - time), st.t));
```

```
        material.alpha = colorImage.a * color.a;
        material.diffuse = (colorImage.rgb+color.rgb)/2.0;
        return material;
    }`
```

（5）向 Cesium.Material 中添加刚刚创建好的材质类型 DynamicWall。在添加自定义材质类型时，传入两个参数：第一个参数是材质类型，即 Cesium.Material.DynamicWallType；第二个参数是配置对象，用于配置该类型材质用于合并的颜色、纹理图片及纹理资源等。

```
//添加自定义材质类型
Cesium.Material._materialCache.addMaterial(Cesium.Material.DynamicWallType, {
    fabric: {
        //纹理类型
        type: Cesium.Material.DynamicWallType,
        //传递给着色器的外部属性
        uniforms: {
            color: new Cesium.Color(0.0, 0.0, 0.0, 1),
            image: Cesium.Material.DynamicWallImage,
            time: 0
        },
        //纹理资源
        source: Cesium.Material.DynamicWallSource
    },
    //是否透明
    translucent: function (material) {
        return true;
    }
})
```

（6）定义变量 dynamicWall 并绘制一个墙体，设置墙体材质为我们在前面自定义的材质类 DynamicWallMaterialProperty，传入墙体的颜色属性并设置相机视角到该墙体。

```
var dynamicWall = viewer.entities.add({
    wall: {
        positions: Cesium.Cartesian3.fromDegreesArrayHeights([
            118.286419, 31.864436, 20000.0,
            119.386419, 31.864436, 20000.0,
            119.386419, 32.864436, 20000.0,
            118.286419, 32.864436, 20000.0,
            118.286419, 31.864436, 20000.0,
        ]),
        material: new Cesium.DynamicWallMaterialProperty(
            Cesium.Color.fromBytes(255, 200, 10).withAlpha(0.8)
        ),
    }
```

```
})
viewer.flyTo(dynamicWall)
```

绘制的电子围栏效果如图 7-13 所示,实际效果是动态的。

图 7-13　电子围栏效果

7.9　粒子烟花

　　粒子系统表示三维计算机图形学中用于模拟一些特定模糊现象的技术,而这些现象用其他传统的渲染技术难以实现其真实感的物理运动规律。经常使用粒子系统模拟的现象有烟花、火焰、雨水及雪花等。简而言之,粒子系统就是一种用于模拟真实现象的图形技术,是由一个个的小图像集合而成的,从远处看会形成一个"复杂"的场景来模拟一些现象。

　　Cesium 粒子系统不仅是多个小图像的直接集合,而且允许控制单个粒子的寿命、速度、位置等属性,也正是由于粒子的各种属性可以控制,才能够模拟各种复杂的场景。粒子系统效果在电影和电子游戏中应用广泛。在本节中,我们将使用粒子系统模拟烟花爆炸效果。

　　首先,在网页<head>的标签中引入 Cesium.js 库文件,该文件定义了 Cesium 的对象,几乎包含了我们需要的所有内容。然后为了能够使用 Cesium 的各个可视化控件,我们还需要在网页的<head>标签中引入 widgets.css 文件。

```
<script src="./Build/Cesium/Cesium.js"></script>
<link rel="stylesheet" href="./Build//Cesium//Widgets/widgets.css">
```

　　(1)在 HTML 的<style></style>中添加样式 cesiumContainer,用于控制地球容器的位置及样式。

```
<style>
  html,
  body,
```

```
#cesiumContainer {
  width: 100%;
  height: 100%;
  margin: 0;
  padding: 0;
  overflow: hidden;
}
</style>
```

(2) 创建一个 Div，设置 id 为 "cesiumContainer"，用于承载整个 Cesium 场景。

```
<div id="cesiumContainer"></div>
```

(3) 添加 token 并实例化 Viewer 对象，传入配置参数，注意必须开启 shouldAnimate，否则无法实现动画效果。

```
Cesium.Ion.defaultAccessToken = '你的token';
var viewer = new Cesium.Viewer("cesiumContainer", {
  animation: false,              //是否显示动画工具
  timeline: false,               //是否显示时间轴工具
  fullscreenButton: false,       //是否显示全屏按钮工具
  shouldAnimate: true,           //必须开启，自动播放动画
});
```

(4) 定义 modelMatrix，值为从东北天（一种在地学中使用的坐标系）到指定原点的变换矩阵，这里指定原点为中国地质大学（武汉）所在地区，用于将粒子系统从模型坐标转换为世界坐标。定义 emitterInitialLocation，值为一个 Cartesian3 类型的对象，用于指定粒子发射器的高度。

```
//从东北天到指定原点的变换矩阵，将粒子系统从模型坐标转换为世界坐标
const modelMatrix = Cesium.Transforms.eastNorthUpToFixedFrame(
  Cesium.Cartesian3.fromDegrees(114.39664, 30.52052)
);
//粒子发射器高度
const emitterInitialLocation = new Cesium.Cartesian3(0.0, 0.0, 100.0);
```

(5) 定义变量 particleCanvas，并封装函数 getImage。在该函数中使用 canvas（画布）绘制图像，用于粒子贴图。首先，创建一个 canvas，并设置其宽度和高度。然后，通过 getContext 方法返回一个对象，该对象提供了在 canvas 上绘图的方法和属性。最后，在 canvas 上绘制一个圆心坐标为（10,10），半径为 8，填充色为白色的圆。

```
//粒子贴图
var particleCanvas;
//绘制图形
function getImage() {
  if (!Cesium.defined(particleCanvas)) {
```

```
    particleCanvas = document.createElement("canvas");
    particleCanvas.width = 20;
    particleCanvas.height = 20;
    const context2D = particleCanvas.getContext("2d");
    context2D.beginPath();
    //圆心 x 坐标，圆心 y 坐标，半径，起始角度，终止角度，逆时针
    context2D.arc(10, 10, 8, 0, Cesium.Math.TWO_PI, true);
    context2D.closePath();
    context2D.fillStyle = "rgba(255, 255, 255, 1)";
    context2D.fill();
  }
  return particleCanvas;
}
```

（6）定义变量 particlePixelSize，值为一个 Cartesian2 类型的对象，用于设置粒子的像素大小；定义变量 burstNum，值为"400.0"，用于设置爆炸时粒子的个数；定义变量 lifetime，值为"10.0"，用于设置粒子系统发射粒子的时间；定义变量 numberOfFireworks，值为"20.0"，用于设置一个周期内烟花的个数。

```
var particlePixelSize = new Cesium.Cartesian2(7.0, 7.0);    //粒子大小
var burstNum = 400.0;                                        //爆炸粒子个数
var lifetime = 10.0;              //粒子系统发射粒子的时间
var numberOfFireworks = 20.0;  //烟花个数
```

（7）封装函数 createFirework，用于创建烟花。该函数有 3 个参数，分别为 offset、color 和 bursts。其中，offset 用于计算粒子发射器偏移后的位置，color 用于定义粒子颜色，bursts 为粒子爆炸的数组。

首先，根据粒子发射器高度 emitterInitialLocation 及偏移量 offset 计算每个烟花的发射位置，结果为一个 Cartesian3 类型的对象。定义变量 emitterModelMatrix，从发射位置创建表示转换的 Matrix4 实例对象。

然后，在场景的 Primitive 集合中添加粒子系统。在实例化粒子系统对象时，传入配置对象，其中包括属性 image，值为"getImage()"，用于指定粒子贴图；属性 startColor，值为"color"，用于指定粒子在生命周期开始时的颜色；属性 endColor，值为"color.withAlpha(0.0)"，用于指定粒子在生命周期结束时的颜色；属性 particleLife，值为"1"，用于指定粒子生命周期，单位为秒；属性 speed，值为"100.0"，用于指定粒子扩散速度；属性 imageSize，值为"particlePixelSize"，值为用于指定粒子像素大小；属性 emissionRate，值为"0"，用于指定每秒要发射的粒子数；属性 emitter，值为 SphereEmitter 对象，用于指定该系统的粒子发射器类型；属性 bursts，值为"bursts"，用于指定粒子爆炸的 ParticleBurst 数组；属性 lifetime，值为"lifetime"，用于指定粒子系统发射粒子的时间；属性 modelMatrix，值为"modelMatrix"，表示将粒子系统从模型坐标转换为世界坐标的 4*4 变换矩阵；属性 emitterModelMatrix，值为"emitterModelMatrix"，表示在粒子系统局部坐标系内转换粒子系统发射器的 4*4 变换矩阵；属性 loop，值为"true"，用于指定粒子循环爆发。

```javascript
//创建烟花函数
function createFirework(offset, color, bursts) {
  var position = Cesium.Cartesian3.add(
    emitterInitialLocation,
    offset,
    new Cesium.Cartesian3()
  );
  //从发射位置创建表示转换的Matrix4矩阵
  var emitterModelMatrix = Cesium.Matrix4.fromTranslation(position);

  viewer.scene.primitives.add(
    new Cesium.ParticleSystem({
      image: getImage(),                    //粒子贴图
      startColor: color,                    //粒子在其生命周期开始时的颜色
      endColor: color.withAlpha(0.0),       //粒子在其生命周期结束时的颜色
      particleLife: 1,                      //粒子生命周期
      speed: 100.0,                         //粒子扩散速度
      imageSize: particlePixelSize,         //粒子像素大小
      emissionRate: 0,                      //每秒要发射的粒子数
      emitter: new Cesium.SphereEmitter(0.1),   //粒子发射器类型
      bursts: bursts,                       //粒子爆炸的ParticleBurst数组
      lifetime: lifetime,                   //粒子系统发射粒子的时间
      modelMatrix: modelMatrix, //将粒子系统从模型坐标转换为世界坐标的4*4变换矩阵
      //在粒子系统局部坐标系内转换粒子系统发射器的4*4变换矩阵
      emitterModelMatrix: emitterModelMatrix,
      loop: true //粒子循环爆发
    })
  );
}
```

（8）定义变量 xMin、xMax、yMin、yMax、zMin、zMax，用于设置粒子发射器在 X、Y、Z 三个方向上的位置偏移量的范围。

```javascript
//粒子发射器偏移量范围
var xMin = -100.0;
var xMax = 100.0;
var yMin = -80.0;
var yMax = 100.0;
var zMin = -50.0;
var zMax = 50.0;
```

（9）定义变量 colorOptions，值为一个数组，每个数组元素为一个对象，用于在创建烟花时随机设置烟花颜色。值得注意的是，对象中有的 RGB 属性名称为 minimumRed、minimumGreen 或 minimumBlue，表示该颜色分量将随机生成一个不大于该值的值。

```javascript
//设置随机颜色选项数组
var colorOptions = [
  {
    minimumRed: 0.75,
    green: 0.0,
    minimumBlue: 0.8,
    alpha: 1.0,
  },
  {
    red: 0.0,
    minimumGreen: 0.75,
    minimumBlue: 0.8,
    alpha: 1.0,
  },
  {
    red: 0.0,
    green: 0.0,
    minimumBlue: 0.8,
    alpha: 1.0,
  },
  {
    minimumRed: 0.75,
    minimumGreen: 0.75,
    blue: 0.0,
    alpha: 1.0,
  },
];
```

（10）根据之前定义的变量 numberOfFireworks，使用 for 循环计算每个粒子发射器的位置偏移量、烟花的颜色及粒子爆炸的 ParticleBurst 数组。

首先，根据设置的粒子发射器在 X、Y、Z 三个方向上的位置偏移量的范围来随机计算每个粒子发射器的偏移量，结果是一个 Cartesian3 对象。然后，根据提供的颜色选项数组 colorOptions 随机生成一个颜色，接着再次进行一个循环，得到粒子爆炸的 ParticleBurst 数组 bursts。最后，将计算得到的偏移量 offset、颜色 color 及粒子爆炸的 ParticleBurst 数组 bursts 三个参数传入 createFirework 函数来创建烟花。

```javascript
//创建烟花
for (let i = 0; i < numberOfFireworks; ++i) {
  var x = Cesium.Math.randomBetween(xMin, xMax);
  var y = Cesium.Math.randomBetween(yMin, yMax);
  var z = Cesium.Math.randomBetween(zMin, zMax);
  var offset = new Cesium.Cartesian3(x, y, z);
  //根据提供的颜色选项数组 colorOptions 随机生成一个颜色
  var color = Cesium.Color.fromRandom(
```

```
      colorOptions[i % colorOptions.length]
  );
  //粒子爆炸的 ParticleBurst 数组，在周期时间内发射粒子
  var bursts = [];
  for (let j = 0; j < 3; ++j) {
    bursts.push(
      new Cesium.ParticleBurst({
        time: Cesium.Math.nextRandomNumber() * lifetime, //粒子系统生命周期开始后以
秒为单位的时间，将发生粒子爆炸
        minimum: burstNum, //粒子爆炸中发射的最小粒子数
        maximum: burstNum, //粒子爆炸中发射的最大粒子数
      })
    );
  }
  //传入参数，创建烟花
  createFirework(offset, color, bursts);
}
```

(11) 将相机视角设置到粒子烟花爆炸区域。

```
viewer.scene.camera.setView({
  destination:
    Cesium.Cartesian3.fromDegrees(114.39664, 30.52052, 2000)
})
```

粒子烟花爆炸效果如图 7-14 所示，实际效果是动态的。

图 7-14　粒子烟花爆炸效果

7.10　粒子火焰

上一节介绍了如何使用 Cesium 粒子系统模拟烟花爆炸效果，本节将使用 Cesium 粒子系

统模拟火焰燃烧效果。

首先，在网页的<head>标签中引入 Cesium.js 库文件，该文件定义了 Cesium 的对象，几乎包含了我们需要的所有内容。然后为了能够使用 Cesium 的各个可视化控件，我们还需要在网页的<head>标签中引入 widgets.css 文件。

```
<script src="./Build/Cesium/Cesium.js"></script>
<link rel="stylesheet" href="./Build//Cesium//Widgets/widgets.css">
```

（1）在 HTML 的<style></style>中添加样式 cesiumContainer，用于控制地球容器的位置及样式。

```
<style>
 html,
 body,
 #cesiumContainer {
   width: 100%;
   height: 100%;
   margin: 0;
   padding: 0;
   overflow: hidden;
 }
</style>
```

（2）创建一个 Div，设置 id 为"cesiumContainer"，用于承载整个 Cesium 场景。

```
<div id="cesiumContainer"></div>
```

（3）添加 token 并实例化 Viewer 对象，传入配置参数，注意必须开启 shouldAnimate，否则无法实现动画效果。

```
Cesium.Ion.defaultAccessToken = '你的token';
var viewer = new Cesium.Viewer("cesiumContainer", {
 animation: false,            //是否显示动画工具
 timeline: false,             //是否显示时间轴工具
 fullscreenButton: false,     //是否显示全屏按钮工具
 shouldAnimate: true,         //必须开启，自动播放动画
});
```

（4）通过 Entity 方式将飞机模型添加到场景中，具体参数介绍可参考 5.2.1 节。之后，将相机视角固定到飞机模型上。

```
//加载飞机模型
var entity = viewer.entities.add({
 model: {
   uri: './3D格式数据/glb/Cesium_Air.glb',
   minimumPixelSize: 64
 },
 position: Cesium.Cartesian3.fromDegrees(114.39264, 30.52252, 100)
```

```
});
//视角追踪模型
viewer.trackedEntity = entity;
```

（5）定义常量 modelMatrix，值为通过 Cesium.Transforms.eastNorthUpToFixedFrame 方法计算的把粒子系统从模型坐标系转换为世界坐标系的矩阵。

```
//计算把粒子系统从模型坐标系转换为世界坐标系的矩阵
const modelMatrix = Cesium.Transforms.eastNorthUpToFixedFrame(
  Cesium.Cartesian3.fromDegrees(114.39264, 30.52252, 100)
);
```

（6）封装函数 computeEmitterModelMatrix，用于计算在粒子系统局部坐标系内转换粒子系统发射器偏移位置的 4*4 变换矩阵。

首先，定义一个变量 hpr，用于定义粒子发射器的方向、俯仰角及翻滚角。然后，定义变量 trs，值为一个 TranslationRotationScale 对象，用于对粒子发射器进行平移、旋转或缩放。

接着，设置 trs 的 translation 属性，值为一个 Cartesian3 类型的对象，用于指定粒子发射器平移量，这里设置粒子发射器从飞机模型中心平移到机翼位置；设置 trs 的 rotation 属性，值为一个 Quaternion 四元数，用于指定粒子发射器的旋转角度，这里将其设置为 0。

最后，通过 Matrix4 类的 fromTranslationRotationScale 方法将 trs 转换为一个 4*4 矩阵，并将其作为函数返回值。

```
//计算模型坐标系的平移矩阵
function computeEmitterModelMatrix() {
  //定义粒子发射器的方向、俯仰角及翻滚角
  var hpr = Cesium.HeadingPitchRoll.fromDegrees(0.0, 0.0, 0.0, new Cesium.HeadingPitchRoll());
  //定义一个由平移、旋转和缩放定义的仿射变换
  var trs = new Cesium.TranslationRotationScale();
  //粒子发射器位置
  //粒子发射器平移量
  trs.translation = Cesium.Cartesian3.fromElements(2.5, 4.0, 1.0, new Cesium.Cartesian3());
  //粒子发射器旋转角度
  trs.rotation = Cesium.Quaternion.fromHeadingPitchRoll(hpr, new Cesium.Quaternion());
  return Cesium.Matrix4.fromTranslationRotationScale(trs, new Cesium.Matrix4());
}
```

（7）定义变量 particleSystem，并实例化一个粒子系统对象，在传入的配置参数中添加属性 image，用于指定粒子贴图；添加属性 startScale，值为"1.0"，用于指定粒子起始比例；添加属性 endScale，值为"4.0"，用于指定粒子终止比例；添加属性 particleLife，值为"1.0"，用于指定粒子生命周期；添加属性 speed，值为"5.0"，用于指定粒子发射速度；添加属性

imageSize，用于指定粒子图形尺寸；添加属性 emissionRate，值为"5.0"，用于指定每秒发射粒子的个数；添加属性 lifetime，值为"16.0"，用于指定粒子系统发射粒子的时间；添加属性 modelMatrix，值为前面定义的变量 modelMatrix，用于计算将粒子系统从模型坐标转换为世界坐标的 4*4 变换矩阵；添加属性 emitterModelMatrix，值为封装的函数 computeEmitterModelMatrix，用于计算在粒子系统局部坐标系内转换粒子系统发射器偏移位置的 4*4 变换矩阵。

最后，将粒子系统添加到场景中。

```javascript
var particleSystem = new Cesium.ParticleSystem({
  image: './RasterImage/图片/fire.png',
  startScale: 1.0,                              //粒子起始比例
  endScale: 4.0,                                //粒子终止比例
  particleLife: 1.0,                            //粒子生命周期
  speed: 5.0,                                   //粒子发射速度
  imageSize: new Cesium.Cartesian2(20, 20),     //粒子图形尺寸
  emissionRate: 5.0,                            //每秒发射粒子的个数
  lifetime: 16.0,                               //粒子系统发射粒子的时间
  modelMatrix: modelMatrix,                     //将粒子系统从模型坐标转换为世界坐标的 4*4 变换矩阵
  emitterModelMatrix: computeEmitterModelMatrix() //在粒子系统局部坐标系内转换粒子系统发射器偏移位置的 4*4 变换矩阵
})
viewer.scene.primitives.add(particleSystem);
```

粒子火焰燃烧效果如图 7-15 所示，实际效果是动态的。

图 7-15　粒子火焰燃烧效果

7.11　粒子天气

常见的粒子特效还有雨、雪等粒子天气特效，本节将使用 Cesium 粒子系统模拟天气特

效,包括下雨天与下雪天两种情况。

首先,在网页的<head>标签中引入 Cesium.js 库文件,该文件定义了 Cesium 的对象,几乎包含了我们需要的所有内容。然后,为了能够使用 Cesium 的各个可视化控件,我们还需要在网页的<head>标签中引入 widgets.css 文件。

```html
<script src="./Build/Cesium/Cesium.js"></script>
<link rel="stylesheet" href="./Build//Cesium//Widgets/widgets.css">
```

(1)在 HTML 的<style></style>中添加样式 cesiumContainer、toolbar,用于控制地球容器和工具栏的位置及样式。

```html
<style>
 html,
 body,
 #cesiumContainer {
   width: 100%;
   height: 100%;
   margin: 0;
   padding: 0;
   overflow: hidden;
 }
 .toolbar {
   position: absolute;
   top: 10px;
   left: 20px;
   background-color: rgb(0, 0, 0, 0);
 }
</style>
```

(2)创建一个 Div,设置 id 为"cesiumContainer",用于承载整个 Cesium 场景;再创建一个 Div,设置 class 为"toolbar",用于添加工具栏,并在该 Div 下创建一个 select,设置 id 为"dropdown",再添加 3 个 option,绑定 onchange 事件回调函数 change,当 select 的值改变时,触发回调函数。

```html
<div id="cesiumContainer"></div>
<div class="toolbar">
 <select id="dropdown" onchange="change()">
   <option value="snow">雪</option>
   <option value="rain">雨</option>
   <option value="null">null</option>
 </select>
</div>
```

(3)添加 token 并实例化 Viewer 对象,传入配置参数,注意必须开启 shouldAnimate,否则无法实现动画效果。

```
Cesium.Ion.defaultAccessToken = '你的token';

var viewer = new Cesium.Viewer("cesiumContainer", {
  animation: false,              //是否显示动画工具
  timeline: false,               //是否显示时间轴工具
  fullscreenButton: false,       //是否显示全屏按钮工具
  shouldAnimate: true,           //必须开启，自动播放动画
});
```

(4) 定义变量 position，值为一个 Cartesian3 对象，用于指定创建的粒子系统位置；定义变量 modelMatrix，从 Cartesian3 创建一个表示转换的 Matrix4 实例对象。

```
//粒子特效位置
var position = new Cesium.Cartesian3.fromDegrees(114.39664, 30.52052, 2000)
var modelMatrix = new Cesium.Matrix4.fromTranslation(position);
```

(5) 创建模拟下雪天粒子特效所需要的常量。定义常量 snowRadius，用于指定下雪的范围半径；定义常量 minimumSnowImageSize，值为一个 Cartesian2 对象，用于指定雪花在 X、Y 方向上的最小尺寸；定义常量 maximumSnowImageSize，值为一个 Cartesian2 对象，用于指定雪花在 X、Y 方向上的最大尺寸。

```
//模拟下雪天粒子特效的常量定义
const snowRadius = 100000.0;                                       //下雪的范围半径
const minimumSnowImageSize = new Cesium.Cartesian2(10, 10);        //雪花的最小尺寸
const maximumSnowImageSize = new Cesium.Cartesian2(20, 20);        //雪花的最大尺寸
```

(6) 定义变量 snowGravityScratch，值为一个 Cartesian3 对象，用于在粒子系统回调函数中动态更新粒子的位置。封装下雪天粒子系统的回调函数 snowUpdate，每帧都要调用一次回调函数以更新粒子。

在回调函数 snowUpdate 中，先将当前粒子的位置坐标标准化，并将结果存储在 snowGravityScratch 中。然后对 snowGravityScratch 乘以一个标量，值为-30～-300，负值在后续进行分量求和时代表粒子位置从高处到低处降落。最后将粒子当前位置的笛卡儿分量加上 snowGravityScratch，并将结果更新到新的粒子位置中。

```
//创建 Cartesian3 对象，用于在回调函数中实时更新粒子位置
var snowGravityScratch = new Cesium.Cartesian3();
//粒子更新回调函数
function snowUpdate (particle) {
  //计算提供的笛卡儿坐标系的标准化形式
  Cesium.Cartesian3.normalize(
    particle.position,            //要标准化的笛卡儿坐标
    snowGravityScratch            //结果存储对象
  );
```

```
//将提供的笛卡儿分量乘以标准的标量
Cesium.Cartesian3.multiplyByScalar(
  snowGravityScratch,        //要缩放的笛卡儿坐标
  //要与之相乘的标量,负值代表粒子位置下降,即粒子从上向下落
  Cesium.Math.randomBetween(-30.0, -300.0),
  snowGravityScratch         //结果存储对象
);
//粒子位置根据snowGravityScratch变化
Cesium.Cartesian3.add(
  particle.position,
  snowGravityScratch,
  particle.position
);
};
```

（7）定义下雪天粒子系统配置对象 snowOption，在配置对象中添加属性 modelMatrix，值为第（4）步中定义的 modelMatrix 矩阵，该矩阵是将粒子系统从模型坐标转换为世界坐标的 4*4 变换矩阵；添加属性 lifetime，值为 "15.0"，用于指定粒子系统发射粒子的时间（以秒为单位）；添加属性 emitter，值为 SphereEmitter 对象，用于指定粒子发射器类型；添加属性 startScale，值为 "0.5"，用于指定在粒子生命周期开始时应用于粒子图像的初始比例；添加属性 endScale，值为 "1.0"，用于指定在粒子生命周期结束时应用于粒子图像的最终比例；添加属性 image，用于指定粒子贴图；添加属性 emissionRate，用于指定每秒要发射的粒子数；添加属性 startColor，用于指定粒子在生命周期开始时的颜色；添加属性 endColor，用于指定粒子在生命周期结束时的颜色；添加属性 minimumImageSize，用于指定宽度的最小范围，以高度为单位，在该范围内可以随机缩放粒子图像的尺寸（以像素为单位）；添加属性 maximumImageSize，用于指定最大宽度边界；添加属性 updateCallback，值为回调函数 snowUpdate，每帧都要调用一次回调函数以更新粒子。

```
//粒子系统-下雪天配置项
var snowOption = {
  modelMatrix: modelMatrix,     //将粒子系统从模型转换为世界坐标的4*4变换矩阵
  lifetime: 15.0,               //粒子系统发射粒子的时间（以秒为单位）
  emitter: new Cesium.SphereEmitter(snowRadius),        //粒子发射器类型
  startScale: 0.5,              //在粒子生命周期开始时应用于粒子图像的初始比例
  endScale: 1.0,                //在粒子生命周期结束时应用于粒子图像的最终比例
  image: "./RasterImage/图片/snowflake_particle.png",    //粒子贴图
  emissionRate: 7000.0,         //每秒要发射的粒子数
  startColor: Cesium.Color.WHITE.withAlpha(0.0),        //粒子在生命周期开始时的颜色
  endColor: Cesium.Color.WHITE.withAlpha(1.0),          //粒子在生命周期结束时的颜色
  minimumImageSize: minimumSnowImageSize,  //宽度的最小范围,以高度为单位,在该范围内
可以随机缩放粒子图像的尺寸（以像素为单位）
  maximumImageSize: maximumSnowImageSize,   //最大宽度边界
```

```
  updateCallback: snowUpdate,           //每帧都要调用一次回调函数以更新粒子
}
```

（8）定义变量 rainGravityScratch，并封装下雨天粒子系统的回调函数 rainUpdate，这里注意因为雨水比雪花下降速度快得多，所以相乘的标量值更小，我们将其设置为-1000，其余过程和下雪天粒子系统中的一致，这里不再赘述。

```
var rainGravityScratch = new Cesium.Cartesian3();
//粒子更新回调函数
function rainUpdate (particle) {
  Cesium.Cartesian3.normalize(
    particle.position,        //要标准化的笛卡儿坐标
    rainGravityScratch        //结果存储对象
  );
  Cesium.Cartesian3.multiplyByScalar(
    rainGravityScratch,       //要缩放的笛卡儿坐标
    -1000.0,                  //要与之相乘的标量，雨水比雪花下降速度快得多，所以这个值更小
    rainGravityScratch        //结果存储对象
  );
  Cesium.Cartesian3.add(
    particle.position,
    rainGravityScratch,
    particle.position
  );
};
```

（9）定义下雨天粒子系统配置对象 rainOption，这里注意配置参数中除了粒子贴图不同，其余的和下雪天粒子系统中的几乎一致，这里也不再赘述。

```
//粒子系统-下雨天配置项
var rainOption = {
  modelMatrix: modelMatrix,              //将粒子系统从模型坐标转换为世界坐标的 4*4 转换矩阵
  lifetime: 15.0,                        //粒子系统发射粒子的时间（以秒为单位）
  emitter: new Cesium.SphereEmitter(rainRadius),      //粒子发射器类型
  startScale: 1.0,                       //在粒子生命周期开始时应用于粒子图像的初始比例
  endScale: 0.0,                         //在粒子生命周期结束时应用于粒子图像的最终比例
  image: "./RasterImage/图片/circular_particle.png",   //粒子贴图
  emissionRate: 9000.0,//每秒要发射的粒子数
  startColor: new Cesium.Color(1, 1, 1, 0.0),         //粒子在生命周期开始时的颜色
  endColor: new Cesium.Color(1.0, 1.0, 1.0, 0.98),    //粒子在生命周期结束时的颜色
  imageSize: rainImageSize,              //粒子贴图尺寸
  updateCallback: rainUpdate,            //每帧都要调用一次回调函数以更新粒子
}
```

（10）默认实例化一个粒子系统并传入下雪天配置项，使得程序初始化为下雪天。

```
viewer.scene.primitives.add(new Cesium.ParticleSystem(snowOption));
```

（11）获取下拉列表 DOM 并封装回调函数 change，在下拉列表中选择"雪"选项时，创建下雪天粒子系统；在下拉列表中选择"雨"选项时，创建下雨天粒子系统；在下拉列表中选择"null"选项时，删除所有粒子系统。

```
var dropdown = document.getElementById('dropdown');
function change() {
  switch (dropdown.value) {
    case 'snow':
      viewer.scene.primitives.removeAll();
      viewer.scene.primitives.add(new Cesium.ParticleSystem(snowOption));
      break;
    case 'rain':
      viewer.scene.primitives.removeAll();
      viewer.scene.primitives.add(new Cesium.ParticleSystem(rainOption));
      break;
    case 'null':
      viewer.scene.primitives.removeAll();
      break;
    default:
      break;
  }
}
```

（12）设置相机初始位置，更清晰地感受粒子天气效果。

```
viewer.scene.camera.setView({
  destination: new Cesium.Cartesian3(-2318006.190591779, 5016113.738321363, 3239729.8052793955),
  orientation: {
    heading: 5.0433812878480655,
    pitch: -0.25943108890985744,
    roll: 0.000002292722656171975
  },
});
```

在下拉列表中选择不同的选项时，呈现的效果分别如图 7-16、图 7-17 和图 7-18 所示。

图 7-16 清除所有粒子效果

图 7-17 粒子天气-雪效果

图 7-18 粒子天气-雨效果

第8章 Cesium 工具应用

Cesium 为使用者提供了许多接口，用于开发各种功能。然而，在实际开发过程中，许多需求是 Cesium 自身不能满足的，这时就需要结合各种库来完成。本章将使用 Cesium 完成一些工具应用级别的功能开发，并介绍如何与常见的第三方库（如 Echarts、Turf.js、CesiumHeatmap.js 等）进行集成来完成一些需求的开发。

8.1 场景截图

场景截图是指将当前 Cesium 容器 canvas 中的场景打印成图片并下载到本地，主要思路比较简单：首先创建 DOM 元素标签，然后通过 canvas.toDataURL 方法获取图片的链接，最后使用<a>标签将图片保存到本地。

首先，在网页的<head>标签中引入 Cesium.js 库文件，该文件定义了 Cesium 的对象，几乎包含了我们需要的所有内容。然后，为了能够使用 Cesium 的各个可视化控件，我们还需要在网页的<head>标签中引入 widgets.css 文件。

```
<script src="./Build/Cesium/Cesium.js"></script>
<link rel="stylesheet" href="./Build//Cesium//Widgets/widgets.css">
```

（1）在 HTML 的<style></style>中添加样式 cesiumContainer、tool，用于控制地球容器和工具的位置及样式。

```
<style>
  html,
  body,
  #cesiumContainer {
    width: 100%;
    height: 100%;
    margin: 0;
    padding: 0;
    overflow: hidden;
```

```
}
.tool {
  top: 20px;
  left: 40px;
  position: absolute;
}
</style>
```

（2）创建一个 Div，设置 id 为 "cesiumContainer"，用于承载整个 Cesium 场景；再创建一个 Div，设置 class 为 "tool"，用于添加工具，在该 Div 下创建一个 button（按钮），并绑定 onclick 事件回调函数 "printScreenScene()"。

```
<div id="cesiumContainer">
</div>
<div class="tool">
   <button onclick="printScreenScene()">打印场景</button>
</div>
```

（3）添加 token 并实例化 Viewer 对象，传入配置参数。

```
Cesium.Ion.defaultAccessToken = '你的token';
var viewer = new Cesium.Viewer("cesiumContainer", {
  animation: false,           //是否显示动画工具
  timeline: false,            //是否显示时间轴工具
  fullscreenButton: false,    //是否显示全屏按钮工具
});
```

（4）使用 Cesium3DTileset 类加载大雁塔倾斜摄影三维模型转换得到的 3D Tiles 模型并定位到倾斜摄影三维模型的位置。

```
var tileset = viewer.scene.primitives.add(
  new Cesium.Cesium3DTileset({
    url: './倾斜摄影/大雁塔3DTiles/tileset.json'
  })
);
viewer.zoomTo(tileset);
```

（5）封装打印图片的函数 savePng。该函数需要传入两个参数，分别为 data，代表下载链接；pngName，代表下载图片名称。

在 savePng 函数中，首先创建一个<a>标签，并设置该<a>标签的下载链接为 data，下载图片名称为 pngName，然后将该标签添加到 body 中，并调用该标签的 click 单击事件。

```
//打印图片
function savePng(data, pngName) {
   var saveLink = document.createElement('a');//创建下载链接标签<a>
   saveLink.href = data;                      //设置下载链接
```

```
        saveLink.download = pngName;                    //设置下载图片名称
        document.body.appendChild(saveLink);            //将<a>标签添加到 body 中
        saveLink.click();                               //单击<a>标签
};
```

（6）封装 button 的 onclick 事件回调函数 printScreenScene。该函数用来创建一个 Image 对象，并通过 Cesium 场景的 canvas.toDataURL 方法设置下载链接，调用打印图片的函数 savePng。

```
function printScreenScene() {
    var image = new Image();                            //创建 Image 对象
    viewer.render();                                    //重新渲染界面
    image = viewer.scene.canvas.toDataURL("image/png");//获取下载链接
    savePng(image, '当前场景');                         //调用打印图片的函数
}
```

单击 button 打印当前场景，如图 8-1（当前场景）和图 8-2（打印结果）所示。

图 8-1　当前场景

图 8-2　打印结果

8.2 卷帘对比

Cesium 卷帘对比功能是指同时加载两个不同的影像底图，并将上层影像卷起来，使其只在左侧或者右侧显示，而下层影像在另一侧显示。通常在对比不同时间段影像或者不同影像底图时会用到该功能。本节将使用 Cesium 提供的 splitDirection、imagerySplitPosition 属性来实现影像图与矢量图、注记图的卷帘对比。

实现卷帘对比的整体思路如下：首先加载 Bing 地图、天地图矢量图层、天地图注记图层 3 个底图数据；然后给天地图矢量图层及天地图注记图层设置图层分区显示，均设置在右侧显示；接着使用图像分割器在屏幕中的位置进行分区，默认从屏幕中间进行分区；最后根据添加的卷帘工具位置来实时调整图像分割器的位置以实现卷帘效果。下面介绍整个卷帘对比的实现过程。

首先，在网页的<head>标签中引入 Cesium.js 库文件，该文件定义了 Cesium 的对象，几乎包含了我们需要的所有内容。然后，为了能够使用 Cesium 的各个可视化控件，我们还需要在网页的<head>标签中引入 widgets.css 文件。

```
<script src="./Build/Cesium/Cesium.js"></script>
<link rel="stylesheet" href="./Build//Cesium//Widgets/widgets.css">
```

（1）在 HTML 的<style></style>中添加样式 cesiumContainer，用于控制地球容器的位置及样式；再添加样式 slider，用于控制卷帘工具的位置及样式，以及鼠标移动到卷帘工具时的样式。

```
<style>
  html,
  body,
  #cesiumContainer {
    width: 100%;
    height: 100%;
    margin: 0;
    padding: 0;
    overflow: hidden;
  }
  #slider {
    position: absolute;
    left: 50%;
    top: 0px;
    background-color: #d3d3d3;
    width: 5px;
    height: 100%;
    z-index: 9999;
  }
  #slider:hover {
```

```
    cursor: ew-resize;
  }
</style>
```

(2)创建一个 Div,设置 id 为"cesiumContainer",用于承载整个 Cesium 场景;在 cesiumContainer 中再创建一个 Div,设置 id 为"slider",即卷帘工具。

```
<div id="cesiumContainer">
  <div id="slider">
  </div>
</div>
```

(3)添加 token 并实例化 Viewer 对象,传入配置参数。

```
Cesium.Ion.defaultAccessToken = '你的token';
var viewer = new Cesium.Viewer("cesiumContainer", {
  animation: false,              //是否显示动画工具
  timeline: false,               //是否显示时间轴工具
  fullscreenButton: false,       //是否显示全屏按钮工具
});
```

(4)定义变量 rightImageryVec,使用 addImageryProvider 方法添加天地图矢量图层;再定义变量 rightImageryCva,添加天地图注记图层。添加天地图的具体参数可参考 3.1.2 节,这里不再赘述。

```
var rightImageryVec = viewer.imageryLayers.addImageryProvider(
  new Cesium.WebMapTileServiceImageryProvider({
    //天地图矢量图层
    url: "http://t{s}.tianditu.com/vec_w/wmts?service=wmts&request=
GetTile&version=1.0.0&LAYER=vec&tileMatrixSet=w&TileMatrix={TileMatrix}&TileRo
w={TileRow}&TileCol={TileCol}&style=default&format=tiles&tk=你的token",
    subdomains: ['0', '1', '2', '3', '4', '5', '6', '7'], //服务负载子域
    format: "image/jpeg",
    tileMatrixSetID: "GoogleMapsCompatible",//使用谷歌的瓦片切片方式
  })
);
var rightImageryCva = viewer.imageryLayers.addImageryProvider(
  new Cesium.WebMapTileServiceImageryProvider({
    //天地图注记图层
    url: "http://t{s}.tianditu.com/cva_w/wmts?service=wmts&request=
GetTile&version=1.0.0&LAYER=cva&tileMatrixSet=w&TileMatrix={TileMatrix}&TileRo
w={TileRow}&TileCol={TileCol}&style=default.jpg&tk=你的token ",
    subdomains: ['0', '1', '2', '3', '4', '5', '6', '7'],
    format: "image/jpeg",
    tileMatrixSetID: "GoogleMapsCompatible",
  })
```

);
```

(5)通过 ImageryLayer 的 splitDirection 属性设置 rightImageryVec 与 rightImageryCva 图层的分层显示,均在右侧进行显示。之后设置图像分割器在视口中的初始位置,默认初始位置在屏幕中间。

```
//设置在图像分割前,该影像在右侧显示
rightImageryVec.splitDirection = Cesium.ImagerySplitDirection.RIGHT;
rightImageryCva.splitDirection = Cesium.ImagerySplitDirection.RIGHT;
//获取或设置图像分割器在视口中的初始位置。有效值为 0.0~1.0
viewer.scene.imagerySplitPosition = 0.5;
```

(6)获取卷帘 DOM,并定义变量 moveActive,其初始值为 false,用来判断卷帘状态,true 表示开启,false 表示关闭。

```
var slider = document.getElementById("slider");
//卷帘状态,true 表示开启,false 表示关闭
var moveActive = false;
```

(7)封装函数 move。当鼠标移动时,调用该函数来实时计算鼠标当前位置并设置图像分割器和卷帘工具在视口中的新位置。

当 moveActive 为 false 时,关闭卷帘,函数返回空值。当 moveActive 为 true 时,开启卷帘,获取鼠标在卷帘工具中移动结束时的屏幕坐标,计算图像分割器在视口中的新位置并更新卷帘与图像分割器在视口中的位置。

```
//移动卷帘
function move(movement) {
  if (!moveActive) {
    return;
  }
  //获取鼠标在卷帘工具中移动结束时的屏幕坐标
  var relativeOffset = movement.endPosition.x;
  //计算图像分割器在视口中的新位置
  var splitPosition =
    (slider.offsetLeft + relativeOffset) /
    slider.parentElement.offsetWidth;
  //卷帘移动,更新卷帘的位置
  slider.style.left = `${100.0 * splitPosition}%`;
  //更新图像分割器在视口中的位置
  viewer.scene.imagerySplitPosition = splitPosition;
}
```

(8)为卷帘工具实例化对象 ScreenSpaceEventHandler 并注册鼠标左键单击、鼠标左键弹起及鼠标移动事件。当鼠标左键单击时,设置 moveActive 为 true,开启卷帘。当鼠标左键弹起时,设置 moveActive 为 false,关闭卷帘。当鼠标移动时,调用 move 函数更新图像分割器
```

的位置及卷帘的位置。

```
//为卷帘工具实例化对象ScreenSpaceEventHandler
var handler = new Cesium.ScreenSpaceEventHandler(slider);
//当鼠标左键单击时，开启卷帘
handler.setInputAction(function () {
  moveActive = true;
}, Cesium.ScreenSpaceEventType.LEFT_DOWN);
//当鼠标左键弹起时，关闭卷帘
handler.setInputAction(function () {
  moveActive = false;
}, Cesium.ScreenSpaceEventType.LEFT_UP);
//当鼠标移动时，更新图像分割器的位置及卷帘的位置
handler.setInputAction(move, Cesium.ScreenSpaceEventType.MOUSE_MOVE);
```

卷帘对比效果如图 8-3 所示。当使用 Cesium 图层选择器修改底图时，卷帘对比效果仍然存在，如图 8-4 所示。

图 8-3 卷帘对比效果（1）

图 8-4 卷帘对比效果（2）

8.3 反选遮罩

反选遮罩通常在需要特别突出某个目标区域时使用，通过将目标区域以外的地图掩盖以达到突出目标区域的效果，基本原理是先绘制一个多边形区域，然后将需要突出的目标区域挖空，并对其余部分设置一定的透明度进行掩盖。本节将介绍如何使用 Cesium 中的 polygon 绘制带洞的多边形来突出目标区域以实现反选遮罩效果。

首先，在网页的<head>标签中引入 Cesium.js 库文件，该文件定义了 Cesium 的对象，几乎包含了我们需要的所有内容。然后，为了能够使用 Cesium 的各个可视化控件，我们还需要在网页的<head>标签中引入 widgets.css 文件。

```
<script src="./Build/Cesium/Cesium.js"></script>
<link rel="stylesheet" href="./Build//Cesium//Widgets/widgets.css">
```

（1）在 HTML 的<style></style>中添加样式 cesiumContainer，用于控制地球容器的位置及样式。

```
<style>
  html,
  body,
  #cesiumContainer {
    width: 100%;
    height: 100%;
    margin: 0;
    padding: 0;
    overflow: hidden;
  }
</style>
```

（2）创建一个 Div，设置 id 为 "cesiumContainer"，用于承载整个 Cesium 场景。

```
<div id="cesiumContainer">
</div>
```

（3）添加 token 并实例化 Viewer 对象，传入配置参数。

```
Cesium.Ion.defaultAccessToken = '你的token';
var viewer = new Cesium.Viewer("cesiumContainer", {
  animation: false,            //是否显示动画工具
  timeline: false,             //是否显示时间轴工具
  fullscreenButton: false,     //是否显示全屏按钮工具
});
```

（4）首先定义变量 pointArr1，值为一个坐标点数组，用来指定要绘制的整个 polygon 的范围，注意，坐标点首尾要闭合；然后定义变量 positions，将 pointArr1 转换为 Cartesian3 格

式；接着定义变量 pointArr2，值也为一个坐标点数组，用来指定需要特别突出的范围；最后定义变量 hole，将 pointArr2 转换为 Cartesian3 格式。

```
//大区域的坐标点数组，够用即可，不必太大，要形成闭环
var pointArr1 = [
  114.3944, 30.5237,
  114.3943, 30.5192,
  114.4029, 30.5192,
  114.4029, 30.5237,
  114.3944, 30.5237];
var positions = Cesium.Cartesian3.fromDegreesArray(pointArr1);
//洞的坐标点数组，要形成闭环
var pointArr2 = [
  114.3972, 30.5224,
  114.3972, 30.5218,
  114.3988, 30.5218,
  114.3988, 30.5224,
  114.3972, 30.5224];
var hole = Cesium.Cartesian3.fromDegreesArray(pointArr2);
```

（5）封装绘制遮罩的函数 drawMask。该函数有两个参数，分别为 positions 和 hole，分别定义了多边形的外部边界与内部边界的线性环。

首先，在 drawMask 函数内绘制一个 polygon，其中 hierarchy 参数是一个对象，对象中包括 positions 和 holes 两个属性，可分别设置这两个属性为传进来的两个参数。然后，在 polygon 中添加属性 material，用于设置遮罩层的透明度；添加属性 fill，用于设置材质填充。最后，根据 polygon 的内部边界线性环坐标 hole 绘制一条高亮线，具体参数参考 5.2.1 节，这里不再赘述。

```
//封装绘制遮罩的函数
function drawMask(positions, hole) {
  //带洞区域
  var mask = viewer.entities.add({
    polygon: {
      //获取指定属性 positions 和 holes（图形内需要挖空的区域）
      hierarchy: {
        positions: positions,
        holes: [{ positions: hole }],
      },
      //填充的颜色，withAlpha 透明度
      material: Cesium.Color.BLACK.withAlpha(0.7),
      //是否被提供的材质填充
      fill: true,
    },
```

```
    });
    var hightlightLine = viewer.entities.add({
        polyline: {
            positions: hole,
            width: 3,
            material: Cesium.Color.AQUA.withAlpha(1),
            clampToGround: true,
        },
    });
}
```

（6）调用 drawMask 函数并传入参数 positions、hole 来绘制反选遮罩层。之后设置相机视角到指定位置。

```
//绘制反选遮罩层
drawMask(positions, hole);
//设置相机视角
viewer.camera.setView({
    destination: Cesium.Cartesian3.fromDegrees(114.3981, 30.5221, 300)
});
```

反选遮罩效果如图 8-5 所示，可以突出内部边界区域，遮罩外部边界区域。

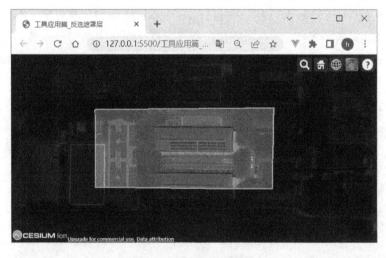

图 8-5　反选遮罩效果

8.4　鹰眼视图

鹰眼视图是 GIS 中的一个基本功能，其数据范围与主数据视图的数据范围保持一致，可以用来展示同一范围内的不同数据。例如，可以在 Cesium 中添加一个鹰眼视图，设置底图为矢量图，当操作主视图时，鹰眼视图会跟随主视图的视角变化，和主视图中的影像底图进行对比。

在 Cesium 中制作鹰眼视图有多种方法，可以选择和其他的二维 WebGIS 框架 Leaflet、OpenLayers 等集成制作，也可以通过创建多个 Viewer 来实现。本节将使用 Cesium 创建另一个 Viewer 来实现鹰眼视图功能，实现原理为当主视图相机视角发生变化时，实时同步鹰眼视图的相机视角，使其与主视图保持一致。

首先，在网页的<head>标签中引入 Cesium.js 库文件，该文件定义了 Cesium 的对象，几乎包含了我们需要的所有内容。然后，为了能够使用 Cesium 的各个可视化控件，我们还需要在网页的<head>标签中引入 widgets.css 文件。

```
<script src="./Build/Cesium/Cesium.js"></script>
<link rel="stylesheet" href="./Build//Cesium//Widgets/widgets.css">
```

（1）在 HTML 的<style></style>中添加样式 cesiumContainer，用于控制主视图地球容器的位置及样式；再添加样式 eagleEye，用于设置鹰眼视图的位置在屏幕右下方。

```
<style>
    html,
    body,
    #cesiumContainer {
        width: 100%;
        height: 100%;
        margin: 0;
        padding: 0;
        overflow: hidden;
    }
    #eagleEye {
        position: absolute;
        width: 25%;
        height: 30%;
        bottom: 0;
        right: 0;
        z-index: 999;
    }
</style>
```

（2）创建两个 Div，设置 id 分别为"cesiumContainer""eagleEye"，分别用于承载主视图场景及鹰眼视图场景。

```
<!--主视图-->
<div id="cesiumContainer"></div>
<!-- 鹰眼 -->
<div id="eagleEye"></div>
```

（3）添加 token 并实例化 Viewer 对象，传入相关配置参数。之后实例化一个 Viewer 对象，将其命名为 viewerEye，作为鹰眼视图。注意，在实例化鹰眼视图时，要将默认控件全部设置为 false（表示隐藏）并配置 imageryProvider 属性，将默认底图切换为天地图矢量图。

```
Cesium.Ion.defaultAccessToken = '你的token';
//主视图
var viewer = new Cesium.Viewer("cesiumContainer", {
  animation: false,              //是否显示动画工具
  timeline: false,               //是否显示时间轴工具
  fullscreenButton: false,       //是否显示全屏按钮工具
});
//鹰眼视图
var viewerEye = new Cesium.Viewer("eagleEye", {
    geocoder: false,             //是否显示位置查找工具
    homeButton: false,           //是否显示首页位置工具
    sceneModePicker: false,      //是否显示视角模式切换工具
    baseLayerPicker: false,      //是否显示默认图层选择工具
    navigationHelpButton: false, //是否显示导航帮助工具
    animation: false,            //是否显示动画工具
    timeline: false,             //是否显示时间轴工具
    fullscreenButton: false,     //是否显示全屏按钮工具
    terrainProvider: Cesium.createWorldTerrain(),
    //将默认底图切换为天地图矢量图
    imageryProvider: new Cesium.WebMapTileServiceImageryProvider({
        url: "http://t{s}.tianditu.com/vec_w/wmts?service=wmts&request=GetTile&version=1.0.0&LAYER=vec&tileMatrixSet=w&TileMatrix={TileMatrix}&TileRow={TileRow}&TileCol={TileCol}&style=default&format=tiles&tk=你的token",
        subdomains: ['0', '1', '2', '3', '4', '5', '6', '7'], //服务负载子域
        layer: "tdtImgLayer",
        style: "default",
        format: "image/jpeg",
        tileMatrixSetID: "GoogleMapsCompatible",//使用谷歌的瓦片切片方式
        show: true
    })
});
```

（4）使用 WebMapTileServiceImageryProvider 类在鹰眼视图中叠加天地图矢量注记图层并去除鹰眼视图中的 Cesium 版权信息。

```
viewerEye.imageryLayers.addImageryProvider(new Cesium.WebMapTileServiceImageryProvider({
    //叠加天地图矢量注记图层
    url: "http://t{s}.tianditu.com/cva_w/wmts?service=wmts&request=GetTile&version=1.0.0&LAYER=cva&tileMatrixSet=w&TileMatrix={TileMatrix}&TileRow={TileRow}&TileCol={TileCol}&style=default.jpg&tk=26322dcfabb058ef85aa3fa66f0
```

```
f59f0",
    subdomains: ['0','1','2','3','4','5','6','7'],
    layer: "tdtCiaLayer",
    style: "default",
    format: "image/jpeg",
    tileMatrixSetID: "GoogleMapsCompatible",
    show: true
}));
viewerEye._cesiumWidget._creditContainer.style.display = 'none';//去除Cesium版
权信息
```

（5）禁用鹰眼视图的相机操作，包括旋转、平移、放大、倾斜等。这是为了保证鹰眼视图仅受主视图的控制与影响。

```
//禁用鹰眼视图的相机操作
//旋转
viewerEye.scene.screenSpaceCameraController.enableRotate = false;
//平移
viewerEye.scene.screenSpaceCameraController.enableTranslate = false;
//放大
viewerEye.scene.screenSpaceCameraController.enableZoom = false;
//倾斜
viewerEye.scene.screenSpaceCameraController.enableTilt = false;
//相机观看的方向
viewerEye.scene.screenSpaceCameraController.enableLook = false;
```

（6）封装 reViewer 函数，用于控制鹰眼视图相机视角。在 reViewer 函数中，设置鹰眼视图相机的各个参数均为主视图相机参数，以保证鹰眼视图与主视图一致。

```
//控制鹰眼视图相机视角
function reViewer() {
    viewerEye.camera.flyTo({
        destination: viewer.camera.position,
        orientation: {
            heading: viewer.camera.heading,
            pitch: viewer.camera.pitch,
            roll: viewer.camera.roll
        },
        duration: 0.0
    });
}
```

（7）设置主视图引起监听事件而触发的相机变化幅度，并添加主视图相机变化监听事件。当主视图相机变化时，调用 reViewer 函数更新鹰眼视图。

```
//设置主视图引起监听事件而触发的相机变化幅度，越小越灵敏
```

```
viewer.camera.percentageChanged = 0.01;
//当主视图相机变化时，鹰眼视图跟着变化
viewer.camera.changed.addEventListener(reViewer);
```

鹰眼视图效果如图 8-6 所示，当主视图相机发生变化时，会同时更新鹰眼视图中的相机，以保证与主视图保持同步。

图 8-6　鹰眼视图效果

8.5　指南针与比例尺

　　Cesium 本身并没有提供指南针、比例尺及罗盘等控件，因此不能像开启其他 Cesium 默认控件一样直接使用指南针与比例尺。本节介绍 GitHub 上的一个名为 solocao 的工程师维护的插件，该插件的使用方式非常简单，只需引入 viewerCesiumNavigationMixin.min.js 文件[①]，然后使用几行代码即可直接在场景中添加指南针、比例尺、罗盘及缩放按钮等控件。

　　首先，在网页的<head>标签中引入 Cesium.js 库文件，该文件定义了 Cesium 的对象，几乎包含了我们需要的所有内容。然后，为了能够使用 Cesium 的各个可视化控件，我们还需要在网页的<head>标签中引入 widgets.css 文件，接着引入 viewerCesiumNavigationMixin.min.js 文件。

```
<script src="./Build/Cesium/Cesium.js"></script>
<link rel="stylesheet" href="./Build//Cesium//Widgets/widgets.css">
<!-- 指南针、比例尺等 -->
<script src="./Build/js /viewerCesiumNavigationMixin.min.js"></script>
```

　　（1）在 HTML 的<style></style>中添加样式 cesiumContainer，用于控制主视图地球容器的

---

① 文件来自 GitHub 用户 solocao，地址为 https://github.com/solocao/viewerCesiumNavigationMixin。

位置及样式；再添加样式 distance-legend，用于设置比例尺位置。

```
<style>
   html,
   body,
   #cesiumContainer {
       width: 100%;
       height: 100%;
       margin: 0;
       padding: 0;
       overflow: hidden;
   }
   /*比例尺定位*/
   .distance-legend {
       position: absolute;
       left: 0px;
       bottom: 30px;
       z-index: 10;
   }
</style>
```

（2）创建一个 Div，设置 id 为 "cesiumContainer"，用于承载整个 Cesium 场景。

```
<div id="cesiumContainer">
</div>
```

（3）添加 token 并实例化 Viewer 对象，传入配置参数。

```
Cesium.Ion.defaultAccessToken = '你的token';
var viewer = new Cesium.Viewer("cesiumContainer", {
   animation: false,              //是否显示动画工具
   timeline: false,               //是否显示时间轴工具
   fullscreenButton: false,       //是否显示全屏按钮工具
});
```

（4）调用 viewer.extend 方法添加扩展功能，第一个参数为要添加的扩展，第二个参数为要传递给扩展函数的配置对象。

在传入的配置对象中，添加属性 defaultResetView，用于设置重置导航控件时默认的视图位置；添加属性 enableCompass，默认值为 "true"，当其值为 true 时启用罗盘，当其值为 false 时禁用罗盘；添加属性 enableZoomControls，默认值为 "true"，当其值为 true 时启用缩放控件，当其值为 false 时禁用缩放控件；添加属性 enableDistanceLegend，默认值为 "true"，当其值为 true 时启用比例尺控件，当其值为 false 时禁用比例尺控件；添加属性 enableCompassOuterRing，默认值为 "true"，当其值为 true 时启用指南针外环，当其值为 false 时禁用指南针外环。

```
//添加罗盘、比例尺、指南针控件等
viewer.extend(Cesium.viewerCesiumNavigationMixin, {
    //设置重置导航控件时默认的视图位置。接收的值是 Cesium.Cartographic 和 Cesium.Rectangle
    defaultResetView: Cesium.Cartographic.fromDegrees(110, 30, 2000000),
    //用于启用或禁用。true 代表启用，false 代表禁用。默认值为 true。如果将选项设置为
false, 则罗盘将不会被添加到地图中
    enableCompass : true,
    //用于启用或禁用缩放控件。true 代表启用，false 代表禁用。默认值为 true。如果将选项设置为
false, 则缩放控件将不会被添加到地图中
    enableZoomControls : true,
    //用于启用或禁用比例尺控件。true 代表启用，false 代表禁用。默认值为 true。如果将选项设置
为 false, 则比例尺控件将不会被添加到地图中
    enableDistanceLegend : true,
    //用于启用或禁用指南针外环。true 代表启用，false 代表禁用。默认值为 true。如果将选项设置
为 false, 则该环将可见但无效
    enableCompassOuterRing : true,
});
```

在场景中添加罗盘、缩放、比例尺及指南针控件后，指南针与比例尺效果如图 8-7 所示。当场景相机视角发生变化时，相应的控件也会发生变化，同样地，也可以通过这些控件来控制场景相机视角变化。

图 8-7　指南针与比例尺效果

8.6　坐标测量

坐标测量是指在三维场景中，获取单击点位置的相关经纬度、高度信息并标注出来。测

量功能是 GIS 系统必备的基本功能，本节将介绍在三维场景中，如何对加载的三维模型、地形等实现坐标测量。

首先，在网页的<head>标签中引入 Cesium.js 库文件，该文件定义了 Cesium 的对象，几乎包含了我们需要的所有内容。然后，为了能够使用 Cesium 的各个可视化控件，我们还需要在网页的<head>标签中引入 widgets.css 文件。

```
<script src="./Build/Cesium/Cesium.js"></script>
<link rel="stylesheet" href="./Build//Cesium//Widgets/widgets.css">
```

（1）在 HTML 的<style></style>中添加样式 cesiumContainer，用于控制主视图地球容器的位置及样式。

```
<style>
   html,
   body,
   #cesiumContainer {
      width: 100%;
      height: 100%;
      margin: 0;
      padding: 0;
      overflow: hidden;
   }
</style>
```

（2）创建一个 Div，设置 id 为"cesiumContainer"，用于承载整个 Cesium 场景。

```
<div id="cesiumContainer">
</div>
```

（3）添加 token 并实例化 Viewer 对象，传入配置参数，在配置参数中使用 createWorldTerrain 加载全球在线地形数据。

```
Cesium.Ion.defaultAccessToken = '你的token';
var viewer = new Cesium.Viewer("cesiumContainer", {
  animation: false,            //是否显示动画工具
  timeline: false,             //是否显示时间轴工具
  fullscreenButton: false,     //是否显示全屏按钮工具
  terrainProvider: Cesium.createWorldTerrain()
});
```

（4）使用 Cesium3DTileset 类加载大雁塔倾斜摄影三维模型转换得到的 3D Tiles 模型并定位到倾斜摄影三维模型的位置。

```
var tileset = viewer.scene.primitives.add(
  new Cesium.Cesium3DTileset({
    url: './倾斜摄影/大雁塔3DTiles/tileset.json'
```

```
}));
viewer.zoomTo(tileset);
```

（5）定义变量 handler 并实例化屏幕空间事件对象 ScreenSpaceEventHandler，用于注册鼠标事件；再定义变量 annotations，用于实例化标签集合并添加到场景中。

```
//实例化屏幕空间事件对象 ScreenSpaceEventHandler
var handler = new Cesium.ScreenSpaceEventHandler(viewer.canvas);
//实例化标签集合并添加到场景中
var annotations = viewer.scene.primitives.add(
    new Cesium.LabelCollection()
);
```

（6）封装函数 createPoint，用于根据鼠标单击位置的坐标添加点（point）。该函数有一个参数 worldPosition，用于指定添加点的位置，是 Cartesian3 类型的，函数返回值为添加的点。

```
//添加点
function createPoint(worldPosition) {
    var point = viewer.entities.add({
        position: worldPosition,
        point: {
            color: Cesium.Color.CRIMSON,
            pixelSize: 9,
            outlineColor: Cesium.Color.ALICEBLUE,
            outlineWidth: 2,
            disableDepthTestDistance: 1000    //当距离在1000以下时不被遮挡
        }
    });
    return point;
}
```

（7）封装函数 annotate，用于调用 createPoint 创建点并创建标注框，显示该点的经纬度、高度信息。

annotate 函数有 4 个参数，分别为 cartesian、lng、lat 及 height。其中，cartesian 用于指定添加点的坐标，lng、lat 及 height 用于填充标注信息。标注框通过第（4）步创建的标签集合进行添加。

```
//添加点和标注框
function annotate(cartesian, lng, lat, height) {
    //创建点
    createPoint(cartesian);
    //添加标注框
    annotations.add({
        position: cartesian,
        text:
```

```
            'Lon: ' + lng.toFixed(5) + '\u00B0' +
            '\nLat: ' + lat.toFixed(5) + '\u00B0' +
            "\nheight: " + height.toFixed(2) + "m",
        showBackground: true,
        font: '22px monospace',
        horizontalOrigin: Cesium.HorizontalOrigin.LEFT,
        verticalOrigin: Cesium.VerticalOrigin.BOTTOM,
        disableDepthTestDistance: Number.POSITIVE_INFINITY
    });
}
```

（8）注册鼠标左键单击事件。鼠标单击结果分为两种情况：第一种是单击处拾取到模型，则获得单击处的模型坐标；第二种是单击处未拾取到模型而拾取到地形，则获得单击处的地形坐标。

首先，使用 viewer.scene.pick 方法获取要素。然后，判断是否拾取到模型，如果拾取到模型，则定义变量 cartesian，通过 viewer.scene.pickPosition 方法获取该点处的模型坐标，结果是 Cartesian3 类型的。获取模型坐标后，将坐标从 Cartesian3 类型转换为 Cartographic 类型，并分别获取经纬度及高度信息。最后，调用 annotate 方法添加点和标注框。

如果单击处未拾取到模型而拾取到地形，则使用相机的 getPickRay 方法从屏幕坐标向场景中创建射线，再定义变量 cartesian，通过 viewer.scene.globe.pick 方法获取射线与地球表面之间的交点坐标，结果是 Cartesian3 类型的，然后和上述步骤一样，分别获取经纬度及高度信息，最后调用 annotate 方法添加点和标注框。

```
//鼠标左键单击事件
handler.setInputAction(function (evt) {
    var pickedObject = viewer.scene.pick(evt.position);//判断是否拾取到模型
    //如果拾取到模型
    if (viewer.scene.pickPositionSupported && Cesium.defined(pickedObject)) {
        var cartesian = viewer.scene.pickPosition(evt.position);
        if (Cesium.defined(cartesian)) {
            //根据笛卡儿坐标获取弧度
            var cartographic = Cesium.Cartographic.fromCartesian(cartesian);
            //根据弧度获取经度
            var lng = Cesium.Math.toDegrees(cartographic.longitude);
            //根据弧度获取纬度
            var lat = Cesium.Math.toDegrees(cartographic.latitude);
            var height = cartographic.height;//模型高度
            annotate(cartesian, lng, lat, height);
        }
    }
    //如果未拾取到模型而拾取到地形
    else {
```

```
    //在世界坐标系中从屏幕坐标向场景中创建射线
    var ray = viewer.camera.getPickRay(evt.position);
    //找到射线与渲染的地球表面之间的交点,值为Cartesian3类型
    var cartesian = viewer.scene.globe.pick(ray, viewer.scene);
    if (Cesium.defined(cartesian)) {
        //根据交点得到经纬度、高度信息并添加点和标注框
        var cartographic = Cesium.Cartographic.fromCartesian(cartesian);
        //根据弧度获取经度
        var lng = Cesium.Math.toDegrees(cartographic.longitude);
        //根据弧度获取纬度
        var lat = Cesium.Math.toDegrees(cartographic.latitude);
        var height = cartographic.height;//高度
        annotate(cartesian, lng, lat, height);
    }
}
}, Cesium.ScreenSpaceEventType.LEFT_CLICK);
```

（9）注册鼠标右键单击事件,当使用鼠标右键单击时,删除添加的所有点和标注框。

```
//使用鼠标右键单击,删除点和标注框
handler.setInputAction(function () {
    //删除点
    viewer.entities.removeAll()
    //删除标注框
    annotations.removeAll();
}, Cesium.ScreenSpaceEventType.RIGHT_CLICK);
```

坐标测量效果如图 8-8 所示,分别为在模型上单击时的坐标信息和在地形上单击时的坐标信息。

图 8-8　坐标测量效果

8.7 距离测量

距离测量是指空间距离测量，即考虑点与点之间的位置坐标及高度差来计算两点之间的距离，不仅可以计算平面距离，还可以计算两个高度差较大的点（如屋顶与地面）之间的距离。本节的距离测量是在 5.2.7 节交互绘制的基础上完成的，即在交互绘制时，如果绘制的点超过两个，就计算两点之间的距离并计入线段总和。下面将介绍如何实现空间距离测量，其中交互绘制部分的内容将快速讲解，详细步骤可参考 5.2.7 节，本节重点讲解计算空间距离部分。

首先，在网页的<head>标签中引入 Cesium.js 库文件，该文件定义了 Cesium 的对象，几乎包含了我们需要的所有内容。然后，为了能够使用 Cesium 的各个可视化控件，我们还需要在网页的<head>标签中引入 widgets.css 文件。

```
<script src="./Build/Cesium/Cesium.js"></script>
<link rel="stylesheet" href="./Build//Cesium//Widgets/widgets.css">
```

（1）在 HTML 的<style></style>中添加样式 cesiumContainer，用于控制主视图地球容器的位置及样式。

```
<style>
   html,
   body,
   #cesiumContainer {
       width: 100%;
       height: 100%;
       margin: 0;
       padding: 0;
       overflow: hidden;
   }
</style>
```

（2）创建一个 Div，设置 id 为 "cesiumContainer"，用于承载整个 Cesium 场景。

```
<div id="cesiumContainer">
</div>
```

（3）添加 token 并实例化 Viewer 对象，传入配置参数，在配置参数中使用 createWorldTerrain 加载全球在线地形数据。

```
Cesium.Ion.defaultAccessToken = '你的token';
var viewer = new Cesium.Viewer("cesiumContainer", {
  animation: false,              //是否显示动画工具
  timeline: false,               //是否显示时间轴工具
  fullscreenButton: false,       //是否显示全屏按钮工具
```

```
    terrainProvider: Cesium.createWorldTerrain()
});
```

（4）开启深度检测且开启后会有高程遮挡效果。在场景中添加倾斜摄影三维模型并设置相机视角到模型范围。

```
//开启深度检测后会有高程遮挡效果
viewer.scene.globe.depthTestAgainstTerrain = true;
var tileset = viewer.scene.primitives.add(
    new Cesium.Cesium3DTileset({
        url: './倾斜摄影/大雁塔 3DTiles/tileset.json'
    })
);
viewer.zoomTo(tileset);
```

（5）封装计算空间距离的函数 getSpaceDistance。该函数有一个参数 positions，即鼠标在场景中单击点时拾取的坐标点数组，数组内的成员类型是 Cartesian3。

首先，在函数内部定义 distance，初始值为 0。然后，根据 positions 数组中的成员个数进行 distance 的计算。此处有两种计算空间距离的方法：第一种是直接将 Cartesian3 坐标转换为 Cartographic 坐标，先通过 EllipsoidGeodesic 类中的 surfaceDistance 方法求得两点之间的表面距离，再通过两点之间的高差计算空间距离。第二种是直接通过 Cartesian3 类中的 distance 方法计算两点之间的空间距离，该方法要求两点的坐标类型为 Cartesian3。最后，将计算结果保留两位小数并作为函数返回值。

```
//计算空间距离的函数
function getSpaceDistance(positions) {
    var distance = 0;
    for (var i = 0; i < positions.length - 1; i++) {
        //直接计算距离
        distance += Cesium.Cartesian3.distance(positions[i],positions[i+1])
        /**根据经纬度计算距离**/
        /* var point1cartographic = Cesium.Cartographic.fromCartesian(positions[i]);
        var point2cartographic = Cesium.Cartographic.fromCartesian(positions[i+ 1]);
        var geodesic = new Cesium.EllipsoidGeodesic();
        geodesic.setEndPoints(point1cartographic, point2cartographic);
        var s = geodesic.surfaceDistance;
        //console.log(Math.sqrt(Math.pow(distance, 2) + Math.pow(endheight, 2)));
        //返回两点之间的空间距离
        s = Math.sqrt(Math.pow(s, 2) +
            Math.pow(point2cartographic.height - point1cartographic.height, 2));
        distance = distance + s; */
```

```
    }
    return distance.toFixed(2);
}
```

（6）定义数组变量 positions，用于存储要计算距离的点。接着定义 activeShapePoints，作为动态绘制时的动态点数组；activeShape，用于存储动态图形；floatingPoint，作为第一个点，判断是否开始获取鼠标移动结束位置。

```
var positions = [];              //用于存储要计算距离的点
var activeShapePoints = [];//动态点数组
var activeShape;                 //动态图形
var floatingPoint;  //第一个点，判断是否开始获取鼠标移动结束位置并添加至 activeShapePoints
```

（7）封装绘制点和线的函数，该部分与 5.2.7 节交互绘制几乎一致，详细介绍请参考 5.2.7 节。不同点在于本节的绘制点函数中增加了一个参数 textDisance，代表计算得到的空间距离。接着在绘制点的同时绘制一个标签，标签的内容正是计算得到的空间距离。

```
//绘制点与标签
function drawPoint(position, textDisance) {
    var pointGeometry = viewer.entities.add({
        name: "点几何对象",
        position: position,
        point: {
            color: Cesium.Color.SKYBLUE,
            pixelSize: 6,
            outlineColor: Cesium.Color.YELLOW,
            outlineWidth: 2,
            disableDepthTestDistance: 1000    //当距离在 1000 以下时不被高程遮挡
        },
        label: {
            text: textDisance + "米",
            font: '18px sans-serif',
            fillColor: Cesium.Color.GOLD,
            style: Cesium.LabelStyle.FILL_AND_OUTLINE,
            outlineWidth: 2,
            verticalOrigin: Cesium.VerticalOrigin.BOTTOM,
            pixelOffset: new Cesium.Cartesian2(20, -20),
            heightReference: Cesium.HeightReference.NONE
        }
    });
    return pointGeometry;
};
//绘制图形
function drawShape(positionData) {
```

```
    var shape;
    shape = viewer.entities.add({
        polyline: {
            positions: positionData,
            width: 5.0,
            material: new Cesium.PolylineGlowMaterialProperty({
                color: Cesium.Color.GOLD,
            }),
        }
    });
    return shape;
}
```

（8）定义变量 handler 并实例化 ScreenSpaceEventHandler 对象，然后注册鼠标左键单击事件，该部分内容同样与 5.2.7 节一致。不同点是在本部分鼠标左键单击事件中，获取单击点坐标后，将该坐标添加到数组 positions 中并调用 getSpaceDistance 计算距离。

```
var handler = new Cesium.ScreenSpaceEventHandler(viewer.canvas);
//鼠标左键单击事件
handler.setInputAction(function (event) {
    var earthPosition = viewer.scene.pickPosition(event.position);
    //计算距离
    positions.push(earthPosition);
    var disance = getSpaceDistance(positions);
    //如果鼠标指针不在地球上，则earthPosition是未定义的
    if (Cesium.defined(earthPosition)) {
        //第一次单击时，通过CallbackProperty绘制动态图
        if (activeShapePoints.length === 0) {
            //floatingPoint = drawPoint(earthPosition,null);
            activeShapePoints.push(earthPosition);
            //动态点通过CallbackProperty实时更新渲染
            var dynamicPositions = new Cesium.CallbackProperty(function () {
                return activeShapePoints;
            }, false);
            activeShape = drawShape(dynamicPositions);//绘制动态图
        }
        //添加当前点到activeShapePoints中，实时渲染动态图
        activeShapePoints.push(earthPosition);
        floatingPoint = drawPoint(earthPosition, disance);
    }
}, Cesium.ScreenSpaceEventType.LEFT_CLICK);
```

（9）注册鼠标移动事件与鼠标右键单击事件，该部分内容同样在 5.2.7 节中详细讲解过，这里不再赘述。需要注意的是，在使用鼠标右键单击后记得清空存储计算距离的点数组

positions。

```
//鼠标移动事件
handler.setInputAction(function (event) {
    if (Cesium.defined(floatingPoint)) {
        var newPosition = viewer.scene.pickPosition(event.endPosition);  //获取鼠标移动到的最终位置
        if (Cesium.defined(newPosition)) {
            //动态去除数组中的最后一个点，再添加一个最新点，保证只保留鼠标位置点
            activeShapePoints.pop();
            activeShapePoints.push(newPosition);
        }
    }
}, Cesium.ScreenSpaceEventType.MOUSE_MOVE);
//鼠标右键单击事件
handler.setInputAction(function (event) {
    activeShapePoints.pop();                    //去除最后一个动态点
    if (activeShapePoints.length) {
        drawShape(activeShapePoints);           //绘制最终图
    }
    //viewer.entities.remove(floatingPoint);    //移除第一个点（重复了）
    viewer.entities.remove(activeShape);        //去除动态图形
    floatingPoint = undefined;
    activeShape = undefined;
    activeShapePoints = [];
    positions = [];                             //清空计算距离的点数组
}, Cesium.ScreenSpaceEventType.RIGHT_CLICK);
```

空间距离测量效果如图 8-9 所示，使用鼠标左键单击添加点并在该位置标注从第一个点至该点的距离总和，使用鼠标右键单击结束绘制。

图 8-9　空间距离测量效果

8.8 面积测量

面积测量是指空间面积测量，即考虑点与点之间的位置坐标及高度差来计算每相邻两点之间的角度、距离，并通过拆分三角形来计算整个封闭多边形的空间面积。本节的面积测量同样是在 5.2.7 节的基础上完成的，即在交互绘制时，如果绘制点超过两个，就开始计算相邻点之间的角度、距离，并在绘制结束后根据点与点之间的角度、距离来拆分三角形，从而计算整个多边形的面积。下面将介绍如何实现空间面积测量，其中交互绘制部分的内容将快速讲解，详细步骤可参考 5.2.7 节，本节重点讲解计算空间面积部分。

首先，在网页的<head>标签中引入 Cesium.js 库文件，该文件定义了 Cesium 的对象，几乎包含了我们需要的所有内容。然后，为了能够使用 Cesium 的各个可视化控件，我们还需要在网页的<head>标签中引入 widgets.css 文件。

```
<script src="./Build/Cesium/Cesium.js"></script>
<link rel="stylesheet" href="./Build//Cesium//Widgets/widgets.css">
```

（1）在 HTML 的<style></style>中添加样式 cesiumContainer，用于控制主视图地球容器的位置及样式。

```
<style>
    html,
    body,
    #cesiumContainer {
        width: 100%;
        height: 100%;
        margin: 0;
        padding: 0;
        overflow: hidden;
    }
</style>
```

（2）创建一个 Div，设置 id 为 "cesiumContainer"，用于承载整个 Cesium 场景。

```
<div id="cesiumContainer">
</div>
```

（3）添加 token 并实例化 Viewer 对象，传入配置参数，在配置参数中使用 createWorldTerrain 加载全球在线地形数据。

```
Cesium.Ion.defaultAccessToken = '你的token';
var viewer = new Cesium.Viewer("cesiumContainer", {
    animation: false,              //是否显示动画工具
    timeline: false,               //是否显示时间轴工具
    fullscreenButton: false,       //是否显示全屏按钮工具
```

```
    terrainProvider: Cesium.createWorldTerrain()
});
```

（4）开启深度检测，且开启后会有高程遮挡效果。在场景中添加倾斜摄影三维模型并设置相机视角到模型范围。

```
//开启深度检测后会有高程遮挡效果
viewer.scene.globe.depthTestAgainstTerrain = true;
var tileset = viewer.scene.primitives.add(
   new Cesium.Cesium3DTileset({
       url: './倾斜摄影/大雁塔3DTiles/tileset.json'
   })
);
viewer.zoomTo(tileset);
```

（5）定义变量 radiansPerDegree 与变量 degreesPerRadian，用来进行角度与弧度之间的转换。原理为：弧度=π/180×经纬度的角度；经纬度的角度=180/π×弧度。

```
var radiansPerDegree = Math.PI / 180.0;//角度转换为弧度
var degreesPerRadian = 180.0 / Math.PI;//弧度转换为角度
```

（6）封装计算两点朝向（从 A 点到 B 点相对于平面 X 轴的平面角度）的函数 getBearing。该函数有两个参数：第一个参数是起点，第二个参数是终点。

首先，获取起点和终点，并将起点、终点的经纬度坐标转换为弧度表示。然后，计算朝向结果，并将结果转换为角度表示。

```
function getBearing(from, to) {
   var from = Cesium.Cartographic.fromCartesian(from);
   var to = Cesium.Cartographic.fromCartesian(to);
   //角度转换为弧度
   var lat1 = from.latitude * radiansPerDegree;
   var lon1 = from.longitude * radiansPerDegree;
   var lat2 = to.latitude * radiansPerDegree;
   var lon2 = to.longitude * radiansPerDegree;
   //返回从原点(0,0)到(x,y)点的线段与 X 轴正方向之间的平面角度（弧度值）
   var angle = -Math.atan2(
       Math.sin(lon1 - lon2) * Math.cos(lat2),
       Math.cos(lat1) * Math.sin(lat2) - Math.sin(lat1) * Math.cos(lat2) *
Math.cos(lon1 - lon2)
       );
   if (angle < 0) {
       angle += Math.PI * 2.0;
   }
   //弧度转换为角度
   angle = angle * degreesPerRadian;
```

```
    return angle;
}
```

（7）封装计算3个点直接连线的角度的函数 getAngle。该函数有3个参数，分别为3个点，在函数内分别计算相邻两点的朝向，并根据两个线段朝向计算，得到3个点连成的夹角。

```
function getAngle(p1, p2, p3) {
    var bearing21 = getBearing(p2, p1);
    var bearing23 = getBearing(p2, p3);
    var angle = bearing21 - bearing23;
    if (angle < 0) {
        angle += 360;
    }
    return angle;
}
```

（8）封装计算相邻两点距离的函数 getDistance，根据相邻两点之间的经纬度、高度计算两点之间的空间距离。

```
function getDistance(point1, point2) {
    /**根据经纬度计算出距离**/
    var geodesic = new Cesium.EllipsoidGeodesic();
    //设置测地线的起点和终点
    geodesic.setEndPoints(point1, point2);
    //获取起点和终点之间的表面距离
    var s = geodesic.surfaceDistance;
    //返回两点之间的距离
    s = Math.sqrt(Math.pow(s, 2) + Math.pow(point2.height - point1.height, 2));
    return s;
}
```

（9）封装计算多边形面积的函数 getArea。该函数有一个参数 points，包括多边形各个顶点的坐标。计算多边形面积的过程是先拆分三角曲面，即通过计算每3个点组成的线段的夹角及两条边的长度来分别计算三角形的面积，然后将整个多边形拆分成多个三角形，最后将所有三角形的面积相加得到总面积。

```
function getArea(points) {
    var res = 0;
    //拆分三角曲面
    for (var i = 0; i < points.length - 2; i++) {
        //相邻3个点中的第二个点
        var j = (i + 1) % points.length;
        //相邻3个点中的第三个点
        var k = (i + 2) % points.length;
```

```
        var totalAngle = getAngle(points[i], points[j], points[k]);
        var totalAngle = totalAngle.toFixed();
        var dis_temp1 = getDistance(pCartographic[i], pCartographic[j]);
        var dis_temp2 = getDistance(pCartographic[j], pCartographic[k]);
        //计算三角形面积,Math.abs 表示绝对值
        res += dis_temp1 * dis_temp2 * Math.abs(
Math.round(Math.sin((totalAngle * Math.PI / 180)) * 1000000) / 1000000);
        console.log(res);
    }
    //单位是平方米
    return res.toFixed(2);
}
```

（10）封装函数 addLabel，用于在完成面积计算后将计算结果以 label 形式添加到最后绘制的一个点上。

```
function addLabel(pCartographic, text) {
    //将计算结果以 label 形式添加到最后绘制的一个点上
    var position = Cesium.Cartesian3.fromRadians(
        pCartographic[pCartographic.length - 1].longitude,
        pCartographic[pCartographic.length - 1].latitude,
        pCartographic[pCartographic.length - 1].height)
    var label = viewer.entities.add({
        position: position,
        label: {
            text: text + "平方米",
            font: '18px sans-serif',
            fillColor: Cesium.Color.GOLD,
            style: Cesium.LabelStyle.FILL_AND_OUTLINE,
            outlineWidth: 2,
            verticalOrigin: Cesium.VerticalOrigin.BOTTOM,
            pixelOffset: new Cesium.Cartesian2(20, -20),
            heightReference: Cesium.HeightReference.NONE
        }
    });
}
```

（11）定义数组变量 p，用于存储要计算面积的点。再定义 pCartographic，用于存储计算距离与添加 label 的点；activeShapePoints，作为动态绘制时的动态点数组；activeShape，用于存储动态图形；floatingPoint，作为第一个点，用于判断是否开始获取鼠标移动结束位置。

```
var p = [];
var pCartographic = [];
var activeShapePoints = [];
var activeShape;
```

```
var floatingPoint;
```

（12）封装绘制点和多边形的函数，该部分与 5.2.7 节的交互绘制几乎一致，详细介绍请参考 5.2.7 节。

```
//绘制点
function drawPoint(position) {
    var pointGeometry = viewer.entities.add({
        name: "点几何对象",
        position: position,
        point: {
            color: Cesium.Color.SKYBLUE,
            pixelSize: 6,
            outlineColor: Cesium.Color.YELLOW,
            outlineWidth: 2,
            disableDepthTestDistance: 1000    //当距离在1000以下时不被高程遮挡
        }
    });
    return pointGeometry;
};
//绘制多边形
function drawShape(positionData) {
    var shape;
    shape = viewer.entities.add({
        polygon: {
            hierarchy: positionData,
            material: new Cesium.ColorMaterialProperty(Cesium.Color.SKYBLUE.withAlpha(0.7))
        }
    });
    return shape;
}
```

（13）定义变量 handler 并实例化 ScreenSpaceEventHandler 对象，然后注册鼠标左键单击事件，该部分内容同样与 5.2.7 节一致。不同点是在本部分鼠标左键单击事件中，获取单击点坐标后，将该坐标添加到数组 p、pCartographic 中，用于后续处理。

```
var handler = new Cesium.ScreenSpaceEventHandler(viewer.canvas);
//鼠标左键单击事件
handler.setInputAction(function (event) {
    var earthPosition = viewer.scene.pickPosition(event.position);
    pCartographic.push(Cesium.Cartographic.fromCartesian(earthPosition));
    p.push(earthPosition);
    //如果鼠标指针不在地球上，则earthPosition是未定义的
    if (Cesium.defined(earthPosition)) {
```

```
        //第一次单击时，通过CallbackProperty绘制动态图
        if (activeShapePoints.length === 0) {
            floatingPoint = drawPoint(earthPosition);
            activeShapePoints.push(earthPosition);
            //动态点通过CallbackProperty实时更新渲染
            var dynamicPositions = new Cesium.CallbackProperty(function () {
                //绘制模式是polygon，回调返回的值就是PolygonHierarchy类型
                return new Cesium.PolygonHierarchy(activeShapePoints);
            }, false);
            activeShape = drawShape(dynamicPositions);//绘制动态图
        }
        //添加当前点到activeShapePoints中，实时渲染动态图
        activeShapePoints.push(earthPosition);
        drawPoint(earthPosition);
    }
}, Cesium.ScreenSpaceEventType.LEFT_CLICK);
```

（14）注册鼠标移动事件与鼠标右键单击事件，该部分内容同样在5.2.7节中详细讲解过，这里不再赘述。需要注意的是，在使用鼠标右键单击后记得将数组p、pCartographic清空。

```
//鼠标移动事件
handler.setInputAction(function (event) {
    if (Cesium.defined(floatingPoint)) {
        //获取鼠标移动到的最终位置
        var newPosition = viewer.scene.pickPosition(event.endPosition);
        if (Cesium.defined(newPosition)) {
            activeShapePoints.pop();
            activeShapePoints.push(newPosition);
        }
    }
}, Cesium.ScreenSpaceEventType.MOUSE_MOVE);
//鼠标右键单击事件
handler.setInputAction(function (event) {
    activeShapePoints.pop();                //去除最后一个动态点
    if (activeShapePoints.length) {
        drawShape(activeShapePoints);       //绘制最终图
    }
    //计算面积
    var text = getArea(p);
    //添加标注
    addLabel(pCartographic, text);
    viewer.entities.remove(floatingPoint);  //移除第一个点（重复了）
    viewer.entities.remove(activeShape);    //去除动态图形
    floatingPoint = undefined;
```

```
        activeShape = undefined;
        activeShapePoints = [];
        //清空测量面积的点数组
        p = [];
        pCartographic = [];
}, Cesium.ScreenSpaceEventType.RIGHT_CLICK);
```

空间面积测量效果如图 8-10 所示，使用鼠标左键单击添加点，使用鼠标右键单击结束绘制并在该位置标注绘制的多边形的总面积。

图 8-10　空间面积测量效果

8.9　热力图

热力图是目前 GIS 常用的功能之一，它是通过颜色分布，描述人群分布、密度和变化趋势等的一种地图表现手法。热力图能够清晰地反映出样本数据的分布格局，例如，某选项的数值越大，其颜色越深。

Cesium 不同于二维的 OpenLayers、Leaflet 等，它本身并没有提供热力图相关接口，如果需要该功能，就需要自己开发。但是，对于初学者来说，要想独立实现热力图分析功能还是比较困难的，因此我们在此介绍一个插件 CesiumHeatmap.js[①]。该插件对于初学者十分友好，只需引入该插件即可方便地在 Cesium 中创建热力图，并支持热点半径、模糊尺寸等参数的指定。下面将具体介绍该插件的使用。

首先，在网页的<head>标签中引入 Cesium.js 库文件，该文件定义了 Cesium 的对象，几乎包含了我们需要的所有内容。然后，为了能够使用 Cesium 的各个可视化控件，我们还需要

---

① 该插件引自 GitHub，地址：https://github.com/danwild/CesiumHeatmap。

在网页的<head>标签中引入 widgets.css 文件。接着，引入 jQuery 来发送 AJAX 请求。最后，引入 CesiumHeatmap.js 来创建热力图。

```
<script src="./Build/Cesium/Cesium.js"></script>
<link rel="stylesheet" href="./Build//Cesium//Widgets/widgets.css">
<script src="./Build/js/jquery.min.js"></script>
<!-- 引入 CesiumHeatmap.js -->
<script src="./Build/js/CesiumHeatmap.js"></script>
```

（1）在 HTML 的<style></style>中添加样式 cesiumContainer，用于控制主视图地球容器的位置及样式。

```
<style>
    html,
    body,
    #cesiumContainer {
        width: 100%;
        height: 100%;
        margin: 0;
        padding: 0;
        overflow: hidden;
    }
</style>
```

（2）创建一个 Div，设置 id 为 "cesiumContainer"，用于承载整个 Cesium 场景。

```
<div id="cesiumContainer">
</div>
```

（3）添加 token 并实例化 Viewer 对象，传入配置参数，在配置参数中使用 createWorldTerrain 加载全球在线地形数据。

```
Cesium.Ion.defaultAccessToken = '你的 token';
var viewer = new Cesium.Viewer("cesiumContainer", {
  animation: false,            //是否显示动画工具
  timeline: false,             //是否显示时间轴工具
  fullscreenButton: false,     //是否显示全屏按钮工具
  terrainProvider: Cesium.createWorldTerrain()
});
```

（4）定义对象 bounds，用于指定热力图的边界坐标。在该对象中分别添加 4 个属性，即 west、east、south 和 north，分别指定热力图 4 个方向的边界。再定义变量 valueMin 与 valueMax，用于指定最小和最大热力值。

```
//指定热力图的边界坐标
var bounds = {
    west: 114,
```

```
    east: 115,
    south: 30,
    north: 31
};
//指定最小和最大热力值
var valueMin = 0;
var valueMax = 100;
```

（5）定义对象 params，用于指定热力图参数。在该对象中可以添加 radius、maxOpacity、minOpacity 及 blur 等属性，用于分别定义热力图的热点半径、最大/最小透明度及模糊尺寸等参数。

```
//指定热力图参数
var params = {
    radius: 150,            //热点半径
    maxOpacity: 0.5,        //最大不透明度
    minOpacity: 0,          //最小不透明度
    blur: 0.75              //模糊尺寸
}
```

（6）通过 CesiumHeatmap 中的 creat 方法创建热力图对象 heatMap。该方法需要传入 3 个参数：第一个参数是 viewer 对象；第二个参数是热力图边界对象 bounds；第三个参数是热力图参数 params。

```
//创建热力图对象
var heatMap = CesiumHeatmap.create(
    viewer,
    bounds,
    params
);
```

（7）发送 AJAX 请求以获取数据，在这里我们自己制作一份 JSON 数据。注意，JSON 中每一组数据有 3 个属性，分别为 x，用于存储经度；y，用于存储纬度；value，用于存储值。同时，经纬度要在前面定义的热力图边界范围之内，否则将无法显示。

在 AJAX 请求的成功回调函数中，使用 heatMap 对象中的 setWGS84Data 方法创建热力图。该方法需要传入 3 个参数：前两个参数用于设置热力值的最小值和最大值，第三个参数为要创建热力图的数据，也就是 AJAX 请求返回的数据。

```
//JSON 中数据格式示例
[
  {
    "x": 114.219604796,
    "y": 30.4871324231,
    "value": 12
  },
```

```
    {
      "x": 114.788765844,
      "y": 30.2903069542,
      "value": 20
    },
]
//发送 AJAX 请求
$.ajax({
    url: "矢量文件/json/heatmap.json", //JSON 数据地址
    type: "GET",
    dataType: "json",
    success: function (data) {
        console.log('data', data);
        heatMap.setWGS84Data(valueMin, valueMax, data);
    }
})
```

（8）设置相机视角到热力图区域。

```
//设置相机视角
viewer.camera.flyTo({
    destination: Cesium.Cartesian3.fromDegrees(114.1977, 30.6533, 200000),
})
```

热力图绘制效果如图 8-11 所示，以最小热力值 0、最大热力值 100 为基础，颜色越深代表热力值越大，颜色越浅代表热力值越小。

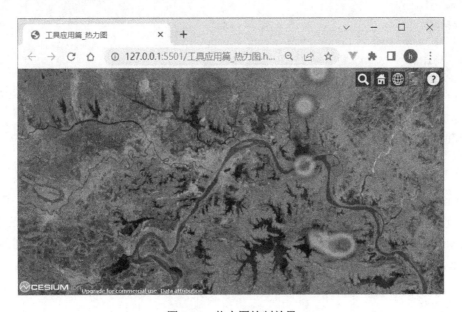

图 8-11　热力图绘制效果

8.10 视频投影

视频投影或者说视频投射，就是在三维场景中，将视频投影在场景中的地形或者模型上进行播放。实现原理比较简单，就是将 Video 视频作为材质赋予实体，如墙、多边形等，和材质特效篇中视频材质的原理差不多。也可以通过 ShadowMap 方式来实现，不过会比较麻烦，但是效果更好。本节将介绍两种视频投影方式：第一种是创建实体墙来投影视频；第二种是通过多边形将视频投影到模型上。

首先，在网页的<head>标签中引入 Cesium.js 库文件，该文件定义了 Cesium 的对象，几乎包含了我们需要的所有内容。然后，为了能够使用 Cesium 的各个可视化控件，我们还需要在网页的<head>标签中引入 widgets.css 文件。

```
<script src="./Build/Cesium/Cesium.js"></script>
<link rel="stylesheet" href="./Build//Cesium//Widgets/widgets.css">
```

（1）在 HTML 的<style></style>中添加样式 cesiumContainer、toolbar，用于控制地球容器和工具栏的位置及样式。

```
<style>
  html,
  body,
  #cesiumContainer {
      width: 100%;
      height: 100%;
      margin: 0;
      padding: 0;
  }
  .toolbar {
      position: absolute;
      top: 10px;
      left: 20px;
      background-color: rgb(0, 0, 0, 0);
  }
</style>
```

（2）创建一个 Div，设置 id 为"cesiumContainer"，用于承载整个 Cesium 场景；再创建一个 Div，设置 class 为"toolbar"，用于添加工具栏，在该 Div 下创建一个 select，设置 id 为"dropdown"，并添加两个 option，再绑定 onchange 事件回调函数 change，当 select 的值改变时触发回调函数。

```
<div id="cesiumContainer">
</div>
<div class="toolbar">
```

```
    <select id="dropdown" onchange="change()">
        <option value="option1">视频墙</option>
        <option value="option2">视频贴地</option>
    </select>
</div>
```

(3) 创建 video 标签，设置 id 为 "myVideo"，并添加 muted 属性为 "true"，用于关闭声音；添加属性 autoplay 为 "true"，用于设置自动播放；添加属性 loop 为 "true"，用于设置循环播放。接着设置 display 为 "none"，用于隐藏 video 标签。

```
<video id="myVideo" muted="true" autoplay="true" loop="true" style=
"display: none;">
  <source src=https://cesium.com/public/SandcastleSampleData/big-buck-
bunny_trailer.mp4 type="video/mp4">
</video>
```

(4) 添加 token 并实例化 Viewer 对象，传入配置参数，在配置参数中使用 createWorldTerrain 加载全球在线地形数据。

```
Cesium.Ion.defaultAccessToken = '你的token';
var viewer = new Cesium.Viewer("cesiumContainer", {
  animation: false,              //是否显示动画工具
  timeline: false,               //是否显示时间轴工具
  fullscreenButton: false,       //是否显示全屏按钮工具
  terrainProvider: Cesium.createWorldTerrain()
});
```

(5) 添加 OSM 建筑白膜数据，通过 Cesium 内置的 createOsmBuildings 方法创建实例并添加到场景中。

```
//添加OSM建筑白膜数据
var osmBuildingsTileset = Cesium.createOsmBuildings();
viewer.scene.primitives.add(osmBuildingsTileset);
```

(6) 封装函数 videoWall，用于创建实体墙，并为该实体设置材质为 Video 视频，实现视频墙。在该函数中，首先获取 video 标签元素，然后将视频元素与模拟时钟同步并设置自动播放，最后创建墙并设置材质为 video 标签元素。

```
function videoWall() {
  //获取video标签
  const videoElement = document.getElementById("myVideo");
  //将视频元素与模拟时钟同步
  let synchronizer = new Cesium.VideoSynchronizer({
    clock: viewer.clock,
    element: videoElement
  });
```

```
//设置自动播放
viewer.clock.shouldAnimate = true;
//创建墙
var greenWall = viewer.entities.add({
  name: "视频墙",
  wall: {
    positions: Cesium.Cartesian3.fromDegreesArrayHeights([
      114.391418, 30.524281, 120.0, 114.391918, 30.524281, 120.0,
    ]),
    minimumHeights: [90, 90],
    material: videoElement,
    outline: true,
    shadows: Cesium.ShadowMode.ENABLED
  },
})
viewer.zoomTo(greenWall);
}
```

（7）封装函数 videoFusion，用于创建多边形，并设置多边形贴在模型上，将材质修改为视频材质来实现视频投影。同样地，还是先获取 video 标签元素，将视频元素与模拟时钟同步并设置自动播放，然后创建多边形，并设置多边形贴地（详见 5.2.2 节），最后设置多边形的材质为 video 标签元素。

```
function videoFusion() {
  //获取video标签
  const videoElement = document.getElementById("myVideo");
  //将视频元素与模拟时钟同步
  let synchronizer = new Cesium.VideoSynchronizer({
    clock: viewer.clock,
    element: videoElement
  });
  //设置自动播放
  viewer.clock.shouldAnimate = true;
  var polygon = viewer.entities.add({
    polygon: {
      hierarchy: new Cesium.PolygonHierarchy(Cesium.Cartesian3.fromDegreesArray(
        [114.39344518569266, 30.525768035404223,
          114.3961071839177, 30.52566180691624,
          114.3960458511302, 30.524014906984178,
          114.39344432117545, 30.52402876336925,
        ])
      ),
      classificationType: Cesium.ClassificationType.BOTH,
```

```
        material: videoElement,
        stRotation: -45,
    },
  })
}
```

（8）调用 videoWall 函数，设置初始状态为创建视频墙。接着封装下拉列表回调函数 change，当下拉列表的值为 option1 时，调用 videoWall 函数创建视频墙；当下拉列表的值为 option2 时，调用 videoFusion 函数创建视频贴地。

```
videoWall();
var dropdown = document.getElementById('dropdown');
function change() {
  switch (dropdown.value) {
    case 'option1':
      viewer.entities.removeAll();
      videoWall();
      break;
    case 'option2':
      viewer.entities.removeAll();
      videoFusion();
      break;
    default:
      break;
  }
}
```

视频投影效果如图 8-12 和图 8-13 所示，分别为视频墙和视频贴地效果。

图 8-12　视频投影效果（1）

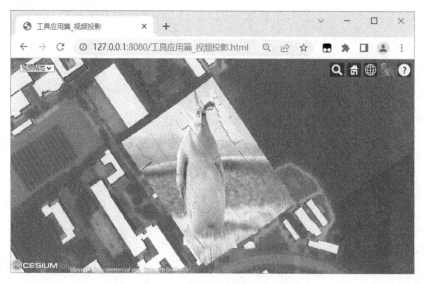

图 8-13　视频投影效果（2）

8.11　日照分析

日照分析是指在指定日期模拟建筑或建筑群受光照影响的变换。Cesium 中提供了日照阴影效果，我们可以基于 Cesium 日照阴影，修改时钟并提高时间变换速率，在短时间内模拟指定日期的某段时间内的日照变化情况。本节以在线 OSM 建筑白膜数据为例，模拟日照变化情况。

首先，在网页的<head>标签中引入 Cesium.js 库文件，该文件定义了 Cesium 的对象，几乎包含了我们需要的所有内容。然后，为了能够使用 Cesium 的各个可视化控件，我们还需要在网页的<head>标签中引入 widgets.css 文件。

```
<script src="./Build/Cesium/Cesium.js"></script>
<link rel="stylesheet" href="./Build//Cesium//Widgets/widgets.css">
```

（1）在 HTML 的<style></style>中添加样式 cesiumContainer、toolbar，用于控制地球容器和工具栏的位置及样式。

```
<style>
  html,
  body,
  #cesiumContainer {
     width: 100%;
     height: 100%;
     margin: 0;
     padding: 0;
  }
```

```
    .toolbar {
        position: absolute;
        top: 10px;
        left: 20px;
    }
</style>
```

（2）创建一个 Div，设置 id 为"cesiumContainer"，用于承载整个 Cesium 场景；再创建一个 Div，设置 class 为"toolbar"，用于添加工具栏，在该 Div 下添加 3 个文本框和 2 个按钮并绑定相应的事件回调函数。其中，3 个文本框分别用于指定分析日期，以及开始时间和结束时间；2 个按钮分别用于开始模拟、清除光照阴影。

```
<div id="cesiumContainer">
</div>
<div class="toolbar">
    <input type="text" id="Date" value="2021-5-10" placeholder="请输入分析日期" maxlength="10"><br>
    <input type="text" id="Ktime" value="8" placeholder="请输入开始时间" maxlength="6"><br>
    <input type="text" id="Ttime" value="18" placeholder="请输入停止时间" maxlength="6"><br>
    <button class="kjfxbutton" onclick="setvisible('play')">播放</button>
    <button class="kjfxbutton" onclick="guanbi()">清除</button>
    </tr>
</div>
```

（3）添加 token 并实例化 Viewer 对象，传入配置参数，在配置参数中使用 createWorldTerrain 加载全球在线地形数据。

```
Cesium.Ion.defaultAccessToken = '你的 token';
var viewer = new Cesium.Viewer("cesiumContainer", {
  animation: false,              //是否显示动画工具
  timeline: false,               //是否显示时间轴工具
  fullscreenButton: false,       //是否显示全屏按钮工具
  terrainProvider: Cesium.createWorldTerrain()
});
```

（4）使用 Cesium 内置的 createOsmBuildings 方法添加 OSM 建筑白膜数据并调整相机视角。

```
//添加 OSM 建筑白膜数据
var osmBuildingsTileset = Cesium.createOsmBuildings();
viewer.scene.primitives.add(osmBuildingsTileset);
//调整相机视角
viewer.scene.camera.setView({
```

```
        destination: Cesium.Cartesian3.fromDegrees(114.29964, 30.61214, 2000),
});
```

（5）封装模拟日照分析的函数 stratPlay。当单击"开始"按钮时，调用该函数开始模拟日照变化情况。

首先在函数中开启阴影与时钟的 shouldAnimate，然后获取分析日期、开始时间及结束时间文本框的值，并且调整 Cesium 时钟的开始、停止时间，以及调整时钟速率为 1600 倍。

```
function stratPlay() {
    viewer.shadows = true;//开启阴影
    viewer.clock.shouldAnimate = true
    //定义变量
    var text1 = document.getElementById("Date");
    var text2 = document.getElementById("Ktime");
    var text3 = document.getElementById("Ttime");
    var e = text1.value,
        t = new Date(e),
        i = text2.value,
        a = text3.value,
        r = new Date(new Date(t).setHours(Number(i))),
        o = new Date(new Date(t).setHours(Number(a)));
    //设置参数
    viewer.scene.globe.enableLighting = true,
        viewer.shadows = true,
        viewer.clock.startTime = Cesium.JulianDate.fromDate(r),
        viewer.clock.currentTime = Cesium.JulianDate.fromDate(r),
        viewer.clock.stopTime = Cesium.JulianDate.fromDate(o),
        //到达 stopTime 后，时钟跳转到 startTime
        viewer.clock.clockRange = Cesium.ClockRange.LOOP_STOP,
        viewer.clock.clockStep = Cesium.ClockStep.SYSTEM_CLOCK_MULTIPLIER,
        viewer.clock.multiplier = 1600
}
```

（6）封装"开始"按钮单击事件回调函数 setvisible。当单击"开始"按钮时，检查 3 个文本框的值是否为空，若不为空，则调用 stratPlay 函数开始模拟日照情况。

```
function setvisible() {
    if (document.getElementById("Date").value == "" ||
        document.getElementById("Ktime").value == "" ||
        document.getElementById("Ttime").value == "")
    {
        alert("请输入有效参数！");
    }
    else {
        //开始模拟
```

```
        stratPlay();
    }
}
```

（7）封装"清除"按钮单击事件回调函数 guanbi。当单击"清除"按钮时，关闭 Cesium 的光照和阴影。

```
function guanbi() {
    viewer.scene.globe.enableLighting = false; //关闭光照
    viewer.shadows = false;//关闭阴影
}
```

图 8-14 所示为日照分析时间段内某时刻的日照情况，如果不单击"清除"按钮，则结束后会重新开始模拟。

图 8-14　日照分析时间段内某时刻的日照情况

8.12　淹没分析

淹没分析是指根据指定的最大高程、最小高程及淹没速度，动态模拟某区域水位由最小高程涨到最大高程的淹没过程，常使用地形、模型数据。Cesium 可以通过绘制实体面，并不断抬高实体面的高度来模拟水位上涨的过程。本节将介绍如何在 Cesium 中实现淹没分析。

首先，在网页的<head>标签中引入 Cesium.js 库文件，该文件定义了 Cesium 的对象，几乎包含了我们需要的所有内容。然后，为了能够使用 Cesium 的各个可视化控件，我们还需要在网页的<head>标签中引入 widgets.css 文件。

```
<script src="./Build/Cesium/Cesium.js"></script>
<link rel="stylesheet" href="./Build//Cesium//Widgets/widgets.css">
```

(1) 在 HTML 的<style></style>中添加样式 cesiumContainer，用于控制地球容器的位置及样式；再添加样式 toolbar，用于控制工具栏的位置及样式，并设置该样式中的 input 样式。

```
<style>
    html,
    body,
    #cesiumContainer {
        width: 100%;
        height: 100%;
        margin: 0;
        padding: 0;
    }
    .toolbar {
        position: absolute;
        top: 10px;
        left: 20px;
        background-color: rgb(0, 0, 0, 0);
    }
    .toolbar input {
        width: 140px;
        height: 23px;
    }
</style>
```

(2) 创建一个 Div，设置 id 为 "cesiumContainer"，用于承载整个 Cesium 场景；再创建一个 Div，设置 class 为 "toolbar"，用于添加工具栏，在该 Div 下添加 3 个文本框和 1 个按钮并绑定相应的事件回调函数，其中，3 个文本框分别用于指定起始水位高度、终止水位高度和水位增长速度；按钮用于绘制分析区域。

```
<div id="cesiumContainer">
</div>
<div class="toolbar">
    <input type="text" id="startHeight" placeholder="请输入起始水位高度"><br>
    <input type="text" id="stopHeight" placeholder="请输入终止水位高度"><br>
    <input type="text" id="speed" placeholder="请输入水位增长速度"><br>
    <button onclick="draw()">绘制淹没区域</button>
</div>
```

(3) 添加 token 并实例化 Viewer 对象，传入配置参数，在配置参数中使用 createWorldTerrain 加载全球在线地形数据。

```
Cesium.Ion.defaultAccessToken = '你的 token';
var viewer = new Cesium.Viewer("cesiumContainer", {
    animation: false,              //是否显示动画工具
```

```
    timeline: false,                    //是否显示时间轴工具
    fullscreenButton: false,            //是否显示全屏按钮工具
    terrainProvider: Cesium.createWorldTerrain()
});
```

(4) 开启深度检测,且开启后会有高程遮挡。定义变量 height、maxHeight、speed、positions、handler、addRegion 等,分别用于记录当前水位高度、最高水位高度、水位增长速度,绘制多边形(即分析区域)的顶点及添加多边形。

```
//开启深度检测
viewer.scene.globe.depthTestAgainstTerrain = true;
var height;              //当前水位高度
var maxHeight;           //最高水位高度
var speed;               //水位增长速度
var positions = [];      //绘制多边形的顶点
var handler;
var addRegion            //添加多边形
```

(5) 调整相机视角,并封装水位高度更新函数 updataHeight。如果当前水位高度 height 小于最高水位高度 maxHeight,则当前水位高度根据水位增长速度 speed 调整。

```
//调整相机视角
viewer.scene.camera.setView({
    destination: Cesium.Cartesian3.fromDegrees(114.38564, 30.52914, 2000),
});
//水位高度更新函数
function updataHeight() {
    if (height < maxHeight)
        height += speed;
    return height;
}
```

(6) 封装绘制多边形的函数 addPolygon。该函数有一个参数,用于指定分析区域的顶点坐标。

首先,在函数内部配置 polygon 对象并设置其材质为半透明浅蓝色。然后,设置 polygon 的 height 属性为一个 CallbackProperty 对象,其中回调函数为 updataHeight,当 height 属性的值发生改变时,polygon 的高度会跟着改变。最后,将 polygon 添加到场景中并注销鼠标左键单击事件和鼠标右键单击事件。

```
//绘制分析区域
function addPolygon(hierarchy) {
    addRegion = {
        id: 'polygon',
        name: '矩形',
        show: true,
```

```
        polygon: {
            hierarchy: hierarchy,
            material: new Cesium.ImageMaterialProperty({
                image: "./RasterImage/图片/河流纹理.png",
                repeat: Cesium.Cartesian2(1.0, 1.0),
                transparent: true,
                color: Cesium.Color.WHITE.withAlpha(0.2),
            }),
            height: new Cesium.CallbackProperty(updataHeight, false),
        }
    }
    viewer.entities.add(addRegion);
    handler.removeInputAction(Cesium.ScreenSpaceEventType.LEFT_CLICK)  //移除事件
    handler.removeInputAction(Cesium.ScreenSpaceEventType.RIGHT_CLICK)//移除事件
}
```

（7）封装"绘制淹没区域"按钮单击事件回调函数 draw。当单击"绘制淹没区域"按钮时，获取 3 个文本框中对应的值，并实例化一个 ScreenSpaceEventHandler 对象，然后注册鼠标左键单击事件和鼠标右键单击事件。当使用鼠标左键单击时，记录单击点位置坐标；当使用鼠标右键单击时，调用 addPolygon 函数并将顶点坐标传入以绘制分析区域。

```
function draw() {
    height = parseFloat(document.getElementById("startHeight").value) ;
    maxHeight = parseFloat(document.getElementById("stopHeight").value) ;
    speed = parseFloat(document.getElementById("speed").value) ;
    viewer.entities.remove(addRegion);
    handler = new Cesium.ScreenSpaceEventHandler(viewer.canvas);
    //鼠标左键单击事件
    handler.setInputAction(function (event) {
        //用 viewer.scene.pickPosition 代替 viewer.camera.pickEllipsoid
        //当鼠标指针在地形上移动时可以得到正确的点
        var earthPosition = viewer.scene.pickPosition(event.position);
        positions.push(earthPosition);
    }, Cesium.ScreenSpaceEventType.LEFT_CLICK);
    //鼠标右键单击事件
    handler.setInputAction(function (event) {
        addPolygon(positions);
        positions = [];
    }, Cesium.ScreenSpaceEventType.RIGHT_CLICK);
}
```

淹没分析效果如图 8-15 所示，表示将淹没参数设置为 50～120 的效果。

图 8-15　淹没分析效果

8.13 通视分析

通视分析是指在三维场景中绘制两点，将其中一点作为观察点，另一点作为目标点，若从观察点能够直接看到目标点，则这两点之间就是可通视的。Cesium 中实现通视分析的原理大致相同，只不过判断条件略有不同，在 Cesium 三维场景中，先选择一个观察点，再选择一个目标点，若两点之间的连线和场景没有交点，则证明从观察点可以直接看到目标点，即两点之间可通视。我们可以以此为切入点，若两点之间的连线和场景有交点，则从观察点到交点部分绘制一条绿色的线代表可视，从交点到目标点部分绘制一条红色线代表不可视。下面将介绍具体的实现步骤。

首先，在网页的<head>标签中引入 Cesium.js 库文件，该文件定义了 Cesium 的对象，几乎包含了我们需要的所有内容。然后，为了能够使用 Cesium 的各个可视化控件，我们还需要在网页的<head>标签中引入 widgets.css 文件。

```
<script src="./Build/Cesium/Cesium.js"></script>
<link rel="stylesheet" href="./Build//Cesium//Widgets/widgets.css">
```

（1）在 HTML 的<style></style>中添加样式 cesiumContainer，用于控制地球容器的位置及样式。

```
<style>
  html,
  body,
  #cesiumContainer {
    width: 100%;
    height: 100%;
```

```
        margin: 0;
        padding: 0;
}
</style>
```

（2）创建一个 Div，设置 id 为"cesiumContainer"，用于承载整个 Cesium 场景。

```
<div id="cesiumContainer">
</div>
```

（3）添加 token 并实例化 Viewer 对象，传入配置参数，在配置参数中使用 createWorldTerrain 加载全球在线地形数据。

```
Cesium.Ion.defaultAccessToken = '你的 token';
var viewer = new Cesium.Viewer("cesiumContainer", {
  animation: false,           //是否显示动画工具
  timeline: false,            //是否显示时间轴工具
  fullscreenButton: false,    //是否显示全屏按钮工具
  terrainProvider: Cesium.createWorldTerrain()
});
```

（4）开启深度检测，并加载大雁塔倾斜摄影三维模型转换得到的 3D Tiles 模型并定位到倾斜摄影三维模型的位置。

```
viewer.scene.globe.depthTestAgainstTerrain = true;//开启深度检测
var tileset = viewer.scene.primitives.add(
    new Cesium.Cesium3DTileset({
        url: './倾斜摄影/大雁塔 3DTiles/tileset.json'
    })
);
viewer.zoomTo(tileset);
```

（5）封装绘制点的函数 drawPoint。该函数有一个参数，用于指定点位置，具体参数在第 5 章中有详细介绍，这里不再赘述。

```
//绘制点
function drawPoint(position) {
    var pointGeometry = viewer.entities.add({
        name: "点几何对象",
        position: position,
        heightReference: Cesium.HeightReference.CLAMP_TO_GROUND,
        point: {
            color: Cesium.Color.SKYBLUE,
            pixelSize: 6,
            outlineColor: Cesium.Color.YELLOW,
            outlineWidth: 2,
        }
```

```
    });
    return pointGeometry;
};
```

(6) 封装绘制线的函数 drawLine。该函数有 3 个参数，分别为 startPosition（起始点坐标）、endPosition（终止点坐标）及 color（颜色）。需要注意的是，在绘制线时，属性 depthFailMaterial 需要被设置为 color，目的是开启深度检测并指定折线低于高程的颜色不被遮挡。

```
//绘制线
function drawLine(startPosition, endPosition, color) {
    viewer.entities.add({
        polyline: {
            positions: [startPosition, endPosition],
            width: 2,
            material: color,
            depthFailMaterial: color  //指定折线低于地形时用于绘制折线的材料
        }
    });
}
```

(7) 封装通视分析函数 startAnaly。该函数有一个参数 positions，包括了观察点和目标点。首先，在函数内计算从观察点到目标点的射线方向。然后，从观察点开始朝着目标点创建射线，计算射线与场景的交点并保存第一个交点。最后，根据是否有交点调用 drawLine 函数绘制线，若有交点，则将观察点到交点的线绘制为绿色，代表可视，并将交点到目标点的线绘制为红色，代表不可视；若没有交点，则直接绘制观察点到目标点的线为绿色，代表整个通视。

```
function startAnaly(positions) {
    //计算两点分量差异
    var subtract = Cesium.Cartesian3.subtract(
        positions[1],                          //目标点
        positions[0],                          //观察点
        new Cesium.Cartesian3()
    )
    //标准化计算射线方向
    var direction = Cesium.Cartesian3.normalize(
        subtract,
        new Cesium.Cartesian3()
    );
    //创建射线
    var ray = new Cesium.Ray(positions[0], direction);
    //计算交点
    var result = viewer.scene.pickFromRay(ray, []);   //返回第一个交点
    //有交点
```

```
        if (result !== undefined && result !== null) {
            drawLine(result.position, positions[0], Cesium.Color.GREEN);    //可视
            drawLine(result.position, positions[1], Cesium.Color.RED);      //不可视
        }
        //没有交点
        else {
            drawLine(positions[0], positions[1], Cesium.Color.GREEN);
        }
}
```

（8）定义变量 positions，用于存储观察点和目标点；实例化一个 ScreenSpaceEventHandler 对象并注册鼠标左键单击事件和鼠标右键单击事件，当使用鼠标左键单击模型时，若 positions 中存储的点少于两个则将单击点添加到 positions 中，否则提示"观察点和目标点是唯一的！"；当使用鼠标右键单击时，调用 startAnaly 函数将 positions 作为参数传入，开始进行通视分析并注意清空 positions 数组。

```
//存储观察点和目标点
var positions = [];
var handler = new Cesium.ScreenSpaceEventHandler(viewer.canvas);
//鼠标左键单击事件
handler.setInputAction(function (evt) {
    var pickedObject = viewer.scene.pick(evt.position);//判断是否拾取到模型
    if (viewer.scene.pickPositionSupported && Cesium.defined(pickedObject)) {
        var cartesian = viewer.scene.pickPosition(evt.position);
        if (Cesium.defined(cartesian)) {
            console.log('cartesian', cartesian);
            //保证每次只有一个观察点和一个目标点
            if (positions.length < 2) {
                drawPoint(cartesian);
                positions.push(cartesian);
            }
            else {
                alert("观察点和目标点是唯一的！");
            }
        }
    }
}, Cesium.ScreenSpaceEventType.LEFT_CLICK)
//鼠标右键单击事件
handler.setInputAction(function (evt) {
    startAnaly(positions);
    positions = [];//每次绘制完线后，清空坐标点数组
}, Cesium.ScreenSpaceEventType.RIGHT_CLICK)
```

通视分析效果如图 8-16 所示，一条绿色线表示从观察点直接通视目标点，另一条线从两

点射线和场景的交点分成了可视（绿色）和不可视（红色）两部分。

图 8-16 通视分析效果

8.14 可视域分析

可视域分析是指在三维场景中选取模型表面某一点，并以该点为观察点，基于一定的水平夹角、垂直夹角及范围半径分析得到范围内所有通视点的集合。

在 Cesium 中，可视域分析的实现方法不止一种，但较为常见的一种实现方法是通过 ShadowMap 实现可视域分析。ShadowMap 的官方解释是获取源自太阳的场景贴图，通过 ShadowMap 实现可视域分析的原理大致如下：先创建一个相机并设置阴影贴图，然后创建场景后处理对象，对阴影贴图进行修改，分为红色和绿色，最后绘制视锥线和视网等。目前，通过 ShadowMap 实现可视域分析已经有了很多插件案例，实现方法都差不多，因此我们可以直接利用前人造好的"轮子"。在此我们介绍一个可视域分析插件 cesium-viewshed[①]。引入该插件即可方便地进行可视域分析。下面将具体介绍该插件的使用。

首先，在网页的<head>标签中引入 Cesium.js 库文件，该文件定义了 Cesium 的对象，几乎包含了我们需要的所有内容。然后，为了能够使用 Cesium 的各个可视化控件，我们还需要在网页的<head>标签中引入 widgets.css 文件，并引入 cesium-viewshed.js 文件来进行可视域分析。

```
<script src="./Build/Cesium/Cesium.js"></script>
<link rel="stylesheet" href="./Build//Cesium//Widgets/widgets.css">
<!-- 引入 cesium-viewshed -->
<script src="./Build/js/cesium-viewshed.js"></script>
```

---
① 插件引自 https://github.com/zhangti0708/cesium-viewshed。

（1）在 HTML 的<style></style>中添加样式 cesiumContainer、toolbar，用于控制地球容器和工具栏的位置及样式。

```
<style>
    html,
    body,
    #cesiumContainer {
        width: 100%;
        height: 100%;
        margin: 0;
        padding: 0;
    }
    .toolbar {
        position: absolute;
        top: 20px;
        left: 40px;
    }
</style>
```

（2）创建一个 Div，设置 id 为 "cesiumContainer"，用于承载整个 Cesium 场景；再创建一个 Div，设置 class 为 "toolbar"，用于添加工具栏，在该 Div 下添加两个按钮并绑定相应的事件回调函数，分别用于添加可视域和删除可视域。

```
<div id="cesiumContainer">
</div>
<div class="toolbar">
    <button onclick="add()">添加可视域</button>
    <button onclick="remove()">删除可视域</button>
</div>
```

（3）添加 token 并实例化 Viewer 对象，传入配置参数，在配置参数中使用 createWorldTerrain 加载全球在线地形数据。

```
Cesium.Ion.defaultAccessToken = '你的token';
var viewer = new Cesium.Viewer("cesiumContainer", {
    animation: false,              //是否显示动画工具
    timeline: false,               //是否显示时间轴工具
    fullscreenButton: false,       //是否显示全屏按钮工具
    terrainProvider: Cesium.createWorldTerrain()
});
```

（4）开启深度检测，加载大雁塔倾斜摄影三维模型并定位到倾斜摄影三维模型的位置。

```
//开启深度检测后，会有高程遮挡效果
viewer.scene.globe.depthTestAgainstTerrain = true;
```

```
var tileset = viewer.scene.primitives.add(
    new Cesium.Cesium3DTileset({
        url: './倾斜摄影/大雁塔3DTiles/tileset.json'
    })
);
viewer.zoomTo(tileset);
```

（5）定义数组变量 arrViewField，用于存储可视域分析结果；再定义分析参数配置对象 viewModel，在对象中添加属性，分别为 verticalAngle、horizontalAngle，用于定义分析可视域垂直夹角和水平夹角。

```
//存储可视域分析结果
var arrViewField = [];
//分析参数配置对象
var viewModel = { verticalAngle: 90, horizontalAngle: 120};
```

（6）封装函数 add。当单击"添加可视域"按钮时，调用该函数实例化一个 ViewShed3D 对象并绘制可视域分析范围。在实例化 ViewShed3D 对象时，需要传入两个参数：第一个参数为 viewer；第二个参数为配置对象，用于指定可视域的垂直夹角、水平夹角等。最后，将分析结果添加到 arrViewField 中。

```
function add() {
    //创建可视域
    var viewshed = new Cesium.ViewShed3D(viewer, {
        horizontalAngle: Number(viewModel.horizontalAngle),
        verticalAngle: Number(viewModel.verticalAngle),
    });
    arrViewField.push(viewshed)
}
```

（7）封装函数 remove。当单击"删除可视域"按钮时，调用该函数遍历 arrViewField 中的可视域分析结果并销毁。

```
function remove() {
    for (var i = 0; i < arrViewField.length; i++) {
        arrViewField[i].destroy()
    }
    arrViewField = [];
}
```

单击"添加可视域"按钮，即可开始添加视点与可视域范围。可视域分析结果如图 8-17 所示，绿色部分为可视部分，红色部分为不可视部分。单击"删除可视域"按钮，即可清除可视域分析结果。

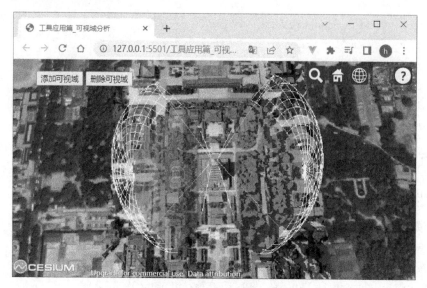

图 8-17　可视域分析结果

8.15　缓冲区分析

缓冲区分析是指以点、线、面实体为基础，自动建立一定宽度范围内的缓冲区多边形图层，然后建立该图层与目标图层的叠加部分，并进行分析而得到所需结果。它是用来解决邻近度问题的空间分析工具之一。

Cesium 本身并没有提供相关的接口，需要借助一个轻量级的用于空间分析的前端库 Turf.js 来实现缓冲区分析。Turf.js 主要用于计算空间对象的关系，可以方便地计算空间对象的相交、包含等关系，只需通过 CDN 引入或者通过 NPM 下载，即可开始使用。Turf.js 中文网的地址为 https://turfjs.fenxianglu.cn。下面将介绍如何使用 Turf.js 在 Cesium 中实现缓冲区分析。

首先，在网页的<head>标签中引入 Cesium.js 库文件，该文件定义了 Cesium 的对象，几乎包含了我们需要的所有内容。然后，为了能够使用 Cesium 的各个可视化控件，我们还需要在网页的<head>标签中引入 widgets.css 文件，并引入 Turf.js。

```
<script src="./Build/Cesium/Cesium.js"></script>
<link rel="stylesheet" href="./Build//Cesium//Widgets/widgets.css">
<!-- 引入 Turf.js -->
<script src="https://unpkg.com/@turf/turf/turf.min.js"></script>
```

（1）在 HTML 的<style></style>中添加样式 cesiumContainer，用于控制地球容器的位置及样式。

```
<style>
  html,
  body,
```

```
    #cesiumContainer {
        width: 100%;
        height: 100%;
        margin: 0;
        padding: 0;
        overflow: hidden;
    }
</style>
```

(2) 创建一个 Div，设置 id 为 "cesiumContainer"，用于承载整个 Cesium 场景。

```
<div id="cesiumContainer">
</div>
```

(3) 添加 token 并实例化 Viewer 对象，传入配置参数，在配置参数中使用 createWorldTerrain 加载全球在线地形数据。

```
Cesium.Ion.defaultAccessToken = '你的 token';
var viewer = new Cesium.Viewer("cesiumContainer", {
    animation: false,              //是否显示动画工具
    timeline: false,               //是否显示时间轴工具
    fullscreenButton: false,       //是否显示全屏按钮工具
    terrainProvider: Cesium.createWorldTerrain()
});
```

(4) 封装函数 pointsFormatConv。由于 Turf.js 缓冲区得到的多边形边界坐标是按照经纬度坐标对存储的，所以需要用该函数将边界坐标拆分、合并成一个大数组，即按照每个坐标点经纬度顺序排列的数组。

```
//格式转换，将点数据拆分、合并成一个大数组
function pointsFormatConv(points) {
    let degreesArray = [];
    //拆分、合并
    points.map(item => {
        degreesArray.push(item[0]);
        degreesArray.push(item[1]);
    });
    return degreesArray;
}
```

(5) 封装添加缓冲区的函数 addBuffer。该函数需要传入一个参数 positions，用于指定缓冲区边界坐标。之后根据 positions 添加一个多边形，将材质设置为半透明红色。

```
//添加缓冲区
function addBuffer(positions) {
    viewer.entities.add({
```

```
        polygon: {
            hierarchy: new Cesium.PolygonHierarchy(positions),
            material: Cesium.Color.RED.withAlpha(0.7),
        },
    });
}
```

（6）封装函数 addPoint 和 initPointBuffer，分别用于添加点和点缓冲区。添加点的函数前面已经讲过，这里不再赘述。

在 initPointBuffer 函数中，先定义点的坐标，再调用 addPoint 函数将点的坐标作为参数来添加点。接着，使用 turf.point 方法创建一个点要素 pointF，并通过 turf.buffer 方法对点要素 pointF 进行 60 米的缓冲区计算。然后，获取缓冲区分析区域的边界坐标，通过 pointsFormatConv 方法将边界坐标拆分、合并成一个大数组。最后，调用 addBuffer 函数添加点缓冲区。

```
// 添加点
function addPoint(point) {
    viewer.entities.add({
        position: Cesium.Cartesian3.fromDegrees(point[0], point[1]),
        point: {
            pixelSize: 9,
            heightReference: Cesium.HeightReference.CLAMP_TO_GROUND,
            color: Cesium.Color.BLUE,
        },
    });
}
//添加点缓冲区
function initPointBuffer() {
    let point = [114.40086, 30.51888];
    addPoint(point);
    //创建点要素
    let pointF = turf.point(point);
    //创建缓冲区
    let buffered = turf.buffer(pointF, 60, { units: "meters" });

    let coordinates = buffered.geometry.coordinates;
    let points = coordinates[0];
    let degreesArray = pointsFormatConv(points);
    addBuffer(Cesium.Cartesian3.fromDegreesArray(degreesArray));
}
```

（7）封装函数 addPolyline 和 initPolylineBuffer，分别用于添加线和线缓冲区。添加线的函数前面已经讲过，这里不再赘述。

在 initPolylineBuffer 函数中，先定义点的坐标，再调用 addPolyline 函数来添加线。接着，使用 turf.lineString 方法创建一个线要素 polylineF，并通过 turf.buffer 方法对线要素 polylineF 进行 30 米的缓冲区计算。然后，获取缓冲区分析区域的边界坐标，通过 pointsFormatConv 方法将边界坐标拆分、合并成一个大数组。最后，调用 addBuffer 函数添加线缓冲区。

```javascript
//添加线
function addPolyline(positions) {
    viewer.entities.add({
        polyline: {
            positions: Cesium.Cartesian3.fromDegreesArray(positions),
            width: 2,
            material: Cesium.Color.BLUE,
            clampToGround: true
        }
    })
}
//添加线缓冲区
function initPolylineBuffer() {
    let points = [
        [114.3950, 30.5200],
        [114.3990, 30.5200],
        [114.4020, 30.5230],
    ];
    let degreesArray = pointsFormatConv(points);
    addPolyline(degreesArray);
    //创建线要素
    let polylineF = turf.lineString(points);
    //创建缓冲区
    let buffered = turf.buffer(polylineF, 30, { units: 'meters' });
    let coordinates = buffered.geometry.coordinates;
    points = coordinates[0];
    degreesArray = pointsFormatConv(points);
    addBuffer(Cesium.Cartesian3.fromDegreesArray(degreesArray));
}
```

（8）封装函数 addPolygon 和 initPolygonBuffer，分别用于添加面和面缓冲区。添加面缓冲区函数的内部结构和添加点缓冲区、线缓冲区函数的内部结构基本一致，这里不再赘述。

```javascript
//添加面
function addPolygon(positions) {
    viewer.entities.add({
```

```
        polygon: {
            hierarchy: new Cesium.PolygonHierarchy(positions),
            material: Cesium.Color.BLUE.withAlpha(0.6),
        }
    });
}
//添加面缓冲区
function initPolygonBuffer() {
    let points = [
        [114.3940, 30.5220],
        [114.3970, 30.5220],
        [114.3980, 30.5240],
        [114.3960, 30.5250],
        [114.3940, 30.5220],
    ];
    let degreesArray = pointsFormatConv(points);
    addPolygon(Cesium.Cartesian3.fromDegreesArray(degreesArray));
    //创建面要素
    let polygonF = turf.polygon([points]);
    let buffered = turf.buffer(polygonF, 60, { units: 'meters' });
    let coordinates = buffered.geometry.coordinates;
    points = coordinates[0];
    degreesArray = pointsFormatConv(points);
    addBuffer(Cesium.Cartesian3.fromDegreesArray(degreesArray));
}
```

（9）调用 initPointBuffer、initPolylineBuffer 及 initPolygonBuffer 函数初始化缓冲区并调整相机视角。

```
//初始化缓冲区
initPointBuffer();
initPolylineBuffer();
initPolygonBuffer();
//调整相机视角
viewer.scene.camera.setView({
    destination: Cesium.Cartesian3.fromDegrees(114.40086, 30.51888, 2000),
});
```

缓冲区分析结果如图 8-18 所示，分别添加了点周围 60 米缓冲区、线周围 30 米缓冲区及面周围 60 米缓冲区。

第 8 章 Cesium 工具应用

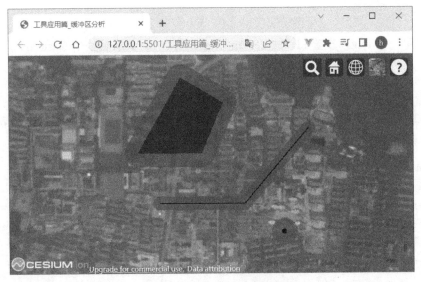

图 8-18 缓冲区分析结果

8.16 地形开挖

地形开挖是指在地形表面根据多边形范围挖空地形，常用于地下管网、排污管道等地下场景。Cesium 提供了 ClippingPlane、ClippingPlaneCollection 等接口，可以实现地形开挖的效果。下面我们来介绍如何实现地形开挖的效果。

首先，在网页的<head>标签中引入 Cesium.js 库文件，该文件定义了 Cesium 的对象，几乎包含了我们需要的所有内容。然后，为了能够使用 Cesium 的各个可视化控件，我们还需要在网页的<head>标签中引入 widgets.css 文件。

```
<script src="./Build/Cesium/Cesium.js"></script>
<link rel="stylesheet" href="./Build//Cesium//Widgets/widgets.css">
```

（1）在 HTML 的<style></style>中添加样式 cesiumContainer，用于控制地球容器的位置及样式。

```
<style>
  html,
  body,
  #cesiumContainer {
    width: 100%;
    height: 100%;
    margin: 0;
    padding: 0;
    overflow: hidden;
  }
```

287

```
</style>
```

（2）创建一个 Div，设置 id 为 "cesiumContainer"，用于承载整个 Cesium 场景。

```
<div id="cesiumContainer">
</div>
```

（3）添加 token 并实例化 Viewer 对象，传入配置参数，在配置参数中使用 createWorldTerrain 加载全球在线地形数据。

```
Cesium.Ion.defaultAccessToken = '你的 token';
var viewer = new Cesium.Viewer("cesiumContainer", {
  animation: false,              //是否显示动画工具
  timeline: false,               //是否显示时间轴工具
  fullscreenButton: false,       //是否显示全屏按钮工具
  terrainProvider: Cesium.createWorldTerrain()
});
```

（4）开启深度检测并调整相机视角。

```
//开启深度检测
viewer.scene.globe.depthTestAgainstTerrain = true;
//调整相机视角
viewer.scene.camera.setView({
  destination: Cesium.Cartesian3.fromDegrees(114.39564, 30.52214, 2000),
});
```

（5）定义数组变量 points、controls 及 hierarchy，分别用于存储填挖点、插值控制点及绘制面的坐标点；再实例化一个 ScreenSpaceEventHandler 对象。

```
var points = [];              //填挖点
var controls = [];            //插值控制点
var hierarchy = [];           //绘制面的坐标点
//实例化 ScreenSpaceEventHandler 对象
var handler = new Cesium.ScreenSpaceEventHandler(viewer.scene.canvas);
```

（6）封装挖地形的函数 DrawClippingPlane。该函数有一个参数 points，可以根据 points 来构建裁剪面。

首先，定义变量 pointsLength，值为 points 数组长度；定义数组变量 clippingPlanes，用于存储 ClippingPlane 集合。

然后，循环 points，分别计算裁剪面。其中，midpoint 为两点直线连线的中点；up 是单位矢量，即从原点（0,0,0）出发经过 midpoint 射线方向的单位向量；right 为第一个点到第二个点方向的单位向量；normal 为垂直于裁剪面的法向量；originCenteredPlane 是法向量 normal 经过原点的面；distance 是中点到 originCenteredPlane 面的距离，由 distance 和 normal 即可确定两点构成的裁剪面。接着，将裁剪面添加到 clippingPlanes 中。此处的计算方法参考 Cesium 官方沙盒示例中的 Terrain Clipping Planes。

最后，实例化一个 ClippingPlaneCollection 对象，在配置参数中设置 planes 为 "clippingPlanes"，edgeWidth 为 "1.0"，edgeColor 为 "Cesium.Color.YELLOW"，并赋值给 globe 的 clippingPlanes 属性。

```javascript
//封装挖地形的函数
function DrawClippingPlane(points) {
  var pointsLength = points.length;
  //存储 ClippingPlane 集合
  var clippingPlanes = [];
  //计算裁剪面
  for (var i = 0; i < pointsLength; ++i) {
    var nextIndex = (i + 1) % pointsLength;
    //计算两个笛卡儿坐标的按分量求和
    var midpoint = Cesium.Cartesian3.add(points[i], points[nextIndex], new Cesium.Cartesian3());
    //缩放笛卡儿坐标
    midpoint = Cesium.Cartesian3.multiplyByScalar(midpoint, 0.5, midpoint);
    //计算提供的笛卡儿坐标系的标准化形式
    var up = Cesium.Cartesian3.normalize(midpoint, new Cesium.Cartesian3());
    //计算两个笛卡儿坐标的分量差异
    var right = Cesium.Cartesian3.subtract(points[nextIndex], midpoint, new Cesium.Cartesian3());
    //计算提供的笛卡儿坐标系的标准化形式
    right = Cesium.Cartesian3.normalize(right, right);
    //计算两个笛卡儿坐标的叉（外）乘积
    var normal = Cesium.Cartesian3.cross(right, up, new Cesium.Cartesian3());
    //计算提供的笛卡儿坐标系的标准化形式
    normal = Cesium.Cartesian3.normalize(normal, normal);
    //原始中心平面
    var originCenteredPlane = new Cesium.Plane(normal, 0.0);
    //计算点到平面的有符号最短距离
    var distance = Cesium.Plane.getPointDistance(originCenteredPlane, midpoint);
    clippingPlanes.push(new Cesium.ClippingPlane(normal, distance));
  }

  //创建 ClippingPlaneCollection 对象
  var ClippingPlaneCollectionObj = new Cesium.ClippingPlaneCollection({
    planes: clippingPlanes,
    edgeWidth: 1.0,
    edgeColor: Cesium.Color.YELLOW
  });
  //赋值给 globe 的 clippingPlanes 属性
```

```
viewer.scene.globe.clippingPlanes = ClippingPlaneCollectionObj;
}
```

（7）封装绘制纹理的函数 addPolygon。该函数有一个参数 hierarchy，用于指定 PolygonHierarchy。值得注意的是，在绘制 polygon 时，添加属性 closeTop，值为 "false"，表示将其留在挤出的多边形顶部；添加属性 extrudedHeight，值为 "0"，用于指定多边形的凸出面相对于椭球面的高度；添加属性 perPositionHeight，值为 "true"，用于指定使用每个位置的高度。最后，设置 polygon 的纹理贴图。

```
function addPolygon(hierarchy) {
  viewer.entities.add({
    polygon: {
      hierarchy: Cesium.Cartesian3.fromDegreesArrayHeights(hierarchy),
      material: new Cesium.ImageMaterialProperty({
        image: "./RasterImage/图片/挖地贴图.png"
      }),
      closeTop: false,
      extrudedHeight: 0,
      perPositionHeight: true,
    }
  });
}
```

（8）封装函数 getHeight，通过 globe 中的 getHeight 方法获取指定经纬度位置的高度。

```
//获取指定经纬度位置的高度
function getHeight(position) {
  height = viewer.scene.globe.getHeight(position);
  return height;
}
```

（9）封装样条插值函数 interpolation。该函数用于对计算填挖地形时相邻的两个顶点之间插值 100 个点并计算点的高度，在绘制 polygon 的纹理贴图时使用。

首先，实例化一个 LinearSpline 对象，配置参数中包括属性 times 及 points。其中，times 是用于指定每个点的严格递增的数组，points 是插值控制点的数组。然后，在 points 点之间进行样条插值，并将插值点的经纬度、高度值添加到 hierarchy 数组中。

```
//封装样条插值函数
function interpolation(point1, point2) {
  var spline = new Cesium.LinearSpline({
    times: [0.0, 1],
    points: [point1, point2]
  });
  for (var i = 0; i <= 100; i++) {
    var cartesian3 = spline.evaluate(i / 100);
```

```
    var cartographic = Cesium.Cartographic.fromCartesian(cartesian3);
    var lat = Cesium.Math.toDegrees(cartographic.latitude);
    var lng = Cesium.Math.toDegrees(cartographic.longitude);
    var height = getHeight(cartographic);
    hierarchy.push(lng);
    hierarchy.push(lat);
    hierarchy.push(height);
  }
}
```

（10）注册鼠标左键单击事件，获取鼠标左键单击点并添加到填挖点和控制点数组中。需要注意的是，在选择填挖点时，需要逆时针选择（因为构建裁剪面时的点数组是按照逆时针顺序计算的）。当控制点个数大于或等于两个时，调用 interpolation 函数进行插值计算。

```
//鼠标左键单击事件
handler.setInputAction(function (event) {
  var earthPosition = viewer.scene.pickPosition(event.position);
  var cartographic = Cesium.Cartographic.fromCartesian(earthPosition);

  var lat = Cesium.Math.toDegrees(cartographic.latitude);
  var lng = Cesium.Math.toDegrees(cartographic.longitude);

  controls.push(Cesium.Cartesian3.fromDegrees(lng, lat));   //添加控制点
  points.push(Cesium.Cartesian3.fromDegrees(lng, lat));     //添加填挖点

  //当控制点大于或等于两个时进行插值计算，每次插值最新添加两个点
  if (controls.length > 1) {
    interpolation(controls[controls.length - 2], controls[controls.length - 1])
  }
}, Cesium.ScreenSpaceEventType.LEFT_CLICK);
```

（11）注册鼠标右键单击事件。当填挖点选择完成时，使用鼠标右键单击，对控制点中最后一个点和第一个点进行插值计算，并将贴图时添加的 polygon 移除，调用 DrawClippingPlane 函数挖地形。然后，调用 addPolygon 函数绘制面、贴纹理。最后，将 points、hierarchy 及 controls 数组清空。

```
//使用鼠标右键单击，挖地形、绘制面及贴纹理
handler.setInputAction(function (event) {
  //全部选择完后对控制点最后一个点和第一个点直接进行插值计算
  interpolation(controls[controls.length - 1], controls[0])

  //移除贴图时添加的polygon
  viewer.entities.removeAll();
```

```
//挖地形
DrawClippingPlane(points);
//绘制面、贴纹理
addPolygon(hierarchy);

//将数组清空
points = [];
hierarchy = [];
controls = [];

}, Cesium.ScreenSpaceEventType.RIGHT_CLICK);
```

地形开挖效果如图 8-19 所示。

图 8-19　地形开挖效果

8.17　要素聚合

要素聚合是指在一个小区域中加载大量要素时，根据要素之间的距离将一定范围内的要素聚合在一起显示，从而解决要素过于密集而导致的相互遮盖问题。Cesium 官方提供了 EntityCluster 接口，用于定义屏幕空间对象，如广告牌、点、标签之间的聚合方式。聚合图标可以自定义，也可以使用 Cesium 中的 PinBuilder 类提供的聚合图标。下面将介绍如何使用 PinBuilder 类提供的聚合图标来实现大量数据聚合效果。

首先，在网页的<head>标签中引入 Cesium.js 库文件，该文件定义了 Cesium 的对象，几乎包含了我们需要的所有内容。然后，为了能够使用 Cesium 的各个可视化控件，我们还需要在网页的<head>标签中引入 widgets.css 文件。

```
<script src="./Build/Cesium/Cesium.js"></script>
<link rel="stylesheet" href="./Build//Cesium//Widgets/widgets.css">
```

（1）在 HTML 的<style></style>中添加样式 cesiumContainer，用于控制地球容器的位置及样式。

```
<style>
   html,
   body,
   #cesiumContainer {
       width: 100%;
       height: 100%;
       margin: 0;
       padding: 0;
       overflow: hidden;
   }
</style>
```

（2）创建一个 Div，设置 id 为 "cesiumContainer"，用于承载整个 Cesium 场景。

```
<div id="cesiumContainer">
</div>
```

（3）添加 token 并实例化 Viewer 对象，传入配置参数。

```
Cesium.Ion.defaultAccessToken = '你的 token';
var viewer = new Cesium.Viewer("cesiumContainer", {
  animation: false,             //是否显示动画工具
  timeline: false,              //是否显示时间轴工具
  fullscreenButton: false,      //是否显示全屏按钮工具
});
```

（4）实例化一个 PinBuilder 对象，使用该对象的 fromText 方法定义聚合标签样式。我们采用分级聚合方式，即聚合的点要素数量不同时，会采用不同的标签样式。例如，当聚合的要素数量大于 100 个时，设置标签的 label 内容为 "100+"，颜色为红色，大小为 "70"；当聚合的要素数量大于 70 个且小于 100 个时，设置标签的 label 内容为 "70+"，颜色为金色，大小为 "65"，以此类推。

```
//定义聚合标签样式
var pinBuilder = new Cesium.PinBuilder();
//fromText 方法中的 3 个参数分别为 label 内容、颜色、大小
var pin100 = pinBuilder
   .fromText("100+", Cesium.Color.RED, 70)
   .toDataURL();
var pin70 = pinBuilder
```

```
        .fromText("70+", Cesium.Color.GOLD, 65)
        .toDataURL();
var pin50 = pinBuilder
        .fromText("50+", Cesium.Color.BLUE, 60)
        .toDataURL();
var pin40 = pinBuilder
        .fromText("40+", Cesium.Color.GREEN, 55)
        .toDataURL();
var pin30 = pinBuilder
        .fromText("30+", Cesium.Color.YELLOW, 50)
        .toDataURL();
var pin20 = pinBuilder
        .fromText("20+", Cesium.Color.CYAN, 45)
        .toDataURL();
var pin10 = pinBuilder
        .fromText("10+", Cesium.Color.AQUA, 40)
        .toDataURL();
var singleDigitPins = new Array(9);
for (var i = 0; i < singleDigitPins.length; ++i) {
    singleDigitPins[i] = pinBuilder
        .fromText("" + (i + 2), Cesium.Color.VIOLET, 40)
        .toDataURL();
}
```

（5）定义变量 kmlDataSourcePromise，加载 KML 数据并在 Promise 的 then 函数中为点数据设置聚合方式。

在 Promise 的 then 函数中，首先设置 EntityCluster 的 enabled 属性为"true"，用于开启聚合，并设置 minimumClusterSize 属性为"2"，用于指定可以聚合的最小屏幕空间对象，即最少两个要素就可以聚合。然后给 clusterEvent 添加事件监听，当获得新的聚合时回调。在事件监听回调函数中设置 Entity 实体的 label 为隐藏的、billboard 为显示的，并根据聚合的要素数量设置 billboard 的 image 属性，也就是我们在上面定义的样式。

```
//加载 KML 数据
var kmlDataSourcePromise = viewer.dataSources.add(
    Cesium.KmlDataSource.load(
        "./矢量文件/kml/facilities/facilities.kml",
    )
);

kmlDataSourcePromise.then(function (dataSource) {
    dataSource.clustering.enabled = true;
    dataSource.clustering.minimumClusterSize = 2;

    //添加事件监听
    dataSource.clustering.clusterEvent.addEventListener(
        function (clusteredEntities, cluster) {
```

```
                cluster.label.show = false;
                cluster.billboard.show = true;
                cluster.billboard.id = cluster.label.id;
                cluster.billboard.verticalOrigin = Cesium.VerticalOrigin.BOTTOM;
                if (clusteredEntities.length >= 100) {
                    cluster.billboard.image = pin100;
                }else if (clusteredEntities.length >= 70) {
                    cluster.billboard.image = pin70;
                }else if (clusteredEntities.length >= 50) {
                    cluster.billboard.image = pin50;
                } else if (clusteredEntities.length >= 40) {
                    cluster.billboard.image = pin40;
                } else if (clusteredEntities.length >= 30) {
                    cluster.billboard.image = pin30;
                } else if (clusteredEntities.length >= 20) {
                    cluster.billboard.image = pin20;
                } else if (clusteredEntities.length >= 10) {
                    cluster.billboard.image = pin10;
                } else {
                    cluster.billboard.image =
                        singleDigitPins[clusteredEntities.length - 2];
                }
            }
        );
});
```

要素聚合效果如图 8-20 所示，不同样式的标签代表聚合了不同数量的要素，当相机发生变化时，要素聚合会随之更新。

图 8-20　要素聚合效果

8.18 开启地下模式

Cesium 最初是不支持地下场景的，而是在之后的 1.70 版本中推出了地下模式。这项改进允许用户无缝衔接从地面模式过渡到地下模式，对于地下管网、排污管道及矿产电缆等地下三维结构的数据可视化更为友好。只需禁止相机对地形的碰撞检测，即可通过鼠标进入地下模式来浏览地下三维场景及建筑内部场景。下面加载一栋地下建筑来演示地下场景及室内场景。

首先，在网页的<head>标签中引入 Cesium.js 库文件，该文件定义了 Cesium 的对象，几乎包含了我们需要的所有内容。然后，为了能够使用 Cesium 的各个可视化控件，我们还需要在网页的<head>标签中引入 widgets.css 文件。

```
<script src="./Build/Cesium/Cesium.js"></script>
<link rel="stylesheet" href="./Build//Cesium//Widgets/widgets.css">
```

（1）在 HTML 的<style></style>中添加样式 cesiumContainer，用于控制地球容器的位置及样式。

```
<style>
    html,
    body,
    #cesiumContainer {
        width: 100%;
        height: 100%;
        margin: 0;
        padding: 0;
        overflow: hidden;
    }
</style>
```

（2）创建一个 Div，设置 id 为"cesiumContainer"，用于承载整个 Cesium 场景。

```
<div id="cesiumContainer">
</div>
```

（3）添加 token 并实例化 Viewer 对象，传入配置参数。

```
Cesium.Ion.defaultAccessToken = '你的token';
var viewer = new Cesium.Viewer("cesiumContainer", {
    animation: false,           //是否显示动画工具
    timeline: false,            //是否显示时间轴工具
    fullscreenButton: false,    //是否显示全屏按钮工具
});
```

（4）首先加载三维模型，并设置三维模型的位置在地下，然后关闭相机对地形的碰撞检

测，并开启地形透明功能来可视化地下场景。

```
//加载三维模型
var modelEntity = viewer.entities.add({
  name: "教室",
  position: new Cesium.Cartesian3.fromDegrees(120.14046454, 30.27415039,0),
  model: {
    uri: './3D格式数据/教室/scene.gltf',
  },
});
viewer.zoomTo(modelEntity);
viewer.scene.screenSpaceCameraController.enableCollisionDetection = false; //
设置鼠标，进入地下浏览
```

查看地下场景所加载的三维模型效果，如图 8-21 所示。通过鼠标缩放可以调整相机并进入地下模式浏览。当相机一直朝着建筑放大时，即可进入建筑内部浏览，如图 8-22 所示。

图 8-21　地下场景所加载的三维模型效果

图 8-22　进入建筑内部浏览

8.19 开启等高线

等高线是指地形图上高度相等的相邻各点所连成的闭合曲线。将地面上海拔高度相同的点连成闭合曲线，垂直投影到一个水平面上，并按比例缩绘在图纸上，可以得到等高线。等高线也可以被看作不同海拔高度的水平面与实际地面的交线，所以等高线是闭合曲线。

Cesium 中提供了一个 Material 类，该类内置了多种材质，包括之前我们使用过的条纹、网格等。本节将介绍 Material 类中的等高线材质 ElevationContour，只需设置等高距及线宽度、颜色并设置地球的材质外观即可。

首先，在网页的<head>标签中引入 Cesium.js 库文件，该文件定义了 Cesium 的对象，几乎包含了我们需要的所有内容。然后，为了能够使用 Cesium 的各个可视化控件，我们还需要在网页的<head>标签中引入 widgets.css 文件。

```
<script src="./Build/Cesium/Cesium.js"></script>
<link rel="stylesheet" href="./Build//Cesium//Widgets/widgets.css">
```

（1）在 HTML 的<style></style>中添加样式 cesiumContainer、toolbar，用于控制地球容器和工具栏的位置及样式。

```
<style>
  html,
  body,
  #cesiumContainer {
     width: 100%;
     height: 100%;
     margin: 0;
     padding: 0;
     overflow: hidden;
  }
  .toolbar {
   position: absolute;
   top: 10px;
   left: 20px;
   background-color: rgba(0, 0, 0, 0.6);
  }
</style>
```

（2）创建一个 Div，设置 id 为 "cesiumContainer"，用于承载整个 Cesium 场景；再创建一个 Div，设置 class 为 "toolbar"。在第二个 Div 中添加两个 label，分别命名为 "等高距" 和 "线宽"；再添加两个滑动工具栏，设置 id 分别为 "HeightSpa" 和 "LineWid"，value 分别为 "150" 和 "2"，并为其绑定 oninput 事件回调函数 change；再添加两个文本框并绑定相应的 onchange 事件回调函数，用于记录滑动条的值。

```html
<div id="cesiumContainer">
</div>
<div class="toolbar">
  <label style="color: white;">等高距</label> <br />
  <input type="range" min="0" max="300" step="1"
     oninput="change()" id="HeightSpa" value="150">
  <input type="text" style="width:70px; "
     id="HeightSpaValue" value="150" onchange="heightSpaValue()"> <br>
  <label style="color: white;">线宽</label> <br />
  <input type="range" min="0" max="20" step="1" oninput="change()"
id="LineWid" value="2">
  <input type="text" style="width:70px; " id="LineWidValue" value="2" onchange=
"lineWidValue()"> <br>
</div>
```

(3) 添加 token 并实例化 Viewer 对象，传入配置参数，在配置参数中使用 createWorldTerrain 加载全球在线地形数据。

```
Cesium.Ion.defaultAccessToken = '你的 token';
var viewer = new Cesium.Viewer("cesiumContainer", {
  animation: false,                    //是否显示动画工具
  timeline: false,                     //是否显示时间轴工具
  fullscreenButton: false,             //是否显示全屏按钮工具
  terrainProvider: Cesium.createWorldTerrain()
});
```

(4) 封装 change 函数。当滑动条滑动时，监听滑动条的值并调整等高线的等高距、线宽等参数。首先，获取等高距和线宽的值。然后，创建一个 ElevationContour 类型的等高线材质 material，并定义对象名为 contourUniforms，用于设置初始等高距为"150"，等高线线宽为"2"，以及等高线颜色为红色。最后，设置材质 material 的 uniforms 为"contourUniforms"，并修改地球渲染的材质。

```
function change() {
  //获取等高距滑动条当前值
  var HS = Number(HeightSpa.value);
  //等高距文本框显示当前值
  HeightSpaValue.value = HS;
  //获取线宽滑动条当前值
  var LW = Number(LineWid.value);
  //线宽文本框显示当前值
  LineWidValue.value = LW;

  //创建等高线材质
  var material = Cesium.Material.fromType("ElevationContour");
```

```
var contourUniforms = {};
//等高距
contourUniforms.spacing = 150;
//线宽
contourUniforms.width = 2;
//颜色
contourUniforms.color = Cesium.Color.RED;
material.uniforms =contourUniforms;
//设置材质
viewer.scene.globe.material = material;
}
```

（5）封装等高距、线宽文本框的 onchange 事件回调函数。当修改文本框的值时，调用 change 函数修改地球渲染材质。

```
//等高距文本框
function heightSpaValue() {
  var HS = Number(HeightSpaValue.value);
  HeightSpa.value = HS;
  change();
}
//线宽文本框
function lineWidValue() {
  var LW = Number(LineWidValue.value);
  LineWid.value = LW;
  change();
}
```

（6）将相机视角定位到珠穆朗玛峰附近，更直观地查看等高线效果。

```
//将相机视角定位到珠穆朗玛峰附近
viewer.camera.setView({
 destination: new Cesium.Cartesian3(282157.6960889096, 5638892.465594703, 2978736.186473513),
 orientation: {
   heading: 4.747266966349747,
   pitch: -0.2206998858596192,
   roll: 6.280340554587955
 }
});
```

图 8-23 所示为设置了等高距为 150，线宽为 2，颜色为红色的等高线效果。

图 8-23　开启等高线效果

8.20 坡度坡向

坡度（slope）表示地表单元陡缓的程度。我们通常把坡面的垂直高度和水平方向的距离的比叫作坡度。坡向的定义为坡面法线在水平面上的投影的方向（也可以通俗地理解为由高及低的方向）。

坡度坡向的渲染同样用到了 Material 类，其中，SlopeRamp 类型为坡度材质，AspectRamp 类型为坡向材质。两种类型的材质均需要使用颜色梯度进行渲染，例如，坡度从 0 到 1（即坡度从水平到垂直）变换时，会渲染不同的颜色，最终根据颜色梯度和坡度值生成坡度图。下面将介绍具体实现过程。

首先，在网页的<head>标签中引入 Cesium.js 库文件，该文件定义了 Cesium 的对象，几乎包含了我们需要的所有内容。然后，为了能够使用 Cesium 的各个可视化控件，我们还需要在网页的<head>标签中引入 widgets.css 文件。

```
<script src="./Build/Cesium/Cesium.js"></script>
<link rel="stylesheet" href="./Build//Cesium//Widgets/widgets.css">
```

（1）在 HTML 的<style></style>中添加样式 cesiumContainer、toolbar，用于控制地球容器和工具栏的位置及样式。

```
<style>
  html,
  body,
  #cesiumContainer {
    width: 100%;
    height: 100%;
    margin: 0;
    padding: 0;
```

```
      overflow: hidden;
    }
    .toolbar {
      position: absolute;
      top: 10px;
      left: 20px;
    }
</style>
```

（2）创建一个 Div，设置 id 为 "cesiumContainer"，用于承载整个 Cesium 场景；再创建一个 Div，设置 class 为 "toolbar"，在该 Div 中添加两个 button 并绑定 onclick 事件回调函数，用来切换坡度图和坡向图。

```
<div id="cesiumContainer"></div>
<div class="toolbar">
  <button onclick="analysis('坡度')">坡度分析</button>
  <button onclick="analysis('坡向')">坡向分析</button>
</div>
```

（3）添加 token 并实例化 Viewer 对象，传入配置参数，在配置参数中使用 createWorldTerrain 加载全球在线地形数据并开启 requestVertexNormals，从而可视化坡度。

```
Cesium.Ion.defaultAccessToken = '你的token';
var viewer = new Cesium.Viewer("cesiumContainer", {
  animation: false,           //是否显示动画工具
  timeline: false,            //是否显示时间轴工具
  fullscreenButton: false,    //是否显示全屏按钮工具
  terrainProvider: Cesium.createWorldTerrain({
    requestVertexNormals: true   //可视化坡度，必须开启
  })
});
```

（4）开启光照并定义两个颜色梯度数组 slopeRamp 和 aspectRamp，分别用于创建坡度图的颜色梯度和坡向图的颜色梯度。其中，slopeRamp 的值代表坡度大小，0 是水平坡度，1 是垂直坡度；aspectRamp 中的值（从 0 到 1）是按照东北西南的顺序表示方向的。注意，数组内的值范围为 0～1。

```
//开启光照
viewer.scene.globe.enableLighting = true;
//定义颜色梯度数组
const slopeRamp = [0.0, 0.1, 0.2, 0.3, 0.4, 0.5, 0.6];
const aspectRamp = [0.0, 0.2, 0.4, 0.6, 0.8, 0.9, 1.0];
```

（5）封装函数 getColorRamp。该函数有一个参数 selectedShading，用于指定渲染模式。根据渲染模式，可以使用 canvas（画布）创建不同的颜色梯度。

首先，创建一个 canvas，并设置宽度为 100、高度为 1。然后，根据不同 selectedShading

选择创建坡度图的颜色梯度还是坡向图的颜色梯度。接着，创建一个线性渐变的画布内容并设置渐变对象中每一阶段的颜色。最后，设置填充样式并绘制填充矩形。

```
//创建 canvas 和颜色梯度
function getColorRamp(selectedShading) {
  const ramp = document.createElement("canvas");
  ramp.width = 100;
  ramp.height = 1;
  const ctx = ramp.getContext("2d");

  let values;
  if (selectedShading === "slope") {
    values = slopeRamp;
  } else if (selectedShading === "aspect") {
    values = aspectRamp;
  }

  //创建线性渐变的画布内容
  const grd = ctx.createLinearGradient(0, 0, 100, 0);
  //规定渐变对象中的颜色和停止位置
  grd.addColorStop(values[0], "#b6d7a8");
  grd.addColorStop(values[1], "#a2c4c9");
  grd.addColorStop(values[2], "#a4c2f4");
  grd.addColorStop(values[3], "#6d9eeb");
  grd.addColorStop(values[4], "#3c78d8");
  grd.addColorStop(values[5], "#1c4587");
  grd.addColorStop(values[6], "#20124d");
  //设置填充样式
  ctx.fillStyle = grd;
  //绘制填充矩形
  ctx.fillRect(0, 0, 100, 1);
  return ramp;
}
```

（6）首先，定义一个空对象 shadingUniforms，并将相机视角定位到珠穆朗玛峰附近，从而更直观地查看效果。然后，封装 button 单击事件回调函数 analysis。该函数有一个参数 type，用于判断当前渲染模式。如果是坡度渲染模式，则创建 SlopeRamp 类型的材质并调用 getColorRamp 函数创建坡度图的颜色梯度；如果是坡向渲染模式，则创建 AspectRamp 类型的材质并调用 getColorRamp 函数创建坡向图的颜色梯度。最后，修改地球的渲染材质为上面创建的坡度或坡向材质。

```
var shadingUniforms = {};
function analysis(type) {
  if (type == "坡度") {
    material = Cesium.Material.fromType("SlopeRamp");
    shadingUniforms.image = getColorRamp('slope');
```

```
    material.uniforms = shadingUniforms;
  } else {
    material = Cesium.Material.fromType("AspectRamp");
    shadingUniforms.image = getColorRamp('aspect');
    material.uniforms = shadingUniforms;
  }
  viewer.scene.globe.material = material;
}
//将相机视角定位到珠穆朗玛峰附近
viewer.camera.setView({
  destination: new Cesium.Cartesian3(282157.6960889096, 5638892.465594703, 2978736.186473513),
});
```

当单击"坡度分析"按钮时，地形渲染效果如图 8-24 所示，坡度从小到大、颜色从浅色向深色变化；当单击"坡向分析"按钮时，地形渲染效果如图 8-25 所示，不同的坡向会渲染不同的颜色。

图 8-24 地形渲染效果（1）

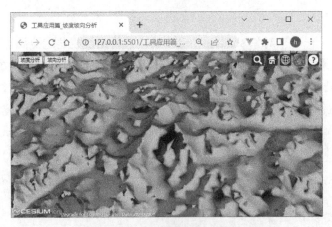

图 8-25 地形渲染效果（2）

8.21 填挖方量计算

填挖方量是指在路基表面高于原地面或低于原地面时，从原地面填筑或开挖至路基表面部分的体积，通常应用于道路修建等工程场景。例如，在某个区域需要修建一条路，但是该区域的地势崎岖不平，就需要先确定一个道路基准面，然后根据道路基准面高度将低于道路基准面的部分填埋，将高于道路基准面的部分挖平，最后进行道路修建。

在 Cesium 中，实现填挖方量计算的方法实际上就是微积分，也就是先将一个大区域剖分成多个小区域，然后分别计算小区域的填挖方量，最后的总和就是整个大区域的填挖方量。这种计算方法得到的值只能无限接近实际值，在一些情况下可以近似代替实际值。下面介绍具体的实现过程。

首先，在网页的<head>标签中引入 Cesium.js 库文件，该文件定义了 Cesium 的对象，几乎包含了我们需要的所有内容。然后，为了能够使用 Cesium 的各个可视化控件，我们还需要在网页的<head>标签中引入 widgets.css 文件。

```
<script src="./Build/Cesium/Cesium.js"></script>
<link rel="stylesheet" href="./Build//Cesium//Widgets/widgets.css">
```

（1）在 HTML 的<style></style>中添加样式 cesiumContainer、toolbar，用于控制地球容器和工具栏的位置及样式。

```
<style>
    html,
    body,
    #cesiumContainer {
        width: 100%;
        height: 100%;
        margin: 0;
        padding: 0;
        overflow: hidden;
    }
    .toolbar {
        position: absolute;
        width: 260px;
        height: 120px;
        top: 10px;
        left: 20px;
        background-color: rgba(0, 0, 0, 0.6);
        color: white;
        font-size: 16px;
    }
</style>
```

（2）创建一个 Div，设置 id 为 "cesiumContainer"，用于承载整个 Cesium 场景；再创建一个 Div，设置 class 为 "toolbar"，在该 Div 中添加 7 个 label 和 2 个文本框，用于记录填挖方量信息。

```
<div id="cesiumContainer">
</div>
<div class="toolbar">
  <label>填挖方量计算</label> <br />
  <label>挖方：</label>
  <label id="excavation"></label> <br />
  <label>填埋：</label>
  <label id="bury"></label> <br />
  <label>开挖高度</label>
  <input type="text" style="width:70px; " id="excavateHeight" value="30"><br />
  <label>填埋高度</label>
  <input type="text" style="width:70px; " id="buryHeight" value="40">
</div>
```

（3）添加 token 并实例化 Viewer 对象。定义变量 terrainProvider，用于创建地形，为后续计算地形高度做准备。接着，传入配置参数，在配置参数中加载全球在线地形数据。

```
Cesium.Ion.defaultAccessToken = '你的token';
var terrainProvider = Cesium.createWorldTerrain();
var viewer = new Cesium.Viewer('cesiumContainer', {
  animation: false,              //是否显示动画工具
  timeline: false,               //是否显示时间轴工具
  fullscreenButton: false,       //是否显示全屏按钮工具
  terrainProvider: terrainProvider,
});
```

（4）开启深度检测并封装填挖方量计算函数 calculation。该函数包括 4 个参数，即 lon_star、lon_stop、lat_star、lat_stop，分别代表最大/最小经纬度。根据最大/最小经纬度进行微积分剖分，将大区域剖分成多个小区域，并分别计算填挖方量。

首先，在函数内部定义剖分的最小步长 mimStepSize，也就是经纬度增长的值；再定义一个空数组 subRectangles，用于存储剖分后的小的矩形区域。接着，根据最大/最小经纬度从小到大，经纬度值每次增加一个步长，将整个区域剖分成多个小的矩形区域并添加到 subRectangles 中。

然后，定义一个空数组 subRectanglesCenterPoints，用于存储每个小矩形的中心点坐标；遍历数组 subRectangles，计算每个小矩形的中心点坐标并添加到 subRectanglesCenterPoints 中。

接着，通过 Cesium. sampleTerrainMostDetailed 在地形数据集的最大可用图块级别上采集每个中心点坐标的地形高度 height，并遍历 updatedRectangles 以计算每个小矩形的长度和宽度，然后，判断地形高度是否大于开挖基准高度 excavateHeight 或者小于填埋基准高度

buryHeight，并根据地形高度、基准高度进行填挖方量计算（例如，地形高度小于开挖基准高度 excavateHeight，则该矩形部分的挖方量就是 excavateHeight 减去地形高度 height，再乘以矩形的面积，填埋量与其类似）。

最后，将每个小矩形基于开挖高度、填埋高度计算得到的填挖方量相加，得到的就是整个大区域的填挖方量。

```
//开启深度检测
viewer.scene.globe.depthTestAgainstTerrain = true;
//封装填挖方量计算函数
function calculation(lon_star, lon_stop, lat_star, lat_stop) {
  /* 计算开挖/填埋的挖方量/填埋量的核心思想就是微积分 */
  //定义剖分的最小步长为0.0001
  var mimStepSize = 0.0001;

  //存储所有的剖分矩形
  var subRectangles = [];
  //将整个区域剖分成多个小区域
  for (var i = lon_star; i <= lon_stop; i = i + mimStepSize) {
    for (var j = lat_star; j <= lat_stop; j = j + mimStepSize) {
      var subRectangle = new Cesium.Rectangle(
        Cesium.Math.toRadians(i),
        Cesium.Math.toRadians(j),
        Cesium.Math.toRadians(i + mimStepSize),
        Cesium.Math.toRadians(j + mimStepSize)
      );
      subRectangles.push(subRectangle);
    }
  }

  //计算每个矩形的中心点坐标，并将其作为计算该矩形高度的位置
  var subRectanglesCenterPoints = [];
  subRectangles.forEach(subRectangle => {
    var centerPoint = Cesium.Cartographic.fromRadians((subRectangle.west + subRectangle.east) / 2, (subRectangle.north + subRectangle.south) / 2);
    subRectanglesCenterPoints.push(centerPoint);
  });

  //计算每个中心点坐标的地形高度
  var promise = Cesium.sampleTerrainMostDetailed(terrainProvider, subRectanglesCenterPoints);
  Cesium.when(promise, function (updatedPositions) {
    //所有高度
    var heights = [];
```

```
  updatedPositions.forEach(point => {
    heights.push(point.height);
  });

  //开始计算填挖方量
  var excavateVolumes = 0;      //挖方量
  var buryVolumes = 0;          //填埋量
  //填挖方的基准高度
  var excavateHeight = document.getElementById("excavateHeight").value;
  var buryHeight = document.getElementById("buryHeight").value;
  //计算每个矩形的长度、宽度
  for (var i = 0; i < subRectangles.length; i++) {
    var subRectangle = subRectangles[i];
    var leftBottom = Cesium.Cartesian3.fromRadians(subRectangle.west, subRectangle.south);
    var leftTop = Cesium.Cartesian3.fromRadians(subRectangle.west, subRectangle.north);
    var rightBottom = Cesium.Cartesian3.fromRadians(subRectangle.east, subRectangle.south);
    var height = Cesium.Cartesian3.distance(leftBottom, leftTop);      //长度
    var width = Cesium.Cartesian3.distance(leftBottom, rightBottom);   //宽度

    //挖方
    if (heights[i] > excavateHeight) { //如果地形高度大于开挖基准高度才需要开挖
      var excavateVolume = width * height * (heights[i] - excavateHeight);
      excavateVolumes += excavateVolume;
    }

    //填埋
    if (heights[i] < buryHeight) { //如果地形高度小于填埋基准高度才需要填埋
      var buryVolume = width * height * (buryHeight - heights[i]);
      buryVolumes += buryVolume;
    }
  }

  //显示结果
  document.getElementById('excavation').innerHTML = excavateVolumes.toFixed(4) + "立方米(m³)";
  document.getElementById('bury').innerHTML = buryVolumes.toFixed(4) + "立方米(m³)";
});
}
```

（5）封装绘制填挖实体的函数 drawResult，用于根据开挖基准高度、填埋基准高度及填挖方区域的边界坐标绘制填挖体。绘制实体部分可参考 5.2 节。

```
//绘制填挖体
function drawResult(minHeight, maxHeight, minLon, maxLon, minLat, maxLat) {
  var entity = viewer.entities.add({
    name: '填挖体',
    show: true,
    rectangle: {
      coordinates: Cesium.Rectangle.fromDegrees(
        minLon, minLat,
        maxLon, maxLat
      ),
      material: Cesium.Color.BLUE.withAlpha(0.5),
      height: minHeight,
      extrudedHeight: maxHeight,
    }
  })
}
```

（6）定义数组变量 points，用于存储要进行填挖方计算的区域的顶点坐标。定义 activeShapePoints，作为动态绘制时的动态点数组；定义 activeShape，用于存储动态图形；定义 floatingPoint，作为第一个点，用于判断是否开始获取鼠标移动结束位置。

```
var points = [];                    //存储填挖方区域的顶点坐标
var activeShapePoints = [];         //动态点数组
var activeShape;
var floatingPoint;
```

（7）封装绘制点和矩形的函数。该部分与 5.2.7 节的交互绘制一致，详细介绍请参考 5.2.7 节。

```
//绘制点
function drawPoint(position) {
  var pointGeometry = viewer.entities.add({
    name: "点几何对象",
    position: position,
    point: {
      color: Cesium.Color.SKYBLUE,
      pixelSize: 6,
      outlineColor: Cesium.Color.YELLOW,
      outlineWidth: 2,
      //disableDepthTestDistance: Number.POSITIVE_INFINITY
    }
  });
  return pointGeometry;
};

//绘制矩形
```

```
function drawShape(positionData) {
  var shape;
  //当 positionData 为数组时，绘制最终图，如果为 function，则绘制动态图
  var arr = typeof positionData.getValue === 'function' ? positionData.getValue(0) : positionData;
  shape = viewer.entities.add({
    name: '矩形',
    rectangle: {
      coordinates: new Cesium.CallbackProperty(function () {
        var obj = Cesium.Rectangle.fromCartesianArray(arr);
        return obj;
      }, false),
      material: Cesium.Color.RED.withAlpha(0.5)
    }
  });
  return shape;
}
```

（8）首先定义变量 handler 并实例化 ScreenSpaceEventHandler 对象，然后注册鼠标左键单击事件和鼠标移动事件。该部分内容同样与 5.2.7 节一致，具体内容可参考 5.2.7 节。不同点是在本部分鼠标左键单击事件中，获取单击点坐标后，会拆分出经纬度并将其定义成对象添加到 points 数组中，便于后续处理。

```
var handler = new Cesium.ScreenSpaceEventHandler(viewer.canvas);
//鼠标左键单击事件
handler.setInputAction(function (event) {
  var earthPosition = viewer.scene.pickPosition(event.position);
  var cartographic = Cesium.Cartographic.fromCartesian(earthPosition);
  var lon = Cesium.Math.toDegrees(cartographic.longitude);
  var lat = Cesium.Math.toDegrees(cartographic.latitude);
  var pointObj = {
    经度: lon,
    纬度: lat
  }
  points.push(pointObj);

  //第一次单击时，通过 CallbackProperty 绘制动态图
  if (activeShapePoints.length === 0) {
    floatingPoint = drawPoint(earthPosition);
    activeShapePoints.push(earthPosition);
    //动态点通过 CallbackProperty 实时更新渲染
    var dynamicPositions = new Cesium.CallbackProperty(function () {
      return activeShapePoints;
    }, false);
```

```
    activeShape = drawShape(dynamicPositions);//绘制动态图
  }
  //添加当前点到 activeShapePoints 中,实时渲染动态图
  activeShapePoints.push(earthPosition);
  drawPoint(earthPosition);
}, Cesium.ScreenSpaceEventType.LEFT_CLICK);

//鼠标移动事件
handler.setInputAction(function (event) {
  if (Cesium.defined(floatingPoint)) {
    //获取鼠标移动到的最终位置
    var newPosition = viewer.scene.pickPosition(event.endPosition);
    if (Cesium.defined(newPosition)) {
      activeShapePoints.pop();
      activeShapePoints.push(newPosition);
    }
  }
}, Cesium.ScreenSpaceEventType.MOUSE_MOVE);
```

（9）首先，注册鼠标右键单击事件。当使用鼠标右键单击时，绘制最终图。然后，比较 points 中的对象的经纬度大小，按照 calculation 函数的参数格式传入，并进行填挖方量的计算。最后，绘制填挖体并清空 points 数组。

```
//鼠标右键单击事件
handler.setInputAction(function (event) {
  activeShapePoints.pop();
  if (activeShapePoints.length) {
    drawShape(activeShapePoints);
  }
  viewer.entities.remove(floatingPoint);
  viewer.entities.remove(activeShape);
  floatingPoint = undefined;
  activeShape = undefined;
  activeShapePoints = [];

  //比较经纬度大小
  var minLon = Math.min(...[points[0].经度, points[1].经度]),
      maxLon = Math.max(...[points[0].经度, points[1].经度]),
      minLat = Math.min(...[points[0].纬度, points[1].纬度]),
      maxLat = Math.max(...[points[0].纬度, points[1].纬度]);
  //计算填挖方量
  calculation(minLon, maxLon, minLat, maxLat);
  viewer.entities.removeAll();
var excavateHeight = document.getElementById("excavateHeight").value;
```

```
    var buryHeight = document.getElementById("buryHeight").value;
    //绘制填挖体
    drawResult(excavateHeight, buryHeight, minLon, maxLon, minLat, maxLat);
    //清空数组
    points = [];
}, Cesium.ScreenSpaceEventType.RIGHT_CLICK);
```

首先使用鼠标左键单击来绘制填挖方分析区域，然后使用鼠标右键单击，开始计算填挖方量，计算结果会被显示在界面左上角并且会在分析区域绘制填挖体，如图 8-26 所示。

图 8-26　填挖方量计算结果

参考文献

[1] 吴信才. 地理信息系统应用与实践[M]. 2 版. 北京：电子工业出版社，2022.

[2] 郭明强，黄颖，吴亮，等. 移动 GIS 应用开发实践[M]. 北京：电子工业出版社，2022. 5.

[3] 郭明强，黄颖，李婷婷，等. WebGIS 之 ECharts 大数据图形可视化[M]. 北京：电子工业出版社，2021.

[4] 郭明强，黄颖，杨亚仑，等. WebGIS 之 Element 前端组件开发[M]. 北京：电子工业出版社，2021.

[5] 郭明强，黄颖. WebGIS 之 Leaflet 全面解析[M]. 北京：电子工业出版社，2021.

[6] 郭明强，黄颖. WebGIS 之 OpenLayers 全面解析[M]. 2 版. 北京：电子工业出版社，2019.

[7] 皮鹤. 基于 Cesium 平台的田西高速公路实景三维管理平台研制[J]. 热带地貌，2021，42(02):38-42.

[8] 吴泳，黄天勇，闻平. 基于 Cesium 的虚拟旅游系统研究[J]. 地理空间信息，2021，19(11):155-157,167.

[9] 林强. 基于 Cesium 的岛屿高精度地理信息系统及关键技术设计[D]. 南京：南京邮电大学，2021.

[10] 黄亚星. 基于 Cesium 的电网三维可视化系统的研究与实现[D]. 上海：华东师范大学，2021.

反侵权盗版声明

电子工业出版社依法对本作品享有专有出版权。任何未经权利人书面许可,复制、销售或通过信息网络传播本作品的行为;歪曲、篡改、剽窃本作品的行为,均违反《中华人民共和国著作权法》,其行为人应承担相应的民事责任和行政责任,构成犯罪的,将被依法追究刑事责任。

为了维护市场秩序,保护权利人的合法权益,我社将依法查处和打击侵权盗版的单位和个人。欢迎社会各界人士积极举报侵权盗版行为,本社将奖励举报有功人员,并保证举报人的信息不被泄露。

举报电话:(010)88254396;(010)88258888
传　　真:(010)88254397
E-mail: dbqq@phei.com.cn
通信地址:北京市万寿路173信箱
　　　　　电子工业出版社总编办公室
邮　　编:100036